Arbeitshilfen online u

www.haufe.de/arbeitshilfen

MIT
ARBEITS
HILFEN
ONLINE

Exklusiv und kostenlos
für Buchkäufer!

Und so geht's:

- ➡ Einfach unter www.haufe.de/arbeitshilfen den Buchcode eingeben
- ➡ oder direkt per QR-Code über Ihr Smartphone bzw. Tablet auf die Website gehen

Buchcode: **SDB-3RZR**

Ihre Arbeitshilfen online:

- Aufgaben und Lösungen
- Rechner
- Gesetze

Buchführung Grundlagen

Iris Thomsen

Haufe Gruppe
Freiburg · München

Bibliografische Information der Deutschen Nationalbibliothek

Die Deutsche Nationalbibliothek verzeichnet diese Publikation in der Deutschen Nationalbibliografie; detaillierte bibliografische Daten sind im Internet über http://dnb.d-nb.de abrufbar.

ISBN Print: 978-3-648-04588-6 Bestell-Nr. 01036-0001
ISBN ePub: 978-3-648-04589-3 Bestell-Nr. 01036-0100
ISBN ePDF: 978-3-648-04590-9 Bestell-Nr. 01036-0150

Iris Thomsen
Buchführung Grundlagen

1. Auflage 2014

Redaktionsanschrift: Fraunhoferstraße 5, 82152 Planegg/München
Telefon: (089) 895 17-0
Telefax: (089) 895 17-290
Internet: www.haufe.de
E-Mail: online@haufe.de
Produktmanagement: Dipl.-Kfm. Kathrin Menzel-Salpietro

Lektorat: Hans-Jörg Knabel, rausatz, 77731 Willstätt
Desktop-Publishing: Agentur: Satz & Zeichen, Karin Lochmann, 83071 Stephanskirchen
Illustrationen: Nicole von der Brüggen, 69469 Weinheim
Umschlag: RED GmbH, 82152 Krailling
Druck: Schätzl Druck, 86609 Donauwörth

Inhaltsverzeichnis

Abbildungsverzeichnis

Einleitung

Dieses Buch fängt ganz vorne an. Im ersten Teil geht es um das Ziel der Buchführung und um die Zusammenhänge von Bilanzierung und Steuern. Dabei sehen Sie, mit welchen Steuern es Unternehmen zu tun haben, wie sich das Jahresergebnis zusammensetzt, welche Ausgaben den Gewinn mindern und welche nicht. Es wird gezeigt, was zu tun ist und warum. Mit Blick auf das Ziel macht es mehr Spaß, in das eigentliche Thema einzusteigen: die Grundlagen der Buchführung und Bilanzierung.

Sie müssen wissen, dass jeder Beleg bzw. Geschäftsvorfall die Werte der Bilanz und vielleicht sogar der Gewinn- und Verlustrechnung verändert. Das Ziel ist es, jeden Geschäftsvorfall richtig einzuordnen und nach bestimmten Regeln zu erfassen. Im ersten Schritt lernen Sie den Rahmen kennen, der Ihnen zur Verfügung steht. Wie die Bilanz und die Gewinn- und Verlustrechnung aufgebaut sind und welche Konten es gibt. Im nächsten Schritt werden die Möglichkeiten bzw. Geschäftsvorfälle gezeigt, die in einem Unternehmen vorkommen können. Wenn Ihnen das Spielfeld vertraut ist und Sie einen Überblick über die möglichen Spielzüge haben, werden Sie schnell erkennen, dass die Anwendung der doppelten Buchführung reine Übungssache ist.

Sind alle Regeln bekannt und geübt, beginnt der Einstieg in die Buchführungspraxis. Dort wird nämlich für jeden Geschäftsvorfall das gesamte Wissen gleichzeitig gebraucht. Liegt ein Beleg vor, helfen Ihnen die Regeln der doppelten Buchführung, den Buchungssatz zu bilden, und die Regeln der Bilanzierung, die richtigen Konten zu finden. Das steuerliche Wissen hilft Ihnen, den Beleg so zu erfassen, dass die Umsatzsteuerabrechnung richtig vorbereitet wird.

Für alle Bereiche gibt es viele Beispiele und Übungen. Mit diesem Buch können Sie sich nicht nur auf eine Prüfung vorbereiten, Sie können es auch mitnehmen – in die Praxis.

1 Unternehmen und die Steuern

In diesem Kapitel geht es um den Zusammenhang von Buchführung und Steuern. Sie erhalten einen kurzen Überblick über unser Steuersystem und erfahren, welche Unternehmen welche Steuern (z. B. Einkommensteuer, Körperschaftsteuer und Gewerbesteuer) zahlen. Dadurch wird beispielsweise deutlich, dass Personenfirmen und Kapitalgesellschaften unterschiedlich behandelt werden.
Viele Unternehmen müssen sich darüber hinaus mit der Umsatzsteuer bzw. Mehrwertsteuer befassen. Sie lernen deshalb auch die Mehrwertsteuer, die Umsatzsteuer und die Vorsteuer kennen und erfahren, welche Unternehmen sich mit diesen Steuerarten befassen müssen und was dabei zu tun ist.

1.1 Ertragsteuern

Wer ein Unternehmen besitzt oder an einem Unternehmen beteiligt ist, hat mehr Pflichten gegenüber den Finanzbehörden als eine Privatperson. Das Finanzamt betrachtet das Unternehmen als einen neuen, zusätzlichen Steuerzahler.
Privatpersonen müssen am Jahresende in der Einkommensteuererklärung angeben, was sie verdient haben, und zahlen dafür Einkommensteuer zzgl. Solidaritätszuschlag und ggf. Kirchensteuer. Unternehmen müssen am Jahresende zunächst nach bestimmten Regeln ihren Gewinn oder Verlust ermitteln. Das ist eine der Aufgaben der Buchführung. Welches Unternehmen welche Ertragsteuern zahlt, hängt von der Unternehmensform ab. Da die steuerliche Behandlung bei Personenfirmen anders ist als bei Kapitalgesellschaften, gehen wir zunächst auf diese Unterschiede ein. Danach lernen Sie die verschiedenen Ertragsteuern kennen, die Unternehmen für Gewinne zahlen:

- Einkommensteuer oder Körperschaftsteuer,
- Gewerbesteuer (zusätzlich für manche Betriebe).

1.1.1 Ist das Unternehmen eine Personenfirma oder eine Kapitalgesellschaft?

Dieses Kapitel soll Ihnen zeigen, dass Personenfirmen steuerlich anders behandelt werden als Kapitalgesellschaften. Eine Bewertung, welche steuerliche Behandlung besser bzw. schlechter ist, wird dabei nicht vorgenommen. In die Wahl der Unternehmensform und die damit verbundenen Möglichkeiten der Gewinnermittlung fließen steuerliche Betrachtungen zwar mit ein, wichtiger sind aber die gesellschaftlichen Verhältnisse und die rechtlichen Absicherungen, die in jeder Branche anders gewichtet sind. Deshalb kann an dieser Stelle nur die Vorgehensweise erläutert werden.

Personenfirma

Personenfirmen zahlen für ihre Gewinne Einkommensteuer zzgl. Solidaritätszuschlag und ggf. Kirchensteuer und darüber hinaus ggf. Gewerbesteuer. Ist das Unternehmen eine **Einzelfirma** gibt der Inhaber den Gewinn seines Unternehmens in seiner persönlichen Einkommensteuererklärung an. Sind an dem Unternehmen mehrere Personen beteiligt, handelt es sich also um eine **Personengesellschaft** (**GbR, OHG, KG**), gibt jeder Beteiligte seinen Gewinnanteil in der Einkommensteuererklärung an. Ein Gehalt für die Inhaber des Unternehmens gibt es nicht. Alles, was die Inhaber für private Zwecke entnehmen, ist vorab entnommener Gewinn. Das bedeutet, dass der Unternehmerlohn den Gewinn nicht mindert.

Kapitalgesellschaft (GmbH, AG, Ltd., UG – haftungsbeschränkt)

Kapitalgesellschaften zahlen für ihre Gewinne Körperschaftsteuer zzgl. Solidaritätszuschlag und ggf. auch Gewerbesteuer. Das Unternehmen gibt eigene Steuererklärungen ab und zahlt seine Steuern selbst. Eine Kapitalgesellschaft kann man nicht besitzen, deshalb spricht man hier nicht von Inhabern, sondern von Beteiligten bzw. von Gesellschaftern des Unternehmens. Eine Kapitalgesellschaft ist eine eigene juristische Person, die man sich wie einen juristischen Mantel vorstellen kann. Das Unternehmen benötigt ein bestimmtes Startkapital, das es in Form von Beteiligungen von natürlichen Personen oder anderen Unternehmen bekommt. Weiterhin braucht das Unternehmen einen gesetzlichen Vertreter (z. B. im Falle einer GmbH einen Geschäftsführer).

Bei einer so genannten 1-Mann-GmbH legt eine natürliche Person das Stammkaptal von 25.000 Euro ein und wird zum Geschäftsführer bestellt. Die natürliche Person ist also beteiligt und arbeitet zugleich mit. An größeren Kapitalgesellschaften sind oft mehrere Personen beteiligt. Der Geschäftsführer gehört aber nicht notwendigerweise zu den beteiligten Personen. Es gibt also viele verschiedene Varianten.

Die natürlichen Personen oder die anderen Unternehmen, die sich an einer Kapitalgesellschaft beteiligen, indem sie Geld einlegen, haben das Ziel, für das eingelegte Geld Erträge zu erzielen. Hat das Unternehmen Gewinne erwirtschaftet und seine Steuern dafür gezahlt, kann der verbleibende Gewinn an die Beteiligten aus-

geschüttet werden. Für diesen Ertrag zahlen die Beteiligten Abgeltungsteuer oder Einkommensteuer.
Arbeiten die Beteiligten im Unternehmen mit, stellen sie für das Unternehmen Arbeitnehmer dar. Gehälter von Arbeitnehmern mindern den Gewinn, dadurch zahlt das Unternehmen weniger Steuern. Die Arbeitnehmer dagegen erzielen Einkünfte für die sie Einkommensteuer zahlen müssen. Mehr über diese Zusammenhänge erfahren Sie in den folgenden Abschnitten.

1.1.2 Einkommensteuer

Die Einkommensteuererklärung ist eine Abrechnung am Jahresende. Natürliche Personen, die einen Wohnsitz in Deutschland haben bzw. sich über ein halbes Jahr hier aufgehalten haben, um Geld zu verdienen, müssen eine Einkommensteuererklärung abgeben. In der Einkommensteuererklärung geben Privatpersonen alles an, was sie in der Zeit von Januar bis Dezember eines Jahres verdient haben:

- Gewinn eines Einzelunternehmens,
- Gehalt als Arbeitnehmer,
- Vermietung einer Eigentumswohnung,
- Erträge aus Geldanlagen, Beteiligungen.

Im Einkommensteuergesetz ist alles, was man verdienen kann, in sieben Gruppen unterteilt. Man spricht von den **sieben Einkunftsarten**:

1. Einkünfte aus Land- und Forstwirtschaft (Unternehmer/in),
2. Einkünfte aus Gewerbebetrieb (Unternehmer/in),
3. Einkünfte aus selbstständiger Tätigkeit (Unternehmer/in),
4. Einkünfte aus nicht selbstständiger Tätigkeit (Arbeitnehmer/in),
5. Einkünfte aus Vermietung und Verpachtung (Vermieter/in),
6. Einkünfte aus Kapitalvermögen, soweit sie nicht mit Abgeltungsteuer abgegolten wurden (Ihr Geld verdient Geld),
7. sonstige Einkünfte (z. B. Renten, Handel mit privaten Aktien und Immobilien).

Ist das Jahr zu Ende, ist zu prüfen, wie viele Verdienstquellen die natürliche Person hatte. Danach ist für jede Einkunftsart nach bestimmten Regeln der Gewinn bzw. Verlust zu ermitteln. Die Summe aller Einkunftsarten wird zusammengefasst und versteuert. Es gibt allerdings verschiedene Freibeträge. Außerdem werden bestimmte private Ausgaben (z. B. private Versicherungen, Krankheitskosten) berücksichtigt.

	Summe der Gewinne aus allen Verdienstquellen	+ 50.000 €
–	ein Teil der privaten Versicherungen (Sonderausgaben)	6.000 €
–	ggf. außergewöhnliche Belastungen (Krankheit, Behinderung)	0 €
=	zu versteuerndes Einkommen	44.000 €
	Einkommensteuer laut einheitlicher Tabelle	11.000 €
–	Vorauszahlungen	? €
=	Nachzahlung	? €

Laut Steuertabelle für Ledige (Verdienst von einer Person) sind hier ca. 11.000 Euro Einkommensteuer zu bezahlen. Eheleute erfahren aus der Splittingtabelle (Verdienst von zwei Personen), wie viele Steuern sie für ihr gemeinsam zu versteuerndes Einkommen zahlen müssen. Wurde genug vorausgezahlt? Das Ganze ist mit einer Stromabrechnung vergleichbar: Am Jahresende wird der Verbrauch festgestellt und je nachdem, wie viel Sie vorausgezahlt haben, müssen Sie entweder nachzahlen oder erhalten Geld zurück.
Die Einkommensteuervorauszahlungen bestehen aus mehreren Steuerarten:

	Einkommensteuer laut einheitlicher Tabelle	11.000 €
–	Einkommensteuervorauszahlungen zahlen Unternehmer/innen	7.000 €
–	Lohnsteuer für Lohn und Gehalt	2.000 €
–	Körperschaftsteuer, Kapitalertragsteuer, Zinsabschlagsteuer für Zinsen aus Geldanlagen, ggf. Abgeltungsteuer	1.000 €
=	Nachzahlung	1.000 €

Viele Worte für ein und dasselbe, nämlich die Vorauszahlung der Einkommensteuer. Wer z. B. die falsche Steuerklasse gewählt hat oder vergessen hat, die Freistellungsbescheinigung abzugeben, hat einfach nur zu viel oder zu wenig vorausgezahlt. Am Jahresende erfolgt die Abrechnung und alles wird ausgeglichen.

Einkommensteuervorauszahlungen von Unternehmen

Erhält ein Arbeitnehmer Gehalt, behält der Arbeitgeber die anteilige Lohnsteuer ein und führt sie an das Finanzamt ab. Der Arbeitnehmer erhält also nur ein Nettogehalt; die einbehaltene Lohnsteuer stellt für ihn eine Einkommensteuervorauszahlung dar. Genauso macht es die Bank bei Zinserträgen. Sie behält die anteilige

Kapitalertragsteuer oder Abgeltungsteuer ein. Bei Unternehmen ist das anders. Hier wird die Einkommensteuervorauszahlung in der Regel anhand des Vorjahresergebnisses festgelegt. Meldet ein Unternehmen dem Finanzamt seinen Gewinn, legt das Finanzamt die Steuer für das jeweilige Jahr fest. Solange es nichts Gegenteiliges hört, geht das Finanzamt davon aus, dass das Unternehmen in den folgenden Jahren mindestens den gleichen Gewinn erwirtschaftet und fordert von diesem Moment an Vorauszahlungen für noch nicht veranlagte (abgerechnete) Jahre.

Beispiel

Im Januar 2014 gibt ein Unternehmen die Steuererklärung für das Jahr 2012 ab. Es erhält im März 2014 seinen Steuerbescheid. Das Finanzamt hat eine Steuerlast von 6.000 Euro ermittelt. In diesem Fall muss das Unternehmen den folgenden Betrag ans Finanzamt zahlen:

	Steuer 2012 laut Bescheid	6.000 €
+	Vorauszahlung Steuer 2013	6.000 €
+	Vorauszahlung Steuer 1. Quartal 2014	2.000 €
=	Summe Steuerzahlung	14.000 €

Erst wenn das Jahresergebnis ermittelt wurde, kann abgeschätzt werden, wie viele Steuern ein Unternehmen zahlen muss. Die festgelegten Einkommensteuervorauszahlungen können stark voneinander abweichen. Deshalb sollten Unternehmen auch unterjährig das Ergebnis im Blick behalten.

Gewinne von Personenfirmen

In der Einkommensteuererklärung werden Gewinne von Personenfirmen unter „Einkünfte aus Gewerbebetrieb" erfasst, es sei denn, es liegt eine freiberufliche Tätigkeit vor. Freiberufliche Tätigkeiten fallen unter „Einkünfte aus selbstständiger Arbeit". Zu den freiberuflichen Tätigkeiten zählen alle selbstständig ausgeübten Tätigkeiten im wissenschaftlichen, künstlerischen, schriftstellerischen, unterrichtenden und erzieherischen Bereich. Dazu gehören z. B. Ärzte, Physiotherapeuten, Architekten, Ingenieure, beratende Betriebs- oder Volkswirte, Rechtsanwälte, Notare, Steuerberater, Dolmetscher, Journalisten, Fotografen, Musiker, Künstler, Designer für Einzelstücke, Sprachheilpädagogen, Softwareentwickler und einige mehr. In § 18 des Einkommensteuergesetzes (EStG) sind alle anerkannten freiberuflichen Tätigkeiten aufgelistet.

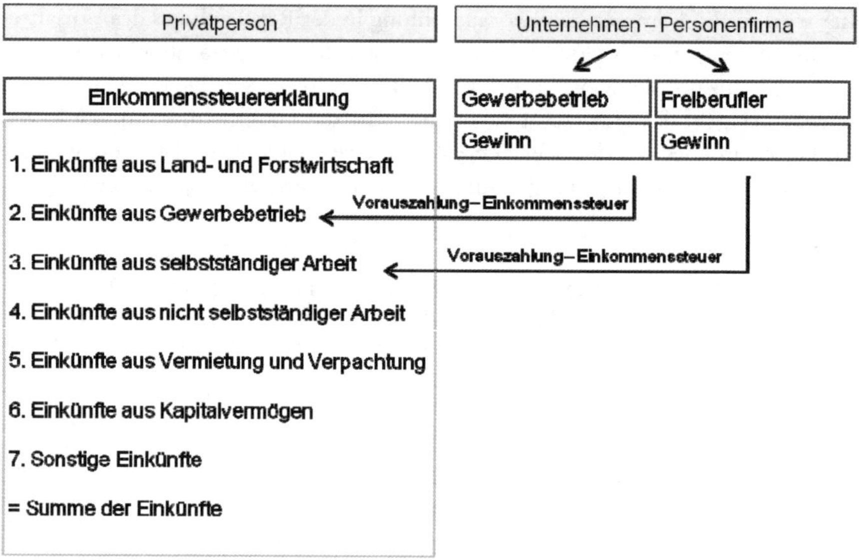

Abb. 1: Gewinne von Personenfirmen werden in der Einkommensteuererklärung erfasst

Arbeitshilfen online
In den Arbeitshilfen online finden Sie einen Einkommensteuerrechner.

1.1.3 Abgeltungsteuer

Hat das Unternehmen, für das Sie arbeiten, Geld bei einer Bank angelegt und erhält es dafür Zinsen? Ist es eine GmbH oder AG und erhalten die Beteiligten Gewinnausschüttungen? Oder hat das Unternehmen mit Aktien gehandelt und Gewinne erzielt? Wenn ja, müssen Sie zunächst klären, ob das angelegte Geld zum Privat- oder zum Betriebsvermögen zählt.
Stammt das Geld aus dem Privatvermögen, zahlen die Beteiligten für diese Erträge Abgeltungsteuer in Höhe von 25 Prozent zzgl. Solidaritätszuschlag und ggf. Kirchensteuer. Der Sparerfreibetrag ist abzugsfähig, Werbungskosten nicht. Diese Erträge sind dann nicht mehr in der privaten Steuererklärung anzugeben und können auf diesem Weg sogar anonym versteuert werden.

Ist der persönliche Einkommensteuersatz (vermutlich) niedriger, können die Erträge sowie die Werbungskosten in der Einkommensteuererklärung unter „Einkünfte aus Kapitalvermögen" angegeben werden. In diesem Fall wird eine Günstigerprüfung durchgeführt, nach der entweder weniger Steuern oder doch 25 Prozent gezahlt werden müssen.
Zählt das angelegte Geld zum Betriebsvermögen, werden die Erträge und die Kosten in der Gewinnermittlung angesetzt. Sie fließen also in den Gewinn des Unternehmens ein, der dann in der Einkommensteuererklärung unter „Einkünfte aus Gewerbebetrieb" oder unter „Einkünfte aus selbstständiger Arbeit" erfasst wird.

1.1.4 Körperschaftsteuer

Kapitalgesellschaften zahlen Körperschaftsteuer. Sie beträgt 15 Prozent vom Gewinn zzgl. Solidaritätszuschlag.
Die Beteiligten stecken Geld in das Unternehmen hinein, arbeiten selbst mit oder stellen Mitarbeiter ein. Sie hoffen darauf, dass sich das eingebrachte Geld im Laufe der Jahre vermehrt. Ohne die Menschen oder Maschinen, die in der GmbH oder AG arbeiten, könnte das Unternehmen nichts erwirtschaften. Deshalb ist das Gehalt der Arbeitnehmer für das Unternehmen eine Betriebsausgabe. Wie kommen die Beteiligten an einer GmbH oder AG an das Geld ihrer Firma? Das geschieht auf zwei Arten:

- **Gewinnausschüttung:** Bleibt nach der Zahlung aller Kosten und Gehälter noch Gewinn übrig, zahlt das Unternehmen dafür Gewerbe- und Körperschaftsteuer. Der verbleibende Gewinn kann an die Beteiligten (Gesellschafter) ausgeschüttet werden. Bei einer AG ist das die Zahlung einer Dividende, bei einer GmbH die Ausschüttung von Gewinnanteilen. Der Gewinnanteil entspricht dem Anteil, den ein Beteiligter am Unternehmen hat (1 Prozent, 20 Prozent oder 50 Prozent). Den Gewinnanteil gibt der Beteiligte in seiner Einkommensteuererklärung unter „Einkünfte aus Kapitalvermögen" an, soweit er nicht mit der Abgeltungsteuer abgegolten wurde.
- **Gehalt:** Ein am Unternehmen Beteiligter arbeitet als Geschäftsführer oder in einer anderen Funktion im Unternehmen mit und beziehen dafür ein Gehalt. Als Betriebsausgabe wird dieses Gehalt nur anerkannt, wenn es angemessen ist, d. h., wenn man es auch in einem vergleichbaren Unternehmen, an dem man nicht beteiligt ist, verdienen könnte. Das Gehalt gibt der Beteiligte in seiner

Einkommensteuererklärung unter „Einkünfte aus nicht selbstständiger Arbeit" an.

Alles, was der Beteiligte darüber hinaus entnimmt, ist nur geliehen und muss wieder zurückgezahlt werden. Für langfristige Darlehen sind Zinsen zu zahlen.

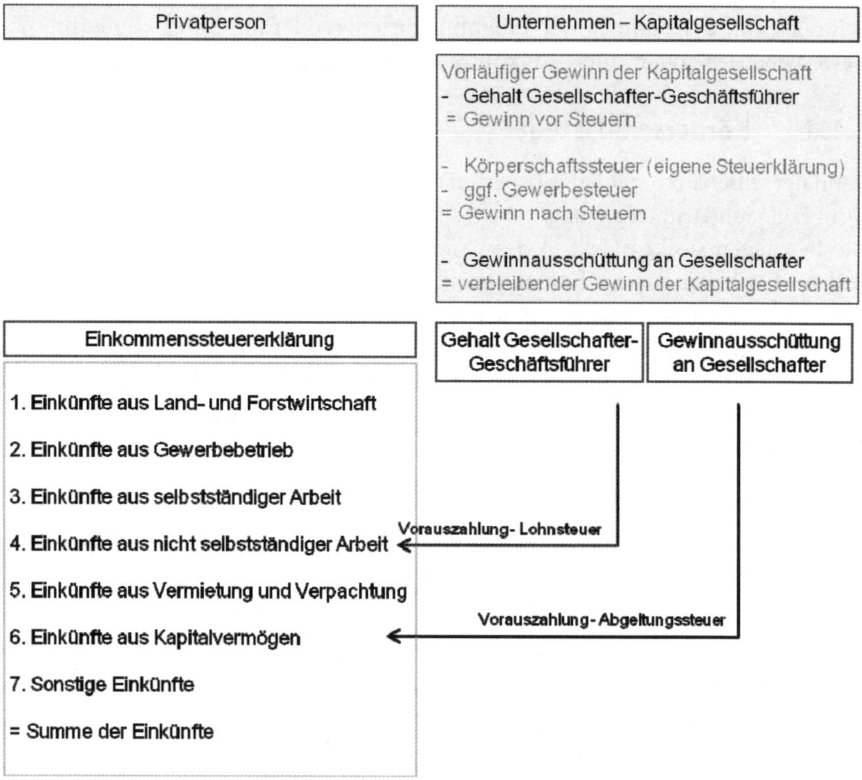

Abb. 2: Kapitalgesellschaften zahlen für Gewinne Körperschaftsteuer; erhält ein Gesellschafter ein Gehalt oder eine Gewinnausschüttung, muss er das in der Einkommensteuererklärung erfassen

Liegt die Beteiligung an der Kapitalgesellschaft im Privatvermögen, wird der gesamte ausgeschüttete Gewinnanteil zunächst mit 25 Prozent Abgeltungsteuer zzgl. Solidaritätszuschlag und ggf. Kirchensteuer versteuert. Ist der persönliche Steuer-

satz vermutlich niedriger, kann auch jederzeit die Günstigerprüfung in der Einkommensteuererklärung genutzt werden.
Bei den folgenden Voraussetzungen kann das Teileinkünfteverfahren (40 Prozent steuerfrei und 60 Prozent steuerpflichtig) und die mit ihm verbundene Versteuerung mit dem persönlichen Steuersatz beantragt werden:

- Beteiligung am Unternehmen mindestens 25 Prozent oder
- Beteiligung am Unternehmen mindestens 1 Prozent und im Unternehmen tätig.

Ist eine Personenfirma an einer Kapitalgesellschaft beteiligt, fließt der Ertrag zunächst in den Gewinn der Personenfirma. In diesem Fall gilt immer das Teileinkünfteverfahren, demzufolge 40 Prozent des Gewinnanteils steuerfrei und 60 Prozent steuerpflichtig sind.

Hinweis zur „Unternehmergesellschaft (haftungsbeschränkt)" – Mini-GmbH

Ein Vorteil der GmbH gegenüber der Personenfirma besteht darin, dass die Firmeninhaber im Notfall nur mit dem Betriebsvermögen haften. Allerdings muss bei der Gründung einer GmbH ein Stammkapital von 25.000 Euro aufgebracht werden, was kleinen Unternehmen schwerfällt. Eine Alternative bestand bisher in der Gründung einer englischen Ltd. mit Sitz in Deutschland. Jetzt bietet auch das deutsche Recht eine Alternative zur GmbH, nämlich die „Unternehmergesellschaft (haftungsbeschränkt)". Sie kann mit einer Einlage von nur einem Euro gegründet werden und muss den Zusatz „UG (haftungsbeschränkt)" führen. Sobald das Unternehmen Gewinne erzielt, wird die Stammeinlage aufgestockt. Jeweils 25 Prozent der Gewinne verbleiben im Unternehmen, bis das Stammkapital von 25.000 Euro erreicht ist. Dann kann die UG in eine vollwertige GmbH umgewandelt werden.

1.1.5 Gewerbesteuer

Die Gewerbesteuer ist eine Steuer, die von den Gemeinden erhoben wird. Zum Finanzamt kommt also auch noch die Gemeinde dazu, die etwas vom Gewinn abhaben möchte.
Wer muss **Gewerbesteuer** zahlen? Alle Gewerbebetriebe wie z. B. Handwerksbetriebe, Einzel- und Großhändler, Versicherungsmakler, Buchführungshelfer, Gastronomiebetriebe, Fuhrunternehmen, EDV-Berater.
Wer muss **keine Gewerbesteuer** zahlen? Laut § 3 Gewerbesteuergesetz: Krankenhäuser, Altenwohnheime, die Deutsche Bundesbank, gemeinnützige Vereine, Frei-

berufler (wie z. B. Ärzte, Rechtsanwälte, Steuerberater, beratende Ingenieure und viele mehr).
Für Einzelunternehmen und Personengesellschaften gibt es einen Freibetrag in Höhe von 24.500 Euro. Für Kapitalgesellschaften wie z. B. GmbHs und AGs existiert kein Freibetrag. Die Gewerbesteuer ist je nach Hebesatz der Gemeinde unterschiedlich hoch. In Großstädten ist sie in der Regel am höchsten.

Gewinn Personenfirma	Gewerbesteuer je nach Gemeinde
24.000 €	0 €
100.000 €	ca. 6.600–10.700 €
Gewinn Kapitalgesellschaft	**Gewerbesteuer je nach Gemeinde**
24.000 €	ca. 2.100–3.300 €
100.000 €	ca. 8.700–14.000 €

Bei Personenfirmen werden Gewerbesteuerzahlungen auf die Einkommensteuer angerechnet.
Unternehmen, die hohe Mieten oder hohe Schuldzinsen als Betriebsausgaben abziehen, müssen vielleicht sogar mehr Gewerbesteuer zahlen. Bei der Berechnung der Gewerbesteuerlast werden 25 Prozent aller Zinsen und Zinsanteile aus Mieten und Leasingraten zum Gewinn hinzugerechnet. Das allerdings erst, wenn der Freibetrag von 100.000 Euro überschritten wird.

Arbeitshilfen online

In den Arbeitshilfen online finden Sie einen Gewerbesteuerrechner.

1.2 Mehrwertsteuer, Umsatzsteuer, Vorsteuer

Sicher sind Ihnen die Begriffe **Mehrwertsteuer**, **Umsatzsteuer** und **Vorsteuer** schon begegnet. In diesem Zusammenhang wird nicht der Verdienst besteuert, sondern der Verkauf von Waren und Dienstleistungen (sofern das Unternehmen nicht von der Mehrwertsteuer befreit ist). Verkauft ein Unternehmen Waren, muss es seinen Kunden zusätzlich zum Warenwert die Mehrwertsteuer (MwSt.) in Rechnung stellen.
Im Geschäftsleben spricht man von **Mehrwertsteuer** und Umsatzsteuer. Wenn Sie sich allerdings mit einem Finanzbeamten oder einem Steuerberater unterhalten,

wird Ihnen auffallen, dass beide nur die Begriffe **Umsatzsteuer** und **Vorsteuer** verwenden.

Was ist der Unterschied zwischen Umsatzsteuer und Vorsteuer?

Von Umsatzsteuer (USt.) spricht man, wenn Mehrwertsteuer in Rechnung gestellt bzw. eingenommen wird (z. B. beim Verkauf von Waren an Kunden).
Von Vorsteuer ist die Rede, wenn ein Unternehmen selbst Umsatzsteuer bezahlt (z. B. beim Einkauf von Waren).
Beim **Einkauf** spricht man also von **Vorsteuer**, beim **Verkauf** von **Umsatzsteuer**.

Beispiel

Kauft ein Unternehmen Waren ein, ist die gesetzliche Mehrwertsteuer für den Verkäufer Umsatzsteuer. Für das Unternehmen selbst, also für den Einkäufer, ist die Mehrwertsteuer indes Vorsteuer.

1.2.1 Was verlangt das Finanzamt von Unternehmen?

Sind die Waren oder Dienstleistungen, die ein Unternehmen verkauft bzw. anbietet, umsatzsteuerpflichtig, muss das Unternehmen seinen Kunden zusätzlich zum Warenwert oder zur Leistung auch Umsatzsteuer berechnen. Wer seinen Kunden Umsatzsteuer berechnet, erhält die Vorsteuer, die er seinerseits bei Einkäufen bezahlt, vom Finanzamt zurück. Man sagt deshalb auch: Das Unternehmen ist zum Vorsteuerabzug berechtigt.

Beispiel

Es werden Waren im Wert von 1.000 Euro zzgl. 190 Euro Umsatzsteuer verkauft. Was bedeutet das für den Verkäufer? Was für den Einkäufer?

Der Verkäufer stellt eine Rechnung über 1.190 Euro inkl. Umsatzsteuer. Der Einkäufer schuldet ihm den vollen Rechnungsbetrag. Von diesem Betrag gehören allerdings 190 Euro – nämlich die enthaltene Umsatzsteuer – nicht dem Verkäufer, sondern dem Finanzamt. Sie müssen deshalb zu einem späteren Zeitpunkt vom Verkäufer an das Finanzamt überwiesen werden.

Handelt es sich beim Einkäufer ebenfalls um ein Unternehmen und ist dieses Unternehmen zum Vorsteuerabzug berechtigt, erhält er (ebenfalls zu einem späteren Zeitpunkt) die berechnete Vorsteuer in Höhe von 190 Euro vom Finanzamt wieder zurück.

Wie das Beispiel verdeutlicht, müssen die Unternehmen die Umsatzsteuer für den Staat eintreiben und abrechnen. Diese Abrechnung von Umsatzsteuer und Vorsteuer mit dem Finanzamt gehört zu den Aufgaben der Buchführung. Bei der Belegerfassung wird die Mehrwertsteuer aus den Rechnungsbeträgen herausgerechnet. Die Nettowerte werden also getrennt von der Umsatzsteuer und der Vorsteuer erfasst.

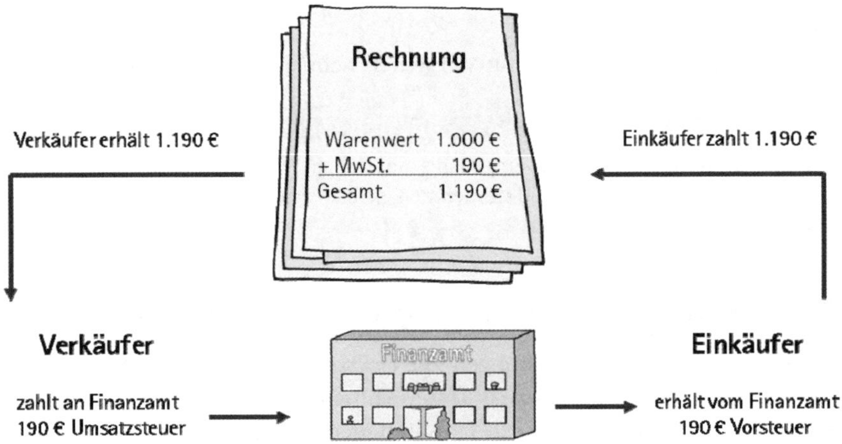

Abb. 3: Eine Rechnung mit Mehrwertsteuer

Die **Mehrwertsteuer** bedeutet für Unternehmen nur Arbeit, sie stellt einen durchlaufenden Posten dar. Die Unternehmen müssen die Mehrwertsteuer bzw. Umsatzsteuer, die sie den Kunden berechnet haben, an das Finanzamt abführen und die Mehrwertsteuer bzw. Vorsteuer, die sie an ihre Lieferanten gezahlt haben, vom Finanzamt zurückfordern.

Komisch, denken Sie jetzt sicher. Was soll das? Ist die Sache mit der Umsatzsteuer und der Vorsteuer nur eine Geldschieberei? Nein. Vergessen Sie nicht, dass nur Unternehmen, die Umsatzsteuer in Rechnung stellen, die **Vorsteuer wieder zurückfordern** können (es gibt Ausnahmen). Alle anderen zahlen die Vorsteuer und erhalten nichts vom Finanzamt zurück. Die Umsatzsteuer wird also überwiegend von Privatpersonen bezahlt. Wer viel einkauft, zahlt deshalb auch viele Steuern!

Achtung

In der Praxis erhalten die Unternehmen die Vorsteuer nicht so einfach zurück. Die Rechnung muss einwandfrei ausgestellt sein und die Lieferung oder Leistung muss erbracht oder die Zahlung erfolgt sein. Das ist auch der Grund, warum das Gesetz zwischen Umsatzsteuer und Vorsteuer unterscheidet. Für das Abführen der Umsatzsteuer gibt es keine strengen Regeln, wohl aber für den Vorsteuerabzug.

1.2.2 Umsatzsteuerpflicht ja oder nein?

Jedes Unternehmen muss seinen Gewinn oder Verlust ermitteln. Das geschieht entweder nach den Regeln der Einnahmenüberschussrechnung oder nach den Regeln der Bilanz mit Gewinn- und Verlustrechnung. Aber nicht jedes Unternehmen muss sich mit der Umsatzsteuer befassen. Hier kommt es darauf an, ob die Waren oder Dienstleistungen, die das Unternehmen verkauft bzw. erbringt, umsatzsteuerpflichtig sind oder nicht.

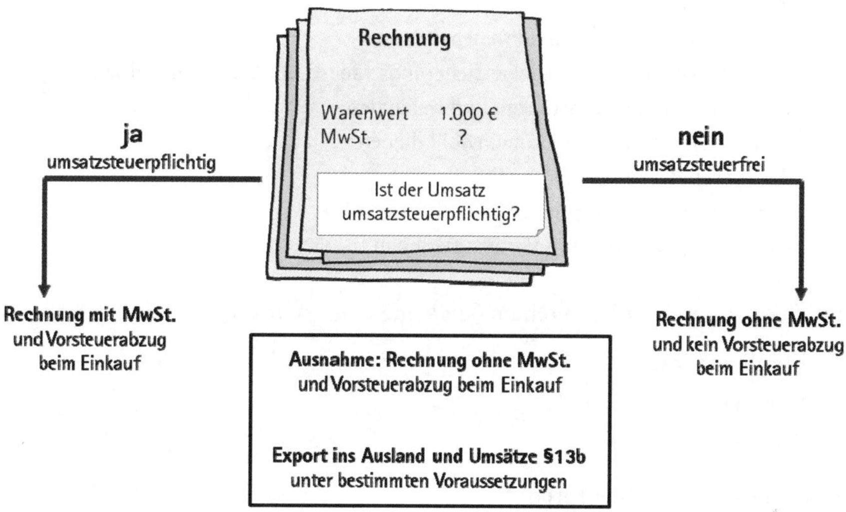

Abb. 4: Umsatzsteuerpflicht ja oder nein?

Umsatzsteuerpflicht

In welchen Fällen müssen Unternehmen Umsatzsteuer in Rechnung stellen und anschließend an das Finanzamt abführen?

- Wenn das Unternehmen Lieferungen und Leistungen gegen Entgelt ausführt.
- Wenn Unternehmer/innen Waren oder sonstige Leistungen des eigenen Unternehmens (private Kfz-Nutzung/Telefonnutzung) in Anspruch nehmen.

Es sei denn, es werden Waren verkauft oder Dienstleistungen angeboten, die von der Umsatzsteuer befreit sind.

Umsatzsteuerfreiheit

§ 4 Umsatzsteuergesetz (UStG) bestimmt, welche Lieferungen und Leistungen von der Umsatzsteuer befreit sind. Hier sehen Sie ein paar Beispiele für umsatzsteuerfreie Umsätze.

Beispiele

- Ärzte, Zahnärzte, Physiotherapeuten (Leistungen, die der Behandlung, Heilung und Vorbeugung von Krankheiten und Leistungsstörungen dienen),
- Heilpraktiker,
- Psychotherapeuten,
- Krankenhäuser, Alten- und Pflegeheime,
- Pflegedienste, die von Sozialversicherungsträgern übernommen werden,
- Vermietung von Grundstücken und Gebäuden,
- Postleistungen, die dem Gemeinwohl dienen,
- Bankgeschäfte, Versicherungen,
- staatlich anerkannte Schulen und Bildungsträger,
- Export unter bestimmten Voraussetzungen.

Im ideellen Bereich von Vereinen fällt keine Umsatzsteuer an. Hierzu gehören:

- Mitgliedsbeiträge,
- Spenden,
- Zuschüsse.

Freiwillige Umsatzsteuerpflicht

Vermieten Sie z. B. Büroräume an einen Unternehmer, der selbst zum Vorsteuerabzug berechtigt ist, besteht die Möglichkeit, auf die Umsatzsteuerbefreiung für die Vermietung von Grundstücken und Gebäuden zu verzichten. Dieser Verzicht berechtigt Sie zum Vorsteuerabzug (aus Herstellungskosten und laufenden Kosten) und Sie können die Büroräume zzgl. Umsatzsteuer vermieten. Diesen freiwilligen Verzicht nennt man „optieren". Allerdings sind Sie an diese Entscheidung zehn Jahre gebunden, weshalb in einem solchen Fall eine steuerliche Beratung sinnvoll ist.

1.2.3 Umsatzsteuerfreiheit und Vorsteuerabzug

Nur wer Umsatzsteuer in Rechnung stellt, ist auch zum Vorsteuerabzug berechtigt. Hierbei gibt es allerdings Ausnahmen.

Geschäfte mit dem Ausland

Beim Export ins Ausland sind umsatzsteuerpflichtige Geschäfte mit ausländischen Kunden unter bestimmten Voraussetzungen im Ausland und nicht in Deutschland steuerpflichtig. In einem solchen Fall stellt man dem ausländischen Kunden nur den Nettobetrag ohne Umsatzsteuer in Rechnung. Der Kunde zahlt anschließend die Umsatzsteuer in seinem eigenen Land. Trotzdem erhalten Sie die gezahlte Vorsteuer aus Rechnungen, die mit diesem Auftrag zusammenhängen, vom Finanzamt zurück (z. B. beim Kauf von Material im Inland). Das Gesetz spricht beim Export in ein EU-Ausland von einer innergemeinschaftlichen Lieferung und beim Export in andere Länder von einer Ausfuhrlieferung.

Bestimmte Umsätze im Inland gemäß § 13b UStG

Machen zwei bauleistende Unternehmen oder zwei Gebäudereinigungsunternehmen miteinander Geschäfte, stellt der Rechnungsaussteller in der Regel keine Umsatzsteuer in Rechnung, erhält aber trotzdem die gezahlte Vorsteuer zurück. Der Rechnungsempfänger muss die Umsatzsteuer dann an das Finanzamt abführen und gleich wieder als Vorsteuer abziehen, soweit das Unternehmen zum Vorsteuerabzug berechtigt ist. Hier spricht man von der Steuerschuldumkehr oder dem Reverse-Charge-Verfahren. Dieses Verfahren ist auch dann anzuwenden, wenn bestimmte Abfallwertstoffe und Edelmetalle, die in Anlage 3 UStG aufgeführt sind, an andere Unternehmen verkauft werden, beim Handel mit Strom und Gas sowie beim Handel mit Mobilfunkgeräten und Schaltkreisen nur, wenn die Auftragssumme über 5.000 Euro liegt.

1.2.4 Weniger Arbeit bei umsatzsteuerfreien Umsätzen

Sind die Umsätze eines Unternehmens von der Umsatzsteuer befreit und ist das Unternehmen nicht zum Vorsteuerabzug berechtigt, hat es weder etwas mit der Umsatzsteuer noch mit der Vorsteuer zu tun. In der Buchhaltung fällt also viel

weniger Arbeit an. Die Erträge bzw. Erlöse enthalten keine Umsatzsteuer und gehen in voller Höhe in die Gewinnermittlung ein. Die in den Kosten enthaltene Vorsteuer muss nicht herausgerechnet werden, stattdessen zählt der gesamte Rechnungsbetrag zu den Betriebsausgaben.
Kauft allerdings ein deutsches Unternehmen im Ausland ein, muss es – selbst wenn die Erlöse von der Umsatzsteuer befreit sind – dafür sorgen, dass die deutsche und nicht die ausländische Umsatzsteuer gezahlt wird. Das geschieht an der Grenze beim Zoll oder innerhalb der EU auf Formularen.

1.2.5 Welcher Steuersatz gilt?

Grundsätzlich sind 19 Prozent Umsatzsteuer zu berechnen, es sei denn, die Ware oder die Leistung unterliegt dem ermäßigten Steuersatz von 7 Prozent. Darüber gibt das Umsatzsteuergesetz Auskunft. Bei einem land- und forstwirtschaftlichen Betrieb können es auch 5,5 oder 10,7 Prozent sein.
Unselbstständige Nebenleistungen sind mit dem gleichen Steuersatz zu berechnen wie die Hauptleistungen. Was heißt das?

Beispiel

Verkauft ein Unternehmen einen PC zzgl. Fracht oder Porto, muss es den PC und die Versandkosten mit 19 Prozent Umsatzsteuer berechnen – unabhängig davon, ob in den Versandkosten Vorsteuer enthalten war oder nicht.

Der Umsatzsteuersatz von 19 Prozent

In der Regel werden Waren oder Dienstleistungen mit einem Steuersatz von 19 Prozent berechnet. Unternehmen, die in den folgenden Bereichen tätig sind, berechnen z. B. 19 Prozent Umsatzsteuer:

- Handwerksbetriebe, Marketingfirmen,
- beratende Volkswirte, Betriebswirte und Ingenieure,
- Druckereien, Handelsvertreter, Kosmetiker, Fitnessstudios,
- Speisen und Getränke in Gaststätten oder Hotels,
- Architekten, Bauingenieure, Statiker,
- Grafiker, Designer,
- Kunsthändler,
- Friseure, Apotheken,

- Fotografen, Softwareentwickler, EDV-Berater,
- Tierärzte, Optiker,
- Lektoren, Steuerberater, Rechtsanwälte und Notare,
- Taxi- und Bahnfahrten über 50 km.

Führen Vereine einen wirtschaftlichen Geschäftsbetrieb, müssen die Einnahmen mit 19 Prozent Umsatzsteuer berechnet werden. Solche Einnahmen können beispielsweise sein:

- Verkauf von Speisen und Getränken,
- Sportveranstaltungen,
- Vereinsfeste,
- Verkauf von Sportgeräten,
- Werbeeinnahmen durch Sponsoren.

Der ermäßigte Umsatzsteuersatz von 7 Prozent

In der Anlage 2 zum Umsatzsteuergesetz finden Sie die Waren oder Leistungen, die dem ermäßigten Steuersatz unterliegen. Unternehmen, die in den folgenden Bereichen tätig sind, stellen ihre Rechnungen mit 7 Prozent Umsatzsteuer aus:

- Journalisten, Bildberichterstatter,
- Autoren, Verkauf von Büchern und Zeitschriften,
- Verkauf von Blumen und Pflanzen,
- Betrieb von Sauna, Schwimm- und Heilbädern,
- Künstler, Musiker, Schauspieler,
- Übernachtung im Hotel,
- Verkauf von Lebensmitteln ohne Getränke und Service,
- Zahntechniker,
- Taxi- oder Bahnfahrten bei Kurzstrecken innerhalb der Gemeinde oder unter 50 km.

Der Verkauf von Lebensmitteln ist mit 7 Prozent zu berechnen. Doch sobald das Essen vor Ort verzehrt und vielleicht sogar serviert wird, ist es mit 19 Prozent zu berechnen. Bei einem Partyservice können nur dann 7 Prozent berechnet werden, wenn die Speisen überwiegen, nicht aber der Service.
Bietet ein Verein Leistungen für seine Mitglieder an, die nicht durch den Mitgliedsbeitrag gedeckt sind, handelt es sich um Einnahmen aus einem Zweckbetrieb.

Sie sind mit 7 Prozent Umsatzsteuer zu berechnen. Beispiele wären: kulturelle und sportliche Veranstaltungen, genehmigte Lotterien, Vermietung von Sportstätten an Mitglieder, Behindertenwerkstätten, Volkshochschulen. Der Verkauf von Speisen und Getränken sowie Werbeeinnahmen stellen immer einen wirtschaftlichen Geschäftsbetrieb dar.

Die Durchschnittssteuersätze 5,5 und 10,7 Prozent

Forstwirtschaftliche Erzeugnisse (außer Sägewerkserzeugnisse) werden mit einem Steuersatz von 5,5 Prozent berechnet, alle anderen landwirtschaftlichen Erzeugnisse (außer Getränke) mit 10,7 Prozent. Diese Steuersätze sind Durchschnittssteuersätze, weil in diesen Betrieben nicht nur Lebensmittel verkauft, sondern auch Leistungen erbracht werden. Das Gemüse muss z. B. gesät und geerntet werden.

1.2.6 Welche Unternehmen können sich von der Umsatzsteuer befreien lassen?

Es gibt die Möglichkeit, ein Unternehmen beim Finanzamt von der Umsatzsteuer befreien zu lassen. Das gilt für Freiberufler, Gewerbebetriebe und Vereine gleichermaßen.

Voraussetzung:

Der Umsatz (also die Einnahmen, nicht der Gewinn) liegt

- im Vorjahr oder im Gründungsjahr nicht über 17.500 Euro und
- im laufenden Jahr voraussichtlich nicht über 50.000 Euro.

Die Grenze von 17.500 Euro gilt für zwölf Monate. Das ist im Gründungsjahr zu beachten. Für Unternehmen, die erst im Mai starten, ist diese Grenze entsprechend niedriger. Das zeigt das folgende Beispiel:

Beispiel

Ein Unternehmen wurde im Mai gegründet und hatte im Gründungsjahr einen Umsatz von 12.000 Euro. Dieser Umsatz wurde in acht Monaten erwirtschaftet. Folglich hätte das Unternehmen in zwölf Monaten (12.000 Euro : 8 x 12 =) 18.000 Euro eingenommen. In diesem Fall wurde also die Umsatzgrenze von 17.500 Euro überschritten.

Wurden diese 12.000 Euro bereits als Planzahl beim Antrag auf die Kleinunternehmerregelung angegeben, gilt die Kleinunternehmerregelung von Anfang an nicht. Wurde jedoch eine niedrigere Planzahl angegeben und überschreitet das Unternehmen diese Grenze dann doch, muss es seinen Kunden zu Beginn des folgenden Jahres Umsatzsteuer in Rechnung stellen. Das gilt auch für spätere Jahre, in denen diese Grenze überschritten wird.

Achtung

Auf dem Betriebsanmeldebogen des Finanzamts wird gefragt, ob man die „Besteuerung von Kleinunternehmern" beantragen möchte. Wurde diese Frage mit Ja oder Nein beantwortet? Im Zweifel genügt ein Anruf beim Finanzamt oder beim Steuerberater. Wurde die Frage zunächst mit Nein beantwortet, muss ein schriftlicher Antrag gestellt werden.

Verzichtet das Unternehmen freiwillig auf die „Besteuerung für Kleinunternehmer", weil es in den ersten Jahren hohe Investitionen tätigen und die Vorsteuer abziehen möchte, ist es fünf Jahre lang an diese Entscheidung gebunden. Diesen freiwilligen Verzicht nennt man in der Fachsprache „optieren".

Tipp

Auch wenn sich das Unternehmen nicht mit der Umsatzsteuer befassen muss, sollten Sie trotzdem darauf achten, dass Sie die Rechnungen richtig ausstellen und mit dem Hinweis „steuerfrei nach § 19 UStG Kleinunternehmer" versehen.

1.3 Aufgaben zu Kapitel 1

Eine Aufgabe der Buchführung besteht darin, auch unterjährig den vorläufigen Gewinn eines Unternehmens zu ermitteln. Nur so kann der Steuerberater die anfallenden Ertragsteuern für das laufende Jahr abschätzen. Tätigt das Unternehmen umsatzsteuerpflichtige Umsätze und ist es zum Vorsteuerabzug berechtigt, ist es die Aufgabe der Buchführung, regelmäßig die Abrechnung der Umsatzsteuer und der Vorsteuer mit dem Finanzamt durchzuführen. Hier können Sie Ihr Wissen testen.

➔ Aufgabe 1

Welche Unternehmen zahlen für ihren Gewinn Einkommensteuer? Kreuzen Sie bitte an.

Gesellschaftsform	Was trifft zu?
Einzelfirma	
Personengesellschaft OHG, KG, GbR	
Kapitalgesellschaft AG, GmbH, Ltd.	

➔ Aufgabe 2

Ordnen Sie bitte die verschiedenen Verdienstquellen einer Einkunftsart in der Einkommensteuererklärung zu.
1. Einkünfte aus Land- und Forstwirtschaft, 2. Einkünfte aus Gewerbebetrieb, 3. Einkünfte aus selbstständiger Arbeit, 4. Einkünfte aus nicht selbstständiger Tätigkeit, 5. Einkünfte aus Vermietung und Verpachtung, 6. Einkünfte aus Kapitalvermögen, 7. sonstige Einkünfte

Verdienstquelle	Einkunftsart 1.–7.
Vermietung einer Eigentumswohnung	
Gewinnausschüttung an den Gesellschafter einer GmbH, soweit sie nicht mit der Abgeltungsteuer abgegolten wurde	
Gehalt eines Angestellten	
Gehalt eines Gesellschafter-Geschäftsführers	

Verdienstquelle	Einkunftsart 1.–7.
Gewinn eines Architekten	
Gewinn eines Handwerksbetriebs	
Zinserträge, soweit sie nicht mit der Abgeltungsteuer abgegolten wurden.	

➔ Aufgabe 3

Welche der folgenden Unternehmen sind von der Gewerbesteuer befreit?

Unternehmen	Gewerbesteuerfrei ja/nein
Handwerksbetrieb	
Krankenhaus	
Freiberufler	
Einzelhandel	
Spedition	

➔ Aufgabe 4

Kreuzen Sie bitte die zutreffenden Aussagen zum Thema Umsatzsteuer und Vorsteuer an.

Aussage	Richtig?
Die Mehrwertsteuer auf einer Rechnung stellt für den Verkäufer Vorsteuer und für den Einkäufer Umsatzsteuer dar.	
Die Mehrwertsteuer auf einer Rechnung stellt für den Verkäufer Umsatzsteuer und für den Einkäufer Vorsteuer dar.	
Die Umsatzsteuer wird dem Kunden in Rechnung gestellt und ist an das Finanzamt abzuführen.	
Ist ein Unternehmen zum Vorsteuerabzug berechtigt, muss es die Vorsteuer beim Einkauf nicht bezahlen.	
Ist ein Unternehmen zum Vorsteuerabzug berechtigt, muss es die Vorsteuer beim Einkauf zunächst bezahlen, kann sie später aber vom Finanzamt zurückfordern.	

➔ Aufgabe 5

Welche dieser Umsätze sind nach § 4 UStG umsatzsteuerfrei?

Umsätze	Umsatzsteuerfrei ja/nein
Versicherungen	
Fahrzeughandel	
Gastronomie	
Einzelhandel	
Ärzte	

➔ Aufgabe 6

Kreuzen Sie bitte an, in welchem Fall 19 bzw. 7 Prozent Umsatzsteuer zu berechnen sind.

	19 %	7 %
Lebensmittel		
Getränke		
Bücher		
Büromaterial		
Kleidung		
Fahrzeuge		
Speisen in einem Restaurant		

Arbeitshilfen online

Arbeitsblätter mit den Aufgaben dieses Buches und die Lösungen zu sämtlichen Aufgaben finden Sie in den Arbeitshilfen online.

2 Die Gewinnermittlung für die Ertragsteuern

Ein Ziel der Buchführung ist die Gewinnermittlung. In diesem Kapitel erhalten Sie einen Überblick darüber, wie sich ein Gewinn oder Verlust zusammensetzt. Was zählt zu den Betriebseinnahmen bzw. Erträgen? Was zu den Betriebsausgaben bzw. Aufwendungen? Dabei lernen Sie Ausgaben kennen, die sich nicht oder nur teilweise auf das Ergebnis auswirken. In diesem Fall kommt es zu Unterschieden zwischen dem steuerlichen und dem geldmäßigen Ergebnis. Sie lernen, worauf Sie achten müssen und wie wichtig es ist, das Ergebnis auch unterjährig regelmäßig zu ermitteln. Erst dann wissen Sie, wie viel Geld für Steuern zurückgelegt werden muss.

Im letzten Abschnitt lernen Sie zwei verschiedene Gewinnermittlungsarten kennen, die das Gesetz vorschreibt: Die **Bilanz mit Gewinn- und Verlustrechnung**, um die es in diesem Buch geht, und die **Einnahmenüberschussrechnung**. Sie erfahren, welches Unternehmen welche Gewinnermittlungsart anwenden muss oder darf und was die Unterschiede sind.

2.1 Wie setzt sich der Gewinn oder Verlust zusammen?

Wenn Sie den Gewinn oder Verlust eines Unternehmens ermitteln, müssen Sie zunächst die privaten von den geschäftlichen Einnahmen bzw. Ausgaben trennen. Für die Ermittlung des Betriebsergebnisses zählen nur Einnahmen und Ausgaben, die das Unternehmen betreffen.

	Betriebseinnahmen/Erträge
-	Betriebsausgaben/Aufwendungen
=	Gewinn oder Verlust

2.1.1 Was zählt zu den Betriebseinnahmen?

Betriebseinnahmen sind alle Einnahmen, die ein Unternehmen erwirtschaftet. Man spricht hier auch von Erträgen, Umsätzen und Umsatzerlösen.

Beispiele

- Warenverkauf,
- Beratungshonorar, Provisionen,
- erbrachte Dienstleistungen
- Mieterträge, Zinserträge und
- vieles mehr.

Verkauft ein Unternehmen Waren (z. B. Möbel), dann ist mit Umsatz der Verkaufspreis gemeint. Der Verkaufspreis wird in der Gewinnermittlung unter den Erträgen erfasst, der Einkaufspreis unter den Aufwendungen. Die Differenz aus dem Verkaufspreis und dem Einkaufspreis ergibt den Gewinn, den das Unternehmen durch den Möbelverkauf erzielt hat. Für diesen Gewinn sind dann Ertragsteuern zu zahlen.

2.1.2 Was zählt zu den Betriebsausgaben?

Betriebsausgaben sind alle Ausgaben, die notwendig sind, um die Erträge bzw. Umsätze zu erzielen. Man spricht hier auch von Aufwendungen.

Beispiele

- Wareneinkauf in einem Unternehmen, das mit Waren handelt,
- Material- und Personalkosten in einem Unternehmen, das Produkte selbst herstellt und verkauft,
- Personalkosten in einem Unternehmen, das Dienstleistungen anbietet, und
- vieles mehr.

Es kommt also auf die Geschäftsidee an, welche Lieferungen oder Leistungen das Unternehmen auf dem Markt anbietet. Wer mit Waren handelt, hat Aufwendungen wie z. B. den Wareneinkauf. Wer nur Dienstleistungen anbietet, hat keinen Wareneinkauf, sondern ggf. Personalkosten.
Außerdem zählen alle Ausgaben, die erforderlich sind, um das Unternehmen selbst am Laufen zu halten, zu den Betriebsausgaben.

Beispiele

- Miete von Verkaufsräumen, Produktionsstätten, Büro- und Lagerräumen,
- Personalkosten für die Mitarbeiter in der Verwaltung und im Vertrieb,
- betriebliche Versicherungen,

- Büromaterial, Porto,
- Beiträge, Gebühren,
- Reparaturen von Einrichtungsgegenständen oder Betriebs- und Geschäftsausstattungen,
- Fortbildungskosten,
- Bewirtungskosten, Geschenke,
- Reisekosten,
- Abschreibung von Anlagevermögen (Vermögensgegenstände des Unternehmens wie Betriebs- und Geschäftsausstattungen) und
- vieles mehr.

Allerdings müssen die Ausgaben nach allgemeiner Verkehrsauffassung angemessen sein. Laut Gesetz bedeutet angemessen, dass die Ausgaben in einem realistischen Verhältnis zu den Einnahmen stehen müssen.

Beispiel

Wenn es um einen Auftrag von 10.000 Euro geht, ist es sicher angemessen, den Kunden für 100 Euro zum Essen einzuladen. Geht es aber nur um einen Auftrag von 150 Euro, wäre ein Essen für 100 Euro unangemessen.

Was zählt nicht zu den Betriebsausgaben?

Keine Betriebsausgaben sind Ausgaben, die die private Lebensführung des Unternehmers bzw. des Inhabers betreffen.

Beispiele

- Private Versicherungen,
- Miete Privatwohnung,
- Kosten für Privatwagen,
- Privatnutzung von Geschäftswagen oder Geschäftstelefon.

Auch keine Betriebsausgaben sind Ausgaben, die zwar durch den Betrieb verursacht wurden, aber nur begrenzt anerkannt werden oder als unangemessen anzusehen sind.

Beispiele

- Zu hohe Bewirtungskosten,
- zu hohe Kosten für Geschenke,
- zu hohe Reisekosten.

2.2 Vergleich zwischen steuerlichem und geldmäßigem Gewinn

Dieses Kapitel soll Ihnen zeigen, dass der steuerliche Gewinn nicht unbedingt vom Saldo des Bankkontos abgelesen werden kann. Das Unternehmen tätigt Ausgaben und die liquiden Mittel werden immer weniger. Gleichzeitig sprechen Steuerberater oder Wirtschaftsprüfer von Gewinnen. Wie es dazu kommt, sollen Ihnen die folgenden Beispiele zeigen. Dabei sehen Sie auch, wie viele Dinge Unternehmer/innen beachten müssen und wie wichtig die Buchführung von Unternehmen ist.

Beispiele

- Die Gewinnermittlung und die dafür zu zahlenden Ertragsteuern,
- der Geldbestand bzw. die liquiden Mittel,
- die Abrechnung von Umsatzsteuer und Vorsteuer.

Zur besseren Übersicht wird in den folgenden Beispielen von einem fiktiven Ertragsteuersatz von 30 Prozent ausgegangen. Die tatsächliche Höhe der Steuer hängt von verschiedenen Faktoren ab und muss für jedes Unternehmen individuell berechnet werden. Die 30 Prozent sollen Ihnen lediglich verdeutlichen, dass Ertragsteuern anfallen.

2.2.1 Ausgaben sind in voller Höhe abziehbar

Im ersten Schritt sehen Sie den Vergleich zwischen steuerlichem und geldmäßigem Gewinn ohne Berücksichtigung der Umsatzsteuer. Erst danach werden auch die Umsatzsteuer und die Vorsteuer in die Berechnung mit einbezogen.

Gewinnermittlung ohne Umsatzsteuer

Hier geht es um Unternehmen, die keine umsatzsteuerpflichtigen Umsätze ausführen. Sie müssen den Kunden keine Umsatzsteuer berechnen und sind deshalb auch nicht zum Vorsteuerabzug berechtigt. Die Betriebsausgaben bzw. Aufwendungen werden also in voller Höhe in der Gewinnermittlung erfasst.

Beispiel

Im laufenden Jahr wurden Waren im Wert von 30.000 Euro eingekauft und für 50.000 Euro an Kunden verkauft. Die Zahlungen und Geldeingänge erfolgten über das Girokonto des Unternehmens.

Zunächst ist der Gewinn zu ermitteln, für den das Unternehmen später Ertragsteuern zahlen muss.

Gewinnermittlung	
Betriebseinnahmen, Erträge	
+ Warenverkauf	50.000 €
Betriebsausgaben, Aufwendungen	
- Wareneinkauf	- 30.000 €
= Gewinn	20.000 €

Gleichzeitig beobachten Sie den Geldbestand auf dem Girokonto des Unternehmens.

Girokonto	
Stand vorher	0 €
- Wareneinkauf	- 30.000 €
+ Warenverkauf	+ 50.000 €
= Stand nachher	+ 20.000 €

In diesem Fall stimmt der Geldbestand mit dem ermittelten Gewinn überein. Allerdings fallen für diesen Gewinn ca. 30 Prozent Ertragsteuern an, also 6.000 Euro. Das heißt, dass dem Unternehmen von den 20.000 Euro nur 14.000 Euro gehören. 6.000 Euro müssen zurückgelegt und später an das Finanzamt abgeführt werden.

Gewinnermittlung mit Umsatzsteuer und Vorsteuer

Nun kommen wir zu einem Unternehmen, das umsatzsteuerpflichtige Umsätze tätigt und zum Vorsteuerabzug berechtigt ist. Hier müssen die Steuerbeträge herausgerechnet und gesondert erfasst werden. Es gibt also wesentlich mehr zu tun.

Beispiel

Im laufenden Jahr hat das Unternehmen Material für 90.000 Euro zzgl. 17.100 Euro Umsatzsteuer (19 Prozent) gekauft. Das Material wurde zu Produkten verarbeitet und für 200.000 Euro zzgl. 38.000 Euro Umsatzsteuer (19 Prozent) an die Kunden verkauft. Die Zahlung von 107.100 Euro sowie der Geldeingang von 238.000 Euro erfolgten über das Girokonto.

Zusätzlich zur Gewinnermittlung ist die Abrechnung der Umsatzsteuer vorzubereiten. In die Gewinnermittlung tragen Sie die Nettobeträge ein. Die abzuführende Umsatzsteuer sowie die abziehbare Vorsteuer werden gesondert in der Abrechnung der Umsatzsteuer erfasst.

Gewinnermittlung		**Abrechnung Umsatzsteuer**	
Betriebseinnahmen, Erträge		Umsatzsteuer	
+ Warenverkauf	200.000 €	+ Warenverkauf	38.000 €
Betriebsausgaben, Aufwendungen		Vorsteuer	
– Materialeinkauf	– 90.000 €	– Materialeinkauf	– 17.100 €
= Gewinn	110.000 €	= Zahllast	20.900 €

Ein Blick auf das Girokonto zeigt, dass der Gewinn nicht mit dem Geldbestand übereinstimmt.

Girokonto	
Stand vorher	0 €
– Materialeinkauf	– 107.100 €
+ Warenverkauf	+ 238.000 €
= Stand nachher	+ 130.900 €

Auf dem Girokonto liegt nicht nur der Gewinn, sondern auch die Umsatzsteuer, die noch an das Finanzamt abzuführen ist. Daran müssen Unternehmer/innen denken. Nicht zu vergessen sind natürlich auch die Ertragsteuern von ca. 30 Prozent. Bei einem Gewinn vom 110.000 Euro sind das 33.000 Euro. Auf dem Girokonto befinden sich 130.900 Euro. Davon sind 20.900 Euro Umsatzsteuer und 33.000 Euro Ertragsteuern an das Finanzamt abzuführen. Dem Unternehmen gehören also eigentlich nur 77.000 Euro.

Beispiel

Um den Auftrag zu erledigen, hat das Unternehmen Arbeiten aus dem Haus gegeben. Dafür sind Rechnungen in Höhe von 18.000 Euro zzgl. 3.420 Euro Umsatzsteuer (19 Prozent) eingegangen. Insgesamt wurden 21.420 Euro über das Girokonto gezahlt.

Nun wird die Gewinnermittlung um die Abrechnung der Umsatzsteuer erweitert. Der neue Geschäftsvorfall muss erfasst werden.

Gewinnermittlung		Abrechnung Umsatzsteuer	
Betriebseinnahmen, Erträge		Umsatzsteuer	
+ Warenverkauf	200.000 €	+ Warenverkauf	38.000 €
Betriebsausgaben, Aufwendungen		Vorsteuer	
- Materialeinkauf	- 90.000 €	- Materialeinkauf	- 17.100 €
- Fremdarbeiten	**- 18.000 €**	- Fremdarbeiten	**- 3.420 €**
= Gewinn	92.000 €	= Zahllast	17.480 €

Auch hier stimmt der Gewinn nicht mit dem Saldo des Girokontos überein.

Girokonto	
Stand vorher	0 €
- Materialeinkauf	- 107.100 €
+ Warenverkauf	+ 238.000 €
- Fremdarbeiten	**- 21.420 €**
= Stand nachher	+109.480 €

Auf dem Girokonto sind 109.480 Euro. Davon müssen 17.480 Euro Umsatzsteuer und 27.600 Euro Ertragsteuern an das Finanzamt abgeführt werden. Dem Unternehmen gehören also nur 64.400 Euro.

Der Steuerberater rechnet anders, kommt aber auf das gleiche Ergebnis:

Steuerberechnung	
Gewinn	92.000 €
- Ertragsteuern	- 27.600 €
= Gewinn nach Steuern	+ 64.400 €

Solange nur Ausgaben anfallen, die auch tatsächlich den Gewinn mindern, und an das Abführen der Steuern gedacht wird, ist alles in Ordnung. Solange können Sie die ermittelten Zahlen des Steuerberaters noch nachvollziehen. Aber wie sieht es aus, wenn Ausgaben anfallen, die gar nicht oder nur begrenzt abziehbar sind? Dazu mehr in den folgenden Abschnitten.

2.2.2 Ausgaben sind nicht abziehbar

Ausgaben für private Zwecke des Inhabers eines Unternehmens mindern den Gewinn nicht. In Personenfirmen kommt es häufig vor, dass im laufenden Jahr Gelder vom Geschäftskonto auf das Privatkonto überwiesen werden. Oder aber es werden Kosten aus dem Privatbereich über das Geschäftskonto bezahlt.

Beispiel

Der Inhaber einer Personenfirma hat im laufenden Jahr 12.000 Euro Miete zzgl. 2.280 Euro Umsatzsteuer für die Geschäftsräume gezahlt. Insgesamt wurden 14.280 Euro vom Girokonto abgebucht. Auch die Miete der Privatwohnung in Höhe von 9.000 Euro wurde über das Girokonto bezahlt.

Die neuen Geschäftsvorfälle müssen erfasst werden, d. h. die Gewinnermittlung und die Abrechnung der Umsatzsteuer werden erweitert. Denken Sie daran: Nur die Miete für die Geschäftsräume wird in der Gewinnermittlung erfasst.

Gewinnermittlung		**Abrechnung Umsatzsteuer**	
Betriebseinnahmen, Erträge		Umsatzsteuer	
+ Warenverkauf	200.000 €	+ Warenverkauf	38.000 €
Betriebsausgaben, Aufwendungen		Vorsteuer	
– Materialeinkauf	– 90.000 €	– Materialeinkauf	– 17.100 €
– Fremdarbeiten	– 18.000 €	– Fremdarbeiten	– 3.420 €
– Miete Geschäftsräume	**– 12.000 €**	– Miete Geschäftsräume	**– 2.280 €**
= Gewinn	80.000 €	= Zahllast	15.200 €

Jetzt gehen der Gewinn und der Saldo des Girokontos immer weiter auseinander.

Girokonto	
Stand vorher	0 €
- Materialeinkauf	- 107.100 €
+ Warenverkauf	+ 238.000 €
- Fremdarbeiten	- 21.420 €
- Miete Geschäftsräume	**- 14.280 €**
- Miete Privatwohnung	**- 9.000 €**
= Stand nachher	+ 86.200 €

Auf dem Girokonto sind 86.200 Euro. Davon sind 15.200 Euro Umsatzsteuer an das Finanzamt abzuführen sowie 24.000 Euro Ertragsteuern. Der Firma gehören also lediglich 47.000 Euro.
Nach der Berechnung des Steuerberaters müssten allerdings 56.000 Euro verbleiben.

Steuerberechnung	
Gewinn	80.000 €
- Ertragsteuern	- 24.000 €
= Gewinn nach Steuern	+ 56.000 €

Wie kommt es zu der Differenz von 9.000 Euro? Sie ergibt sich aus der Zahlung der privaten Miete. Sie wurde vom Geschäftskonto bezahlt, diente aber privaten Zwecken des Firmeninhabers.

Privatentnahmen bei Personenfirmen

Handelt es sich bei dem Unternehmen um eine Personenfirma, müssen Sie nichts unternehmen. Es muss nur klar sein, dass es sich bei dieser Zahlung um einen entnommenen Gewinn handelt.

Beispiel

Der Inhaber einer Personenfirma muss für den ermittelten Gewinn von 80.000 Euro Einkommensteuer bezahlen. Danach verbleiben ihm 56.000 Euro. Von diesen 56.000 Euro wurden 9.000 Euro bereits entnommen. 47.000 Euro liegen noch auf dem betrieblichen Girokonto und können früher oder später entnommen werden.

Unternehmer/innen von Personenfirmen bekommen kein Gehalt, das den Gewinn mindert. Sie leben vom Gewinn ihres Unternehmens. Deshalb ist es so wichtig, die

Zahlen auch unterjährig im Auge zu behalten. Solange Sie als Buchhalter/in den Gewinn nicht ermittelt und die Umsatzsteuer nicht abgerechnet haben und nicht wissen, wie viele Ertragsteuern zu zahlen sind, ist alles offen. Solange stehen auf dem Girokonto 86.200 Euro zur Verfügung, was natürlich sehr verlockend ist. Wie schnell hat der Inhaber da einen Urlaub gebucht oder endlich das Lieblingsauto gekauft.

In der Praxis findet man sehr häufig den umgekehrten Fall, vor allem in den ersten Jahren des Firmenbestehens. Da spricht der Steuerberater von Gewinnen und anstehenden Steuerzahlungen, obwohl das Girokonto fast leer ist. Wie es dazu kommen kann, erfahren Sie in den folgenden Abschnitten.

Privatentnahmen von Kapitalgesellschaften

Bei Kapitalgesellschaften müssen entnommene Beträge zurückgezahlt werden, es sei denn, dem Beteiligten bzw. Gesellschafter steht eine Gewinnausschüttung zu, mit der die Auszahlungen verrechnet werden können. Gesellschafter, die im Unternehmen mitarbeiten, erhalten – wie alle anderen Arbeitnehmer auch – ein Gehalt. Dieses Gehalt wird auf ein Privatkonto überwiesen, von dem dann die privaten Ausgaben gezahlt werden sollten.

Kommt es trotzdem vor, dass ein Gesellschafter Geld für private Zwecke entnimmt, bleibt das solange sichtbar, bis er es wieder zurückgezahlt hat. Das hört sich zwar ziemlich streng an, ist aber übersichtlicher. Hier findet keine Vermischung von Geschäftlichem und Privatem statt. Das Unternehmen zahlt ein Gehalt an seinen Gesellschafter-Geschäftsführer, und dieses Gehalt mindert den Gewinn. Für den verbleibenden Gewinn zahlt das Unternehmen seine Steuern selbst und der danach verbleibende Gewinn kann im Unternehmen verbleiben oder an den Gesellschafter ausgeschüttet werden.

Beispiel

Der Gesellschafter einer Kapitalgesellschaft arbeitet in seinem Unternehmen mit und bezieht ein Geschäftsführergehalt. Dieses Gehalt wird ihm nicht in voller Höhe ausgezahlt, denn das Unternehmen muss anteilige Lohnsteuer einbehalten und an das Finanzamt abführen. Auch die vereinbarte Gewinnausschüttung wird nicht in voller Höhe ausgezahlt; hier wird Abgeltungsteuer einbehalten. Für das Gehalt muss der Gesellschafter Einkommensteuer bezahlen, für den Gewinnanteil Abgeltungsteuer oder Einkommensteuer. Da bereits anteilige Vorauszahlungen geleistet wurden, kommt es in der Regel zu keinen großen Überraschungen.

2.2.3 Ausgaben sind begrenzt abziehbar

Private Ausgaben sind nicht als Betriebsausgaben abziehbar. Doch manchmal kann Privates mit Geschäftlichem vermischt werden, und genau in diesem Bereich gibt es Begrenzungen:

- Bewirtungskosten, Geschenke und Reisekosten sind nur begrenzt abzugsfähig.
- Die Kosten für die Privatwohnung oder den Privatwagen sind keine Betriebsausgaben. Nutzt ein Gesellschafter aber einen Teil seiner Privatwohnung oder seinen Privatwagen für geschäftliche Zwecke, kann er dafür anteilige Kosten als Betriebsausgaben geltend machen.
- Telefon- und Kfz-Kosten sind zunächst in voller Höhe abziehbar, doch die Privatnutzung durch Unternehmer/innen von Personenfirmen werden als Betriebseinnahmen erfasst, was indirekt den Gewinn wieder erhöht.

Zur besseren Übersicht wird in den folgenden Beispielen immer von dem bisherigen Gewinn von 80.000 Euro, der bisherigen Umsatzsteuerzahllast von 15.200 Euro und dem Saldo des Girokontos von 86.200 Euro ausgegangen.

Bewirtungskosten

Hier geht es um den gemeinsamen Restaurantbesuch mit Kunden und Geschäftspartnern zur Geschäftsanbahnung, Geschäftserhaltung und Öffentlichkeitsarbeit. Diese Kosten sind nur zu 70 Prozent abziehbar, soweit sie angemessen sind. Die anderen 30 Prozent mindern den zu versteuernden Gewinn nicht. Die Vorsteuer aus diesen Belegen ist in voller Höhe abziehbar.

Beispiel

Im laufenden Jahr wurden Geschäftspartner für 1.000 Euro zzgl. 190 Euro Umsatzsteuer zum Essen eingeladen. Vom Girokonto wurden also insgesamt 1.190 Euro abgebucht.

Bewirtungskosten werden in der Gewinnermittlung zunächst besonders dargestellt. Sie werden in 70 Prozent abziehbare Bewirtungskosten und 30 Prozent nicht abziehbare Bewirtungskosten aufgeteilt. In der Abrechnung der Umsatzsteuer wird die volle Vorsteuer eingtragen.

Gewinnermittlung		Abrechnung Umsatzsteuer	
Gewinn vorher	80.000 €	Zahllast vorher	15.200 €
Gewinnminderung		Vorsteuer	
- Bewirtungskosten 70 %	- 700 €	- Bewirtungskosten	- 190 €
- Bewirtungskosten 30 %	- 300 €		
= Gewinn nachher	79.000 €	= Zahllast nachher	15.010 €

In der Gewinnermittlung stehen beide Beträge. Für die Ermittlung der Ertragsteuern werden die 30 Prozent Bewirtungskosten dem Gewinn wieder zugerechnet. Bei Personenfirmen erfolgt die Hinzurechnung der 300 Euro auf einer Anlage zur Gewinnermittlung, bei Kapitalgesellschaften in der Körperschaftsteuererklärung. Ihr zu versteuernder Gewinn beträgt also 79.300 Euro (79.000 Euro zzgl. 300 Euro). Werfen wir nun einen Blick auf das Girokonto:

Girokonto	
Stand vorher	86.200 €
- Bewirtungskosten	- 1.190 €
= Stand nachher	+ 85.010 €

Auf dem Girokonto sind 85.010 Euro. Davon müssen 15.010 Euro Umsatzsteuer und 23.790 Euro Ertragsteuern an das Finanzamt abgeführt werden. Dem Unternehmen gehören also nur 46.210 Euro.
Nach der Berechnung des Steuerberaters, müssten sogar 55.510 Euro verbleiben.

Steuerberechnung	
Gewinn	79.300 €
- Ertragsteuern	- 23.790 €
= Gewinn nach Steuern	+ 55.510 €

Zu der Differenz zwischen steuerlichem und geldmäßigem Gewinn kommt es durch die begrenzte Abziehbarkeit der Bewirtungskosten.

Mehr zu diesem Thema erfahren Sie in den folgenden Kapiteln:

- Kapitel 10 „Weitere Geschäftsvorfälle im laufenden Jahr" – Bewirtungskosten, Geschenke und Reisekosten sowie Kosten aus dem Privatbereich, die für das Unternehmen angefallen sind.
- Kapitel 11 „Jahresabschlussvorbereitung: Privatnutzung und Abgrenzung".

2.2.4 Ausgaben verteilt auf mehrere Jahre

Kauft ein Unternehmen Anlagevermögen wie z. B. einen Geschäftswagen, Einrichtungsgegenstände, Maschinen oder Büroausstattungen, sind das zwar Ausgaben, aber nicht sofort Betriebsausgaben. Diese Ausgaben zählen zunächst zum Vermögen des Unternehmens. Diese Vermögensgegenstände sind laut Gesetz im Laufe der Jahre abzuschreiben, d. h., dass die Anschaffungskosten auf mehrere Jahre verteilt werden. Nur der jährliche Anteil, die jährliche Abschreibung, zählt zu den Betriebsausgaben. Die Vorsteuer ist im Jahr der Anschaffung in voller Höhe abziehbar.

Beispiel

Ein Unternehmen hat einen Geschäftswagen für 30.000 Euro zzgl. 5.700 Euro Umsatzsteuer angeschafft. Die Zahlung erfolgte über das Girokonto. Das Gesetz schreibt eine Abschreibungszeit von sechs Jahren vor. In diesem Fall beträgt die jährliche Abschreibung 5.000 Euro. Im Jahr der Anschaffung gibt das Unternehmen also 30.000 Euro aus, aber nur 5.000 Euro mindern den Gewinn.

In der Gewinnermittlung wird nur die Abschreibung erfasst. Die gesamte Vorsteuer ist im Jahr der Anschaffung in die Abrechnung der Umsatzsteuer einzutragen.

Gewinnermittlung		Abrechnung Umsatzsteuer	
Gewinn vorher	80.000 €	Zahllast vorher	15.200 €
Gewinnminderung		Vorsteuer	
– Abschreibung Geschäftswagen	– 5.000 €	– Geschäftswagen	– 5.700 €
= Gewinn nachher	75.000 €	= Zahllast nachher	9.500 €

Zusätzlich zur Gewinnermittlung ist eine Abschreibungsliste zu führen. Die Abschreibung ist im ersten Jahr und in den folgenden fünf Jahren in die Gewinnermittlung einzutragen. Jetzt ist die Differenz zwischen dem Gewinn und dem Saldo des Girokontos noch größer geworden.

Girokonto	
Stand vorher	86.200 €
– Anschaffung Geschäftswagen	– 35.700 €
= Stand nachher	+ 50.500 €

Auf dem Girokonto sind 50.500 Euro. Davon müssen 9.500 Euro Umsatzsteuer und 22.500 Euro Ertragsteuer an das Finanzamt abgeführt werden. Dem Unternehmen gehören nur noch 37.500 Euro.
Nach der Berechnung des Steuerberaters müssten allerdings sogar 52.500 Euro verbleiben.

Steuerberechnung	
Gewinn	75.000 €
– Ertragsteuern	– 22.500 €
= Gewinn nach Steuern	+ 52.500 €

Zu der Differenz zwischen dem steuerlichen und dem geldmäßigen Gewinn kommt es, weil nur die Abschreibung des Geschäftswagens den steuerlichen Gewinn mindert und nicht die gesamten Anschaffungskosten.
Es gibt aber auch Anlagevermögen, das nicht abgeschrieben wird. Dieses Anlagevermögen bleibt bis zur Veräußerung im Vermögen stehen.

Beispiel

Grundstücke z. B. sind laut Gesetz nicht abnutzbar. Sie sind damit auch nicht abzuschreiben. In diesem Fall bleiben die gesamten Ausgaben im Vermögen stehen, und der Gewinn wird nicht gemindert. Erst wenn das Grundstück verkauft wird, zählen die Anschaffungskosten zu den Betriebsausgaben.

Mehr zum Thema Abschreibungen erfahren Sie in Kapitel 12 „Einblick in die Jahresabschlussarbeiten: Bewertung von Vermögen und Kapital“.

2.3 Die Gewinnermittlungsarten

Das Gesetz schreibt zwei verschiedene Gewinnermittlungsarten vor:

- die Bilanz mit Gewinn- und Verlustrechnung (§ 4 (1) oder § 5 (1) EStG), auch Bilanzierung bzw. Betriebsvermögensvergleich genannt,
- die Einnahmenüberschussrechnung (§ 4 (3) EStG), auch EÜR genannt.

Jedes Unternehmen kann nur eine Gewinnermittlungsart anwenden. Dabei gibt es für die meisten Unternehmen kein Wahlrecht; sie müssen eine Bilanz mit Gewinn- und Verlustrechnung erstellen. Außerdem kann jedes Unternehmen freiwillig bilanzieren. Aber nicht jedes Unternehmen darf eine Einnahmenüberschussrechnung erstellen.

Welche Unternehmen ermitteln den Gewinn nach den Regeln der Bilanz mit Gewinn- und Verlustrechnung?

Bilanzieren müssen alle Unternehmen, die nach § 141 Abgabenordnung (AO) zur doppelten Buchführung verpflichtet sind. Alle anderen Unternehmen dürfen jederzeit freiwillig eine Bilanz mit Gewinn- und Verlustrechnung erstellen.
Die folgenden Unternehmen sind aufgrund ihrer Gesellschaftsform zur doppelten Buchführung und damit auch zur Bilanzierung verpflichtet:

- Kapitalgesellschaften (GmbH, AG, Ltd.) und
- alle im Handelsregister eingetragenen Personengesellschaften (GmbH & Co. KG, KG, OHG).

Die folgenden Unternehmen sind nur dann zur Bilanzierung verpflichtet, wenn sie bestimmte Umsatz- und Gewinngrenzen überschreiten. Die Umsatzgrenze liegt bei 500.000 Euro, die Gewinngrenze bei 50.000 Euro:

- Im Handelsregister eingetragene Einzelfirmen, deren Umsatz und Gewinn in zwei aufeinanderfolgenden Geschäftsjahren über diesen Grenzen liegen.
- Unternehmen, die nicht im Handelsregister eingetragen sind, sowie Vereine, deren Umsatz oder Gewinn über den angegebenen Grenzen liegt.
- Land- und forstwirtschaftliche Betriebe, deren Gewinn die Gewinngrenze überschreitet oder deren Wirtschaftswert der selbst bewirtschafteten Flächen über 25.000 Euro liegt.

Welche Unternehmen dürfen den Gewinn nach den Regeln der Einnahmenüberschussrechnung ermitteln?

Die Einnahmenüberschussrechnung darf von allen Unternehmen und Vereinen angewendet werden, die nach § 141 AO nicht zur doppelten Buchführung verpflichtet sind. Das sind die vorher genannten Firmen, solange sie die Umsatz- und Gewinngrenzen nicht überschreiten. Freiberufler sind – unabhängig von ihrem Umsatz und Gewinn – nie zur doppelten Buchführung verpflichtet.

2.3.1 Einnahmenüberschussrechnung

Die Einnahmenüberschussrechnung (§ 4 (3) EStG) ist bis auf wenige Ausnahmen eine einfache Buchführung, die nur **Betriebseinnahmen bzw. Betriebsausgaben erfasst, die tatsächlich geflossen sind**. Ganz gleich, ob sie wirtschaftlich in das Abschlussjahr gehören oder nicht. Auch das Rechnungsdatum beeinflusst ihr Ergebnis nicht. Außerdem sind nur in Einzelfällen Aufzeichnungen über das Vermögen erforderlich.

Einnahmenüberschussrechnung
Betriebseinnahmen
- Betriebsausgaben
= Gewinn oder Verlust

Die Reihenfolge, in der die einzelnen Positionen in der Einnahmenüberschussrechnung dargestellt werden, bestimmt ein amtliches Formular: die „Anlage EÜR", die zusätzlich zur Einkommensteuererklärung an das Finanzamt übermittelt werden muss.

Betriebseinnahmen Einnahmenüberschussrechnung

Zu den Betriebseinnahmen im Rahmen der Einnahmenüberschussrechnung gehören:

- alle Erträge des Unternehmens, die im Abschlussjahr geflossen sind, egal in welches Jahr sie wirtschaftlich gehören,
- tatsächlich erhaltene Anzahlungen für nicht erbrachte Leistungen,
- Erträge aus dem Verkauf von Anlagevermögen (Vermögensgegenstände des Unternehmens wie z. B. die Betriebs- und Geschäftsausstattung),
- Privatnutzung durch Arbeitnehmer: Sachbezüge, Waren, Kfz,
- Privatnutzung durch Unternehmer: Waren, Kfz, Telefon,
- vereinnahmte Umsatzsteuer sowie Umsatzsteuererstattungen.

Betriebsausgaben Einnahmenüberschussrechnung

Zu den Betriebsausgaben im Rahmen der Einnahmenüberschussrechnung gehören:

- alle Ausgaben, die angefallen sind, um die Erträge zu erzielen, soweit sie nach allgemeiner Verkehrsauffassung angemessen sind und im Abschlussjahr tatsächlich gezahlt wurden,
- Wareneinkauf in voller Höhe, unabhängig vom Lagerbestand,
- geleistete Anzahlungen für nicht erbrachte Leistungen zum Zeitpunkt der Zahlung,
- Abschreibung von Anlagevermögen, wenn die Rechnung vorliegt und das Anlagegut zur Verfügung steht bzw. betriebsbereit ist (eine Zahlung ist nicht erforderlich),
- gezahlte Vorsteuer und Umsatzsteuer,
- Rückstellungen dürfen nicht gebildet werden.

Ausnahme: Regelmäßig wiederkehrende Einnahmen und Ausgaben (Mieten, Löhne, Umsatzsteuervorauszahlungen), die zehn Tage vor oder nach dem 31.12. geflossen sind, werden in dem Jahr erfasst, in das sie wirtschaftlich gehören. Für Zinsen gilt diese Zehntagefrist nicht. Sie werden immer im entsprechenden Abschlussjahr erfasst, unabhängig vom Zahlungszeitpunkt.

Darstellung Einnahmenüberschussrechnung

Beispiel

Umsatz bar	3.570 € inkl. 19 % USt.
Umsatz in Rechnung gestellt	1.190 € inkl. 19 % USt.
Rechnung Versicherung noch offen	500 € ohne USt.
Kauf Büromaterial bar	476 € inkl. 19 % USt.

Wie werden diese vier Geschäftsvorfälle nun im Rahmen der Einnahmenüberschussrechnung erfasst?

Einnahmenüberschussrechnung	
Betriebseinnahmen	
Erträge (tatsächlich eingenommen)	+ 3.000 €
Vereinnahmte Umsatzsteuer	+ 570 €
Summe Betriebseinnahmen	**+ 3.570 €**
Betriebsausgaben	
Büromaterial (tatsächlich gezahlt)	- 400 €
Gezahlte Vorsteuer	- 76 €
Summe Betriebsausgaben	**– 476 €**
Gewinn	**3.094 €**

Tipp

Möchten Sie mehr über die Einnahmenüberschussrechnung erfahren, empfehle ich Ihnen mein Buch „Einnahmenüberschussrechnung für Freiberufler und Selbstständige".

2.3.2 Bilanz mit Gewinn- und Verlustrechnung

Für eine Bilanz mit Gewinn- und Verlustrechnung ist die doppelte Buchführung erforderlich, durch die alle Belege und Geschäftsvorfälle nach bestimmten Regeln erfasst werden. Und darum geht es in diesem Buch: um die Regeln der doppelten Buchführung. Im Rahmen der doppelten Buchführung existieren die Begriffe „Betriebseinnahmen“ und „Betriebsausgaben“ nicht, hier heißen die entsprechenden Sachverhalte „Erträge“ oder „Umsatzerlöse“ und „Aufwendungen“. Die Gewinn- und Verlustrechnung verwendet also die folgenden Begriffe:

	Erträge (Betriebseinnahmen)
-	Aufwendungen (Betriebsausgaben)
=	Gewinn oder Verlust

Doch bevor wir uns mit weiteren Regeln der doppelten Buchführung befassen, gehen wir erst einmal auf das Ziel der doppelten Buchführung ein: die Bilanz mit Gewinn- und Verlustrechnung.

Die **Bilanz** ist eine Aufstellung des Vermögens und der Schulden eines Unternehmens zu einem bestimmten **Zeitpunkt** (Stand 31.12.).
Die **Gewinn- und Verlustrechnung** zeigt die Aufwendungen und Erträge eines bestimmten **Zeitraums** (des aktuellen Abschlussjahrs).
In der Gewinn- und Verlustrechnung werden nur Aufwendungen und Erträge erfasst, die wirtschaftlich in das Abschlussjahr gehören. Alles andere verbleibt in der Bilanz. Weder der Zahlungszeitpunkt noch das Rechnungsdatum verändern den Gewinn. Es kommt auf den Rechnungsinhalt an.

Handelsbilanz zum 31.12.	
Vermögen	Kapital
Anlagevermögen	(Eigen)Kapital GuV Aufwand | Ertrag
Umlaufvermögen	Rückstellungen Verbindlichkeiten
Aktive Rechnungsabgrenzungsposten	Passive Rechnungsabgrenzungsposten

Für Kapitalgesellschaften ist die Reihenfolge der Positionen in der Bilanz und der Gewinn- und Verlustrechnung genau vorgeschrieben (§ 266 und § 275 Handelsgesetzbuch (HGB)). Diese Reihenfolge hat sich allgemein durchgesetzt, weshalb sie in der Regel von allen Bilanzierenden eingehalten wird.
In den folgenden Abschnitten sehen Sie, was im Rahmen der Gewinn- und Verlustrechnung zu den Erträgen (Betriebseinnahmen) und zu den Aufwendungen (Betriebsausgaben) zählt.

Erträge (Betriebseinnahmen)

- Alle Erträge eines Unternehmens, die wirtschaftlich in das Abschlussjahr gehören – unabhängig vom Zahlungszeitpunkt und vom Rechnungsdatum. Dazu gehören alle abgeschlossenen Aufträge.

- Erträge aus dem Verkauf von Anlagevermögen (Vermögensgegenstände des Unternehmens wie Betriebs- und Geschäftsausstattung).
- Privatnutzung durch Arbeitnehmer: Sachbezüge, Waren, Kfz.
- Privatnutzung durch Unternehmer: Waren, Kfz, Telefon.

Keine Erträgen, sondern Bilanzpositionen

- Erhaltene Anzahlungen verbleiben in der Bilanz bis der Auftrag abgeschlossen ist; erst dann zählen sie zu den Erträgen.
- Sonstige geflossene Erträge, die wirtschaftlich in Folgejahre gehören, werden in der Bilanz über passive Rechnungsabgrenzungsposten in Folgejahre transferiert.
- Umsatzsteuer und Umsatzsteuererstattungen werden nicht in der Gewinn- und Verlustrechnung, sondern in der Bilanz erfasst.

Aufwendungen (Betriebsausgaben)

- Alle Ausgaben, die wirtschaftlich in das Abschlussjahr gehören – unabhängig vom Zahlungszeitpunkt. Hiermit sind alle Ausgaben gemeint, die angefallen sind, um die Erträge zu erzielen, soweit sie nach allgemeiner Verkehrsauffassung angemessen sind.
- Rückstellungen werden gebildet, um Aufwendungen zu erfassen, die wirtschaftlich in das Abschlussjahr gehören, aber noch nicht in Rechnung gestellt wurden. Ihre Höhe ist vorsichtig zu berechnen.
- Nur die Waren, die tatsächlich verkauft wurden.
- Abschreibung von Anlagevermögen, wenn die Rechnung vorliegt und das Anlagegut dem Unternehmen zur Verfügung steht bzw. betriebsbereit ist.

Keine Aufwendungen, sondern Bilanzpositionen

- Waren, die noch nicht verkauft wurden stehen in der Bilanz unter Vorratsvermögen.
- Geleistete Anzahlungen verbleiben solange in der Bilanz, bis der Auftrag abgeschlossen ist; erst dann zählen sie zu den Aufwendungen.
- Tatsächlich gezahlte Ausgaben, die wirtschaftlich in Folgejahre gehören, werden in der Bilanz über aktive Rechnungsabgrenzungsposten in Folgejahre transferiert.

- Anschaffungskosten bzw. Restbuchwerte von Anlagevermögen stehen in der Bilanz; nur die jährliche Abschreibung zählt zu den Aufwendungen.
- Enthaltene Vorsteuer- und Umsatzsteuerzahlungen werden in der Bilanz erfasst.

Darstellung der Bilanz mit Gewinn- und Verlustrechnung

Beispiel

Umsatz bar	3.570 € inkl. 19 % USt.
Umsatz in Rechnung gestellt	1.190 € inkl. 19 % USt.
Rechnung Versicherung noch offen	500 € ohne USt.
Kauf Büromaterial bar	476 € inkl. 19 % USt.

Wie werden diese vier Geschäftsvorfälle im Rahmen der Bilanz mit Gewinn- und Verlustrechnung erfasst?

Bilanz			
Vermögen (Aktiva)		**Kapital (Passiva)**	
Kasse		**Kapital**	
+ Erträge bar	+3.570	+ Gewinn	+ 3.100
– Büromaterial bar	**– 476**	**Stand nachher**	**3.100**
Stand nachher	**3.094**		
		Umsatzsteuer	
Forderungen		**+ berechnete USt.**	**+760**
+ Rechnung	+1.190	– Vorsteuer	– 76
Stand nachher	**1.190**	**Stand nachher**	**684**
		Verbindlichkeiten	
		+ Rechnung Versicherung	+500
		Stand nachher	**500**
Bilanzsumme	4.284	Bilanzsumme	4.284

Gewinn- und Verlustrechnung			
Aufwendungen		**Erträge**	
Versicherung	500	Erträge	4.000
Bürobedarf	400		
Gewinn	3.100		
Summe	4.000	Summe	4.000

Zwei Gewinnermittlungsarten, ein Gewinn

Die Einnahmenüberschussrechnung erfordert weniger Arbeitsaufwand als die Bilanzierung. Einnahmen werden erst versteuert, wenn sie tatsächlich geflossen sind, während bilanzierende Unternehmen den Umsatz bereits versteuern, wenn die Aufträge ausgeführt sind. Das heißt aber nicht, dass sie im Rahmen der Bilanzierung mehr Gewinn versteuern. Über alle Jahre des Firmenbestehens wird bei beiden der nahezu gleiche Gewinn versteuert, allerdings zu unterschiedlichen Zeitpunkten.

2.3.3 Bilanz nach Steuer- und Handelsrecht

Für bestimmte Unternehmen genügt eine Steuerbilanz, die ausschließlich nach den Regeln des Steuerrechts erstellt wird. Von den meisten Unternehmen wird allerdings mehr verlangt. Für die Erstellung der Steuerbilanz gelten neben den Regeln des Steuerrechts auch die Regeln des Handelsrechts.

Bilanz nach Steuerrecht **§ 4 (1) EStG**	**Bilanz nach Steuer- und Handelsrecht** **§ 5 (1) EStG**
• Freiberufler, die freiwillig Bücher führen • Land- und forstwirtschaftliche Betriebe, die buchführungspflichtig sind oder freiwillig Bücher führen	• alle Kapitalgesellschaften • alle Gewerbebetriebe, die buchführungspflichtig sind oder freiwillig Bücher führen

Das **Handelsrecht** dient dem Schutz der Gläubiger, deshalb sind in der Handelsbilanz die Vermögenswerte eher niedriger und die Verbindlichkeiten eher höher auszuweisen.

Das **Steuerrecht** verlangt, das Vermögen nicht zu niedrig und Schulden nicht zu hoch auszuweisen, damit hohe Steuern erzielt werden können.

Es sind also zwei Gesetze zu beachten, die fast gegensätzliche Ziele verfolgen. Dadurch kann es in manchen Fällen passieren, dass es zu zwei unterschiedlichen Ergebnissen kommt: zu einem Gewinn nach Steuerrecht und einem Gewinn nach Handelsrecht.

Beispiel

Bewirtungskosten, soweit sie angemessen sind, werden im Handelsrecht zu 100 Prozent als Betriebsausgaben angesetzt, im Steuerecht dagegen nur zu 70 Prozent. Das Ergebnis der Handelsbilanz beträgt 50.000 Euro. Insgesamt wurden 1.000 Euro Bewirtungskosten angesetzt, das Steuerrecht erlaubt aber nur 700 Euro.

In diesem Fall gibt es zwei Möglichkeiten:

- Sie erstellen zwei Bilanzen, also eine Handels- und eine Steuerbilanz.
- Sie erstellen nur eine Handelsbilanz und ermitteln außerhalb dieser Bilanz das steuerliche Ergebnis in Form einer **Überleitungsrechnung** (§ 60 EStDV):

	Ergebnis laut Handelsbilanz	50.000 €
+	nicht abzugsfähige Bewirtungskosten 30 %	+ 300 €
=	zu versteuerndes Ergebnis (Steuerbilanz)	50.300 €

Mehr zu den Unterschieden zwischen Handels- und Steuerrecht erfahren Sie in den beiden letzten Kapiteln zu den Jahresabschlussthemen.

2.3.4 Gewinnermittlungen und Jahresabschlüsse einreichen

Gewinnermittlungen und Steuererklärungen sind jährlich beim Finanzamt einzureichen. Einnahmenüberschussrechner müssen die Gewinnermittlung in der Regel über das amtliche Formular „Anlage EÜR“ erstellen und online an das Finanzamt übermitteln. Alle bilanzierenden Unternehmen müssen die Steuerbilanz elektronisch an das Finanzamt übertragen; man spricht hier von der E-Bilanz. Die Gewinnermittlungen sind zusätzlich zur Steuererklärung einzureichen.

- Inhaber von Personenfirmen geben den ermittelten Gewinn des Unternehmens in der persönlichen Einkommensteuererklärung an.
- Gesellschafter von Kapitalgesellschaften geben nur das Gehalt und den ausgeschütteten Gewinnanteil, den sie vom Unternehmen erhalten haben, in ihrer persönlichen Einkommensteuererklärung an.

- Kapitalgesellschaften geben den Gewinn in der Körperschaftsteuererklärung an.

Ist ein Unternehmen gewerbesteuerpflichtig, ist eine Gewerbesteuererklärung zu übermitteln. Hat ein Unternehmen mit Umsatzsteuer zu tun, ist eine Umsatzsteuererklärung zu übermitteln.
Kapitalgesellschaften und GmbH & Co. KGs müssen ihre Handelsbilanzen an das Handelsregister übertragen. Sie werden im elektronischen Bundesanzeiger veröffentlicht.

2.4 Aufgaben zu Kapitel 2

Gewinn oder Verlust setzt sich aus Betriebseinnahmen oder Erträgen abzüglich Betriebsausgaben oder Aufwendungen zusammen. Nicht alle Ausgaben, die ein Unternehmen tätigt, mindern den Gewinn. Manche sind nur begrenzt oder gar nicht abziehbar. Die meisten Unternehmen müssen neben der Gewinnermittlung auch die Umsatzsteuer und Vorsteuer abrechnen.
Wer bilanziert muss die doppelte Buchführung anwenden und wer zur doppelten Buchführung verpflichtet ist, muss bilanzieren. Wer also nicht zur doppelten Buchführung verpflichtet ist, darf die Einnahmenüberschussrechnung anwenden. Hier können Sie Ihr Wissen zu diesen Zusammenhängen testen.

➔ Aufgabe 1

Kreuzen Sie bitte an, welche Aussagen auf Betriebsausgaben bzw. Aufwendungen zutreffen.

	Was trifft zu?
1. Private Ausgaben über das Geschäftskonto zu tätigen, ist möglich, sie mindern allerdings nicht den Gewinn.	
2. Ein Unternehmen verkauft Waren. In diesem Fall zählt der Einkaufspreis der Waren zu den Betriebsausgaben.	
3. Der Inhaber eines Unternehmens hat seinen besten Kunden zum Essen eingeladen. Weil der Kunde schon wieder einen großen Auftrag erteilt hat, zählen die Bewirtungskosten in voller Höhe zu den Betriebsausgaben.	
4. Für einen neuen Auftrag muss ein Unternehmen unbedingt eine neue Maschine anschaffen. In diesem Fall zählen die Anschaffungskosten sofort in voller Höhe zu den Betriebsausgaben.	
5. Es wird ein neuer Geschäftswagen für einen Vertriebsmitarbeiter angeschafft. Der gesetzlich vorgeschriebene Abschreibungszeitraum beträgt sechs Jahre, deshalb mindert nur 1/6 der Anschaffungskosten den Gewinn im ersten Jahr.	

➔ Aufgabe 2

Im laufenden Jahr hat ein Unternehmen Waren im Wert von 35.000 Euro gekauft und für 60.000 Euro an seine Kunden verkauft. Die Zahlungen sowie der Geldeingang erfolgen über das Girokonto des Unternehmens. Ermitteln Sie bitte den Gewinn.

Gewinnermittlung
Betriebseinnahmen, Erträge
+ Warenverkauf
Betriebsausgaben, Aufwendungen
– Wareneinkauf
= Gewinn

Ermitteln Sie darüber hinaus den Saldo des Girokontos, der vor dem Auftrag 0 Euro betrug.

Girokonto
Stand vorher
– Wareneinkauf
+ Warenverkauf
= Stand nachher

Wie viel von diesem Geld gehört dem Unternehmen, wenn der Ertragsteuersatz 30 Prozent beträgt?

➔ Aufgabe 3

Im laufenden Jahr hat ein Unternehmen bei einem Lieferanten Material für 50.000 Euro zzgl. 9.500 Euro Umsatzsteuer gekauft. Es hat das Material zu Produkten verarbeitet und für 80.000 Euro zzgl. 15.200 Euro Umsatzsteuer (19 Prozent) an seine Kunden verkauft. Die Zahlung der 59.500 Euro und der Geldeingang von 95.200 Euro erfolgten über das Girokonto des Unternehmens.
Ermitteln Sie bitte den Gewinn und rechnen Sie parallel dazu die Umsatzsteuer ab.

Gewinnermittlung	Abrechnung Umsatzsteuer
Betriebseinnahmen, Erträge + Warenverkauf	Umsatzsteuer + Warenverkauf
Betriebsausgaben, Aufwendungen – Materialeinkauf	Vorsteuer – Materialeinkauf
= Gewinn	= Zahllast

Ermitteln Sie darüber hinaus den Saldo des Girokontos. Gehen Sie dabei von einem Anfangssaldo von 0 Euro aus.

Girokonto
Stand vorher – Materialeinkauf + Warenverkauf
= Stand nachher

Wie viel von diesem Geld gehört dem Unternehmen, wenn der Ertragsteuersatz 30 Prozent beträgt und die Umsatzsteuer abgeführt wurde?

➔ Aufgabe 4

Ist das Unternehmen, für das Sie arbeiten, zur doppelten Buchführung verpflichtet? Kreuzen Sie bitte an, in welchen Fällen Sie für das Unternehmen eine Bilanz mit Gewinn- und Verlustrechnung erstellen müssen.

	Was trifft zu?
1. Das Unternehmen ist keine Kapitalgesellschaft und der Gewinn liegt über 50.000 Euro im Jahr.	
2. Das Unternehmen ist nicht im Handelsregister eingetragen. Der Umsatz liegt bei über 500.000 Euro, der Gewinn bei 20.000 Euro im Jahr.	
3. Das Unternehmen ist eine Kapitalgesellschaft (GmbH, AG). Es ist im Handelsregister eingetragen. Sein Umsatz liegt bei 400.000 Euro im Jahr, sein Gewinn bei 30.000 Euro.	
4. Das Unternehmen übt eine freiberufliche Tätigkeit aus, der Umsatz liegt bei über 500.000 Euro im Jahr.	
5. Das Unternehmen ist eine Personengesellschaft. Es ist im Handelsregister eingetragen..	

➔ Aufgabe 5

Welcher dieser Geschäftsvorfälle zählt zu den Betriebseinnahmen und den Betriebsausgaben bei der Einnahmenüberschussrechnung (EÜR) bzw. zu den Erträgen und Aufwendungen bei der Bilanz mit Gewinn- und Verlustrechnung (GuV)? Tragen Sie bitte die Zahlen in die entsprechenden Spalten ein und ermitteln Sie jeweils den Gewinn.

	EÜR	GuV
+ Umsatzerlöse bar 500 €		
+ Umsatzerlöse gegen Rechnung 1.500 €		
– Kauf Büromaterial bar 200 €		
– Reparatur einer Maschine gegen Rechnung 300 €		
= Gewinn		

➔ Aufgabe 6

Kreuzen Sie bitte an, welche Aussagen auf eine Bilanz mit Gewinn- und Verlustrechnung zutreffen.

	Was trifft zu?
1. In der Gewinn- und Verlustrechnung werden nur Erträge und Aufwendungen erfasst, die tatsächlich geflossen sind, unabhängig von der wirtschaftlichen Zugehörigkeiten.	
2. Nur die Waren, die tatsächlich verkauft wurden, zählen zu den Aufwendungen. Nicht verkaufte Waren zählen zum Vermögen des Unternehmens und mindern den Gewinn nicht.	
3. In der Gewinn- und Verlustrechnung werden nur Erträge und Aufwendungen erfasst, die wirtschaftlich in das Abschlussjahr gehören, unabhängig vom Zahlungstermin.	
4. Eine Anzahlung für einen Auftrag, der noch nicht abgeschlossen ist, zählt zum Zeitpunkt des Geldeingangs zu den Erträgen.	
5. Die abzuführende Umsatzsteuer sowie die abziehbare Vorsteuer erscheinen nicht in der Gewinn- und Verlustrechnung.	

Arbeitshilfen online

Arbeitsblätter mit den Aufgaben dieses Buches und die Lösungen zu sämtlichen Aufgaben finden Sie in den Arbeitshilfen online.

3 Abrechnung von Umsatzsteuer und Vorsteuer

Stellt das Unternehmen, für das Sie arbeiten, seinen Kunden Umsatzsteuer in Rechnung? Ist es zum Vorsteuerabzug berechtigt? Wenn ja, dann müssen Sie in regelmäßigen Abständen die Umsatzsteuer und die Vorsteuer mit dem Finanzamt abrechnen. Diese Abrechnung erfolgt auf Formularen des Finanzamts. Sie heißen „Umsatzsteuer-Voranmeldung“ und „Umsatzsteuererklärung“. Welches Formular Sie verwenden müssen, wie und wann das zu erfolgen hat, erfahren Sie in diesem Kapitel.

3.1 Umsatzsteuer abführen beim Verkauf

Wie sieht die Abrechnung mit dem Finanzamt aus? Hier geht es zunächst darum, wie die abzuführende Umsatzsteuer in das Formular einzutragen ist. Die Umsätze sowie die Umsatzsteuer eines Monats, eines Quartals oder eines Jahres werden zusammengefasst. Sie tragen dann die Summe der Nettobeträge sowie die Summe der Umsatzsteuer ein.

Beispiel

Ein Unternehmen hat Waren im Wert von 1.000 Euro verkauft und stellt seinen Kunden den Warenwert zzgl. 19 Prozent Umsatzsteuer in Rechnung. Die Kunden zahlen insgesamt 1.190 Euro. In das Formular tragen Sie in diesem Fall den Nettoumsatz sowie die Umsatzsteuer ein. Daraus ergibt sich zunächst eine Zahllast von 190 Euro.

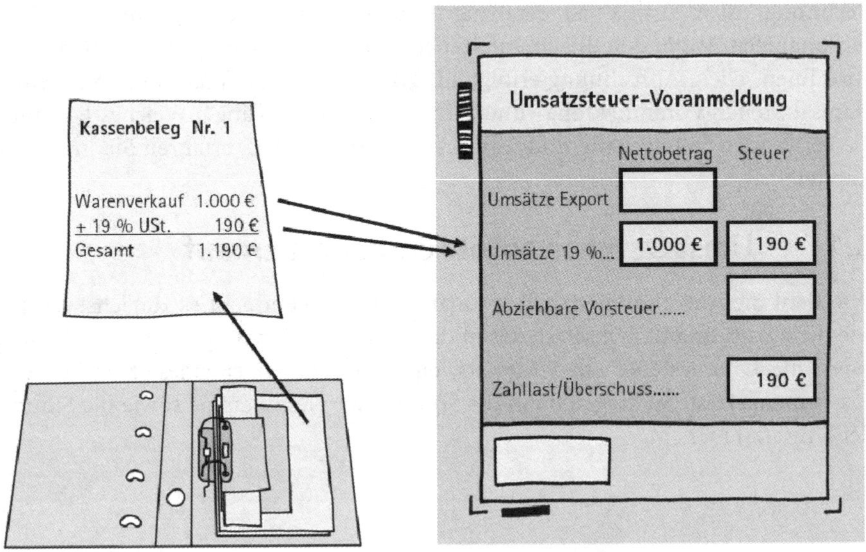

Abb. 5: Warenverkauf in der Umsatzsteuer-Voranmeldung

Ausnahmen bei Auslandsgeschäften und bestimmten inländischen Umsätzen

Wie in Kapitel 1.2.3 „Umsatzsteuerfreiheit und Vorsteuerabzug" beschrieben wurde, gibt es Ausnahmen. Auslandsgeschäfte und bestimmte inländische Umsätze nach § 13b UStG müssen Sie in den Umsatzsteuerformularen in besondere Felder eintragen, je nachdem, welcher Fall vorliegt.

Beispiele

- Warenverkauf an einen Kunden im EU-Ausland,
- Warenverkauf an Kunden in einem Drittland,
- erbrachte Leistung für einen Kunden im EU-Ausland,
- erbrachte Leistung für Kunden in einem Drittland,
- wenn ein Unternehmen selbst Bauleistungen ausführt und für ein anderes bauleistendes Unternehmen Leistungen erbringt,
- wenn ein Unternehmen selbst Gebäudereinigungsleistungen ausführt und für eine andere Gebäudereinigungsfirma tätig ist,
- Verkauf bestimmter Abfallwertstoffe und Edelmetalle,
- Verkauf von Strom und Gas,
- Verkauf größerer Mengen von Mobilfunkgeräten und Schaltkreisen.

Zusatzinformation im Internet:
Wie diese Umsätze in die Umsatzsteuerformulare einzutragen sind, sehen Sie im Internet unter www.iris-thomsen.de/kontenplan/ertragskonten.

3.2 Vorsteuer abziehen beim Einkauf

Jetzt fassen Sie die Summe der Vorsteuerbeträge eines Monats, eines Quartals oder eines Jahres zusammen und tragen den entsprechenden Gesamtbetrag in das Formular ein. Die Nettobeträge der Rechnungen werden nicht eingetragen. Die abziehbare Vorsteuer mindert die abzuführende Umsatzsteuer.

Beispiel

Ein Unternehmen hat Waren im Wert von 400 Euro eingekauft. Der Lieferant stellt zusätzlich zum Warenwert 19 Prozent Umsatzsteuer in Rechnung. An den Lieferanten werden 476 Euro gezahlt. Das Unternehmen erhält später 76 Euro Vorsteuer vom Finanzamt zurück. In das Formular tragen Sie nur die Vorsteuer, nicht aber den Nettowert ein. Dadurch mindert sich die Zahllast von 190 Euro auf 114 Euro.

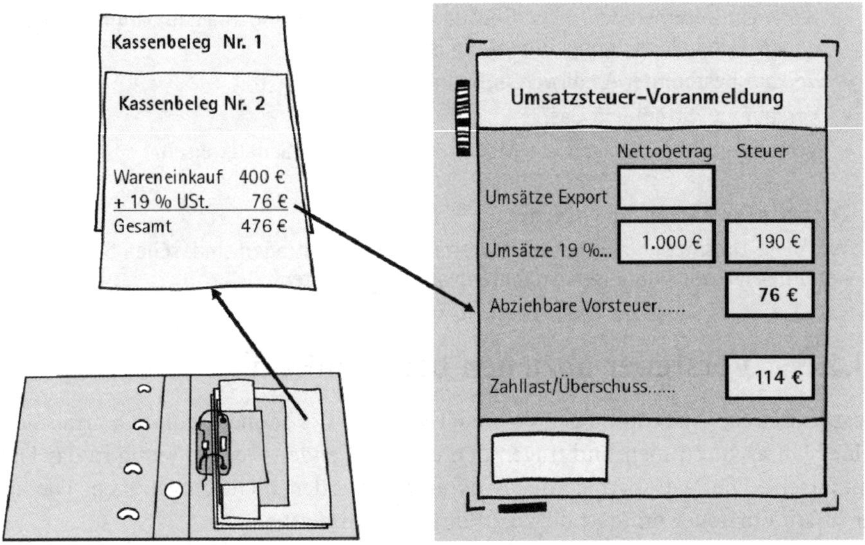

Abb. 6: Wareneinkauf in der Umsatzsteuer

Ausnahmen bei Auslandsgeschäften und bestimmten inländischen Umsätzen

Wie in Kapitel 1.2.3 „Umsatzsteuerfreiheit und Vorsteuerabzug" beschrieben wurde, gibt es Ausnahmen. Auslandsgeschäfte und bestimmte inländische Umsätze nach § 13b UStG müssen Sie in den Umsatzsteuerformularen in besondere Felder eintragen, je nachdem, welcher Fall vorliegt.

Beispiele

- Wareneinkauf im EU-Ausland,
- Wareneinkauf in einem Drittland,
- empfangene Leistung aus dem EU-Ausland,
- empfangene Leistung aus einem Drittland,
- wenn ein Unternehmen selbst Bauleistungen ausführt und Leistungen von einem anderen bauleistenden Unternehmen empfängt,
- wenn ein Unternehmen selbst Gebäudereinigungsleistungen ausführt und Leistungen von anderen Gebäudereinigungsfirmen empfängt,
- Einkauf bestimmter Abfallwertstoffe und Edelmetalle,
- Einkauf von Strom und Gas,
- Einkauf größerer Mengen von Mobilfunkgeräten und Schaltkreisen.

Zusatzinformation im Internet:
Wie die empfangenen Lieferungen und Leistungen in die Umsatzsteuerformulare einzutragen sind, sehen Sie unter www.iris-thomsen.de/kontenplan/aufwandskonten.

3.3 Wie oft erfolgt die Abrechnung?

Abhängig von der Höhe des jährlichen Umsatzsteuerbetrages müssen Unternehmen monatlich, vierteljährlich oder jährlich mit dem Finanzamt abrechnen. Mit dem Begriff „Umsatzsteuerbetrag" ist die jährliche Zahllast gemeint, d. h., die abzuführende Umsatzsteuer abzüglich der abziehbaren Vorsteuer.

monatliche Abrechnung	Umsatzsteuerbetrag über 7.500 € im Jahr
vierteljährliche Abrechnung	Umsatzsteuerbetrag über 1.000 bis 7.500 € im Jahr
jährliche Abrechnung	Umsatzsteuerbetrag bis 1.000 € im Jahr

Achtung
Alle neu gegründeten Unternehmen müssen im ersten und zweiten Jahr die Umsatzsteuer-Voranmeldung **monatlich** abgeben, egal wie hoch der Umsatzsteuerbetrag ist. Haben Sie allerdings die Kleinunternehmerregelung beantragt, ist keine Abgabe erforderlich.

3.3.1 Die Umsatzsteuer-Voranmeldung

Das Formular „Umsatzsteuer-Voranmeldung“ verwenden Sie für die monatliche und die vierteljährliche Abrechnung. Die monatliche Abgabe erfolgt am zehnten Tag des Folgemonats, die vierteljährliche Abgabe zehn Tage nach Ablauf des Quartals, also am 10. April, am 10. Juli, am 10. Oktober und am 10. Januar. Gleichzeitig mit der Abgabe der Umsatzsteuer-Voranmeldung wird die Zahlung fällig. Bei einer Scheckzahlung ist der Scheck drei Tage vor dem Abgabetermin einzureichen.
Bei der Umsatzsteuer-Voranmeldung ist eine elektronische Übermittlung vorgeschrieben. Im Internet erhalten Sie unter www.elster.de die kostenlose Software für die Online-Übermittlung. In der Praxis werden Buchführungsprogramme verwendet, die das ausgefüllte Formular auf Knopfdruck übermitteln. Nur vor der ersten Übermittlung der Umsatzsteuer-Voranmeldung müssen Sie das Unternehmen unter www.elster.de anmelden und ein Übertragungszertifikat beantragen. Danach werden alle Daten nur noch online übermittelt.

3.3.2 Umsatzsteuererklärung

Auf dem Formular „Umsatzsteuererklärung“ erfolgt die jährliche Abrechnung. Zu ihr sind alle Unternehmen verpflichtet, die mit der Umsatzsteuer zu tun haben. Auch Unternehmen, die die Umsatzsteuer-Voranmeldung monatlich oder vierteljährlich an das Finanzamt senden, müssen zum Schluss noch einmal abrechnen.
Die Umsatzsteuererklärung muss in der Regel zum 31. Mai des Folgejahres abgegeben werden. Auch sie wird online übermittelt. Außerdem muss das Übertragungsprotokoll mit der Unterschrift des Unternehmers bzw. des Geschäftsführers beim Finanzamt eingereicht werden. Die Zahlung wird exakt vier Wochen nach der Abgabe des Formulars unaufgefordert fällig.

> **Achtung**
> Eine verspätete Abgabe bzw. Versendung der Formulare führt zu einem Verspätungszuschlag oder zu einem Bußgeld. Eine verspätete Zahlung kostet Verzugszinsen.

3.3.3 Mögliche Fristverlängerungen

Mit dem Formular „Antrag auf Dauerfristverlängerung“ können Unternehmen eine Verlängerung der monatlichen und vierteljährlichen Abgabetermine um jeweils einen Monat beantragen.

Fristverlängerung bei monatlicher Abgabe

Am 10. Februar senden Sie nicht die Umsatzsteuer-Voranmeldung für Januar, sondern das Formular „Antrag auf Dauerfristverlängerung" an das Finanzamt. Gleichzeitig zahlen Sie eine Sondervorauszahlung in Höhe von 1/11 des Umsatzsteuerbetrags vom Vorjahr. Dann müssen Sie die Umsatzsteuer-Voranmeldung für Januar erst am 10. März abgeben und bezahlen.

Beispiel

Der Umsatzsteuerbetrag des Vorjahres beträgt 11.000 Euro, davon 1/11 ergibt eine Sondervorauszahlung in Höhe von 1.000 Euro.

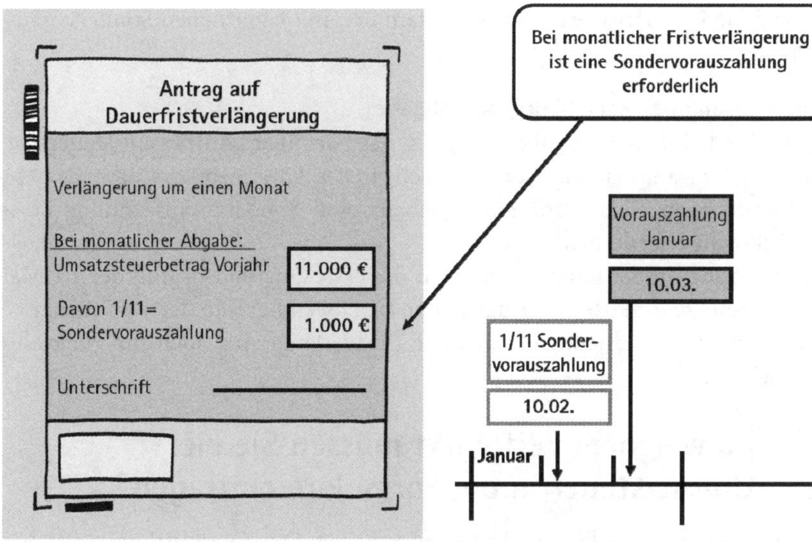

Abb. 7: Antrag auf Dauerfristverlängerung bei monatlicher Abrechnung

In der Umsatzsteuer-Voranmeldung für Dezember, die am 10. Februar des Folgejahres fällig ist, ziehen Sie die Sondervorauszahlung wieder ab.

Beispiel

Die Umsatzsteuer-Voranmeldung für den Dezember des aktuellen Jahres ist am 10. Februar des Folgejahres fällig.

Umsatzsteuer Dezember	3.000,00 €
Abzüglich Vorsteuer Dezember	- 1.200,00 €
Umsatzsteuerzahllast vorerst	1.800,00 €
abzüglich der Sondervorauszahlung	- 1.000,00 €
Umsatzsteuerzahllast Dezember	800,00 €

Wenn Sie auch für das Folgejahr eine Fristverlängerung beantragen möchten, reichen Sie am 10. Februar nicht nur die Voranmeldung für Dezember, sondern auch eine neue Dauerfristverlängerung zusammen mit einer neuen Sondervorauszahlung ein.

Fristverlängerung bei vierteljährlicher Abgabe

Bei einer vierteljährlichen Abgabe genügt es, das Formular „Antrag auf Dauerfristverlängerung“ zusammen mit der Unterschrift des Unternehmers bzw. des Geschäftsführers beim Finanzamt einzureichen; eine Sondervorauszahlung ist in diesem Fall nicht erforderlich.
Ihr neuer Abgabe- und Zahlungstermin für das erste Quartal ist somit der 10. Mai, für die anderen Quartale der 10. August, der 10. November und der 10. Februar.
Solange Sie nichts unternehmen, gilt diese Fristverlängerung auch für Folgejahre automatisch weiter.

3.4 Zu welchem Zeitpunkt müssen Sie die Umsatzsteuer in die Formulare eintragen?

Die Umsatzsteuer ist völlig unabhängig von der Gewinnermittlung mit dem Finanzamt abzurechnen. Das geschieht, wie oben bereits erwähnt wurde, auf den Formularen „Umsatzsteuer-Voranmeldung“ oder „Umsatzsteuererklärung“. Im Folgenden klären wir die Frage, zu welchem Zeitpunkt die Umsatzsteuer, die dem Kunden berechnet wurde, in diese Formulare eingetragen werden.

Bargeschäfte zum Zeitpunkt des Geldeingangs

Sobald ein Kunde bezahlt hat, muss die eingenommene Umsatzsteuer an das Finanzamt abgeführt werden. Zu diesem Zeitpunkt sind der Umsatz und die Umsatzsteuer in die Umsatzsteuerformulare einzutragen. Je nachdem, wann ein Unternehmen dieses Formular an das Finanzamt übermitteln muss (monatlich, vierteljährlich oder jährlich), wird die Zahlung fällig.

Beispiel

Ein Einzelhändler, der die Umsatzsteuer-Voranmeldung monatlich übermittelt, muss die Umsatzsteuer der Bareinnahmen vom Mai in die Umsatzsteuer-Voranmeldung vom Mai eintragen und am 10. Juni übermitteln. Gleichzeitig ist die Zahlung fällig. Hat er eine Fristverlängerung beantragt, erfolgt sowohl die Übermittlung als auch die Zahlung erst am 10. Juli.

Erhaltene Anzahlungen zum Zeitpunkt des Geldeingangs

Erhält ein Unternehmen Geld von einem Kunden, obwohl der entsprechende Auftrag noch gar nicht abgeschlossen ist, handelt es sich um eine erhaltene Anzahlung. In diesem Fall muss die Umsatzsteuer ebenfalls zum Zeitpunkt des Geldeingangs abgeführt werden. Das kommt häufig bei größeren Aufträgen oder Internetverkäufen vor. Auch wenn den Kunden Anzahlungen für nicht abgeschlossene Aufträge berechnet werden, muss die Umsatzsteuer hierfür zu dem Zeitpunkt abgeführt werden, zu dem das Geld eingegangen ist.

Achtung

In der Praxis werden auch Rechnungen über Anzahlungen (sog. Akontorechnungen) gebucht, und zwar noch vor dem Geldeingang. Achten Sie in diesem Fall darauf, die Umsatzsteuer nicht zu früh abzuführen, sondern erst dann, wenn das Geld tatsächlich eingegangen ist.

Offene Schlussrechnungen

Ist ein Auftrag ganz oder teilweise abgeschlossen, erhält der Kunde eine Schluss- oder Teilschlussrechnung. Zahlt der Kunde diese Rechnungen erst später, müssen Sie wissen, ob das Unternehmen der **Soll-Versteuerung** oder der **Ist-Versteuerung** unterliegt. Erst dann können Sie bestimmen, zu welchem Zeitpunkt die Umsatzsteuer für diese Rechnung abgeführt werden muss.

3.4.1 Die Soll-Versteuerung und die Ist-Versteuerung

Bei der Soll-Versteuerung ist die in Rechnung gestellte Umsatzsteuer an das Finanzamt abzuführen, sobald ein Auftrag abgeschlossen ist. Bei der Ist-Versteuerung geschieht das erst, wenn das Geld vom Kunden eingeht.

Sofort, bei Abschluss des Auftrags	Später, beim Geldeingang
Soll-Versteuerung Besteuerung nach vereinbarten Entgelten	**Ist-Versteuerung** Besteuerung nach vereinnahmten Entgelten

3.4.2 Wer kann die Ist-Versteuerung in Anspruch nehmen?

Freiberufler, die ihren Gewinn nach den Regeln der Einnahmenüberschussrechnung ermitteln, können die Ist-Versteuerung immer beantragen. Alle anderen Unternehmen und Freiberufler, die freiwillig bilanzieren, können die Ist-Versteuerung beantragen, wenn ihr Vorjahresumsatz nicht über 500.000 Euro lag.

Tipp

Im Betriebsanmeldebogen des Finanzamts wurde gefragt, ob das Unternehmen die Umsatzsteuer nach „vereinbarten (Soll-Versteuerung)" oder „vereinnahmten Entgelten (Ist-Versteuerung)" besteuert. Die Abrechnungsform steht also schon fest. Wissen Sie, was angekreuzt wurde? Wenn nicht, sollten Sie das Finanzamt oder den Steuerberater anrufen.

Der Vorsteuerabzug ist für alle Unternehmen gleich

Die Soll- und Ist-Versteuerung gilt nur für die Umsatzsteuer, die Sie in Schlussrechnungen berechnen. Für den Vorsteuerabzug gelten für alle Unternehmen die gleichen Voraussetzungen. Dazu mehr in Kapitel 3.6 „Voraussetzungen für den Vorsteuerabzug".

3.4.3 Bilanzierung und die Umsatzsteuer

Bilanzierende müssen die Erträge in der Gewinn- und Verlustrechnung erfassen, sobald ein Auftrag abgeschlossen ist, unabhängig von der Zahlung und dem Rechnungsdatum. Deshalb sollten Sie darauf achten, alle abgeschlossenen Aufträge im gleichen Monat zu berechnen. Das erleichtert Ihnen die Arbeit.

Zu welchem Zeitpunkt Sie die Umsatzsteuer abführen müssen, hängt davon ab, ob das Unternehmen der Soll- oder der Ist-Versteuerung unterliegt.

Bilanzierung und Soll-Versteuerung

Bilanziert das Unternehmen und unterliegt es der Soll-Versteuerung, müssen Sie die Erträge direkt nach dem Abschluss eines Auftrags buchen und die Umsatzsteuer abführen bzw. im Formular erfassen.

Beispiel

Ein Auftrag wurde im März abgeschlossen und berechnet, der Kunde zahlt aber erst später. Was ist zu tun, wenn das Unternehmen der Soll-Versteuerung unterliegt?

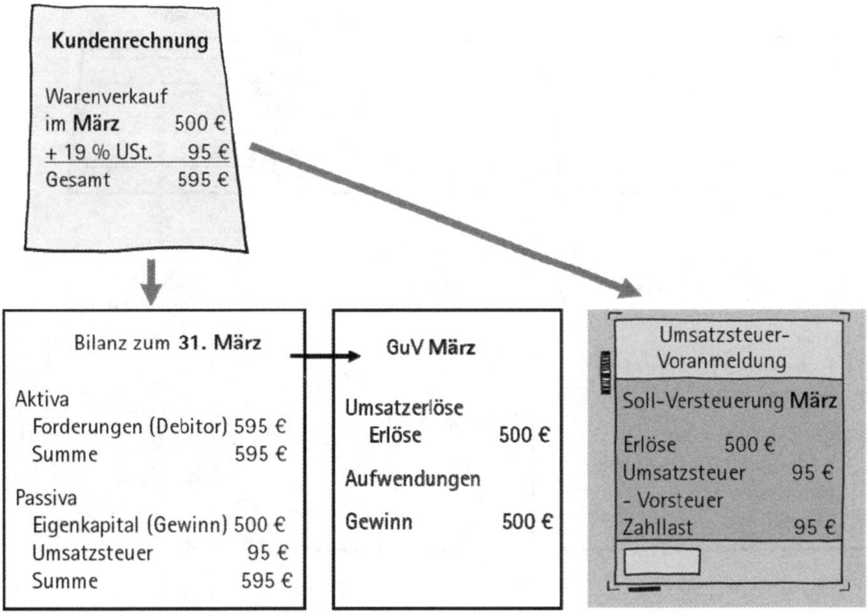

Abb. 8: Bilanzierung und Soll-Versteuerung

Hätten Sie diese Rechnung erst im April geschrieben, müssten Sie sie trotzdem im März buchen.

Bilanzierung und Ist-Versteuerung

Bilanziert das Unternehmen und unterliegt es der Ist-Versteuerung, müssen Sie die Erträge nach Abschluss eines Auftrags buchen. Die Umsatzsteuer müssen Sie aber erst später, beim Geldeingang, abführen.

Beispiel

Ein Auftrag wurde im März abgeschlossen und die Schlussrechnung über 595 Euro inkl. 19 Prozent Umsatzsteuer an den Kunden verschickt. Der Geldeingang erfolgt erst im Mai. Was ist bei Ist-Versteuerung zu tun?

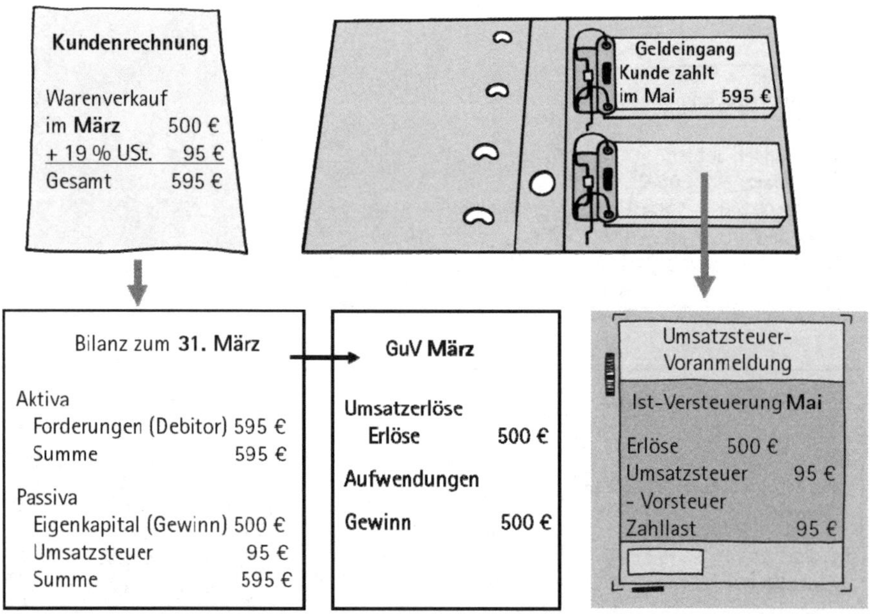

Abb. 9: Bilanzierung und Ist-Versteuerung

Obwohl die Erträge bereits im März gebucht wurden, müssen Sie die Umsatzsteuer erst im Mai abführen. Das ist der Vorteil der Ist-Versteuerung.

3.5 Voraussetzungen für den Vorsteuerabzug

Die Umsatzsteuer müssen Sie spätestens beim Geldeingang an das Finanzamt abführen. Unternehmen, die die Soll-Versteuerung anwenden, müssen die Umsatzsteuer sogar direkt nach Abschluss eines Auftrags abführen, und zwar auch dann, wenn keine ordentliche Rechnung vorliegt.
Beim Vorsteuerabzug ist das anders, hier ist das Gesetz besonders streng. Die erste und wichtigste Voraussetzung für den Vorsteuerabzug ist, dass Ihnen eine Rechnung vorliegt. Diese Rechnung muss richtig und vollständig ausgestellt sein. Weiterhin muss mindestens eine der folgenden Voraussetzungen erfüllt sein:

- Die Lieferung muss erfolgt bzw. die Leistung erbracht sein und/oder
- die Zahlung muss erfolgt sein.

Die Rechnung muss vorliegen. Ist sie mit einem Posteingangsstempel versehen, gilt dessen Datum (Abschn. 15.2 (2) UStAE) und nicht das Rechnungsdatum. Nur wenn das Datum des Rechnungseingangs nicht erkennbar ist, gilt das Rechnungsdatum.
Die Voraussetzungen für den Vorsteuerabzug sind für alle Unternehmen gleich, unabhängig von der Gewinnermittlungsart (Bilanz mit Gewinn- und Verlustrechnung oder Einnahmenüberschussrechnung). Aus diesem Grund müssen Sie manchmal eine Eingangsrechnung zweimal in die Hand nehmen – einmal für die Gewinnermittlung und einmal für die Abrechnung der Umsatzsteuer.

3.5.1 Bilanzierung und Vorsteuerabzug

Bilanzierende müssen eine Eingangsrechnung in dem Monat in der Bilanz und in der Gewinn- und Verlustrechnung erfassen, in dem die Lieferung oder Leistung erbracht wurde. Für den Vorsteuerabzug genügt das nicht, für ihn muss zusätzlich eine einwandfreie Rechnung vorliegen.
Das gilt auch für geleistete Anzahlungen. Sie müssen zum Zeitpunkt der Zahlung in der Bilanz erfasst werden. Der Vorsteuerabzug hingegen ist nur möglich, wenn neben der erfolgten Zahlung auch die Rechnung vorliegt. In der Regel finden der Rechnungseingang und die Lieferung, Leistung oder Zahlung im gleichen Monat statt. In diesem Fall können Sie alles in einem Arbeitsgang erledigen, also die Rechnung buchen und gleichzeitig den Vorsteuerabzug vornehmen.

Beispiel

Im Mai geht eine Rechnung über eine Warenlieferung in Höhe von 476 Euro inkl. 19 Prozent Umsatzsteuer ein. Die Lieferung erfolgte im gleichen Monat.

Aber was ist zu tun, wenn die Rechnung nicht rechtzeitig vorliegt? In der Praxis gibt es im laufenden Jahr unterschiedliche Vorgehensweisen. Entweder wird die Rechnung erst mit Datum des Rechnungseingangs gebucht, oder es wird ganz korrekt monatlich gebucht, also so, wie es alle Bilanzierenden am Jahresende tun müssen und wie es im nächsten Abschnitt gezeigt wird. Das sollten Sie mit dem Steuerberater besprechen.

Rechnungen am Jahresende ohne Vorsteuerabzug buchen

Am Jahresende sind in der Bilanz und in der Gewinn- und Verlustrechnung alle Rechnungen zu erfassen, die wirtschaftlich in das Abschlussjahr gehören, auch dann, wenn der Vorsteuerabzug noch nicht möglich ist. In diesem Fall müssen Sie die Rechnungsbeträge ohne Vorsteuer auf das Aufwandskonto buchen und die enthaltene Vorsteuer auf das Konto „Vorsteuer im Folgejahr abziehbar“.

Beispiel

Es geht eine Rechnung über eine Warenlieferung in Höhe von 476 Euro inkl. 19 Prozent Umsatzsteuer ein. Die Lieferung erfolgte im Dezember und die Rechnung geht im Januar des Folgejahres ein. Was ist zu tun?

Die Rechnung ist in der Bilanz des Abschlussjahres zu erfassen, aber noch nicht in der Umsatzsteuer-Voranmeldung.

Vorsteuer beim Rechnungseingang umbuchen

Sobald die Rechnung vorliegt, buchen Sie die Vorsteuer auf das Konto „Vorsteuer abziehbar“ um. So wird die Vorsteuer im Januar des Folgejahres in die Umsatzsteuerformulare eingetragen.

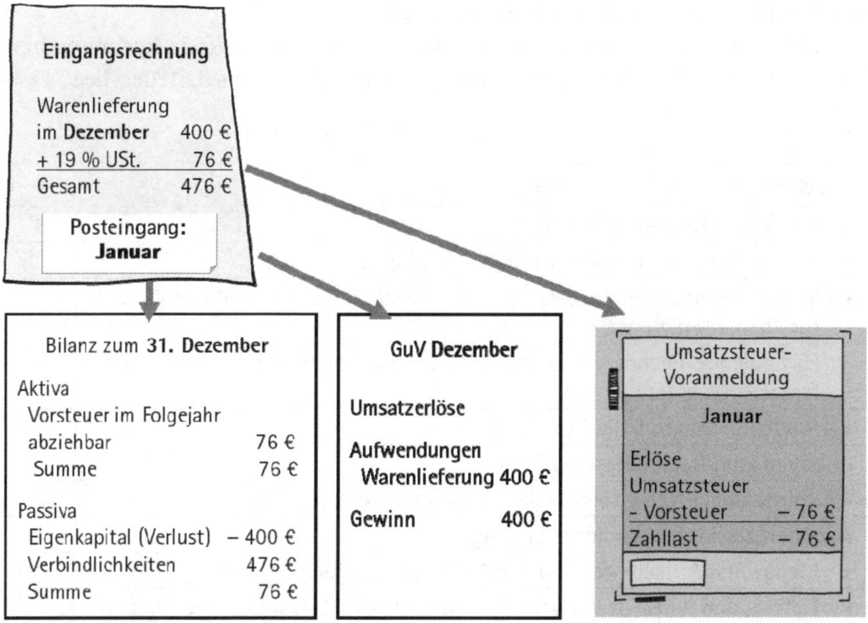

Abb. 10: Lieferung im Dezember und Rechnungseingang im Januar

Bilanzierende müssen die Rechnung im Dezember buchen, der Vorsteuerabzug ist aber erst im Januar möglich.

3.5.2 Die einwandfreie Eingangsrechnung

Die Vorsteuer erhalten Sie nur zurück, wenn eine einwandfreie Rechnung vorliegt. Was eine einwandfreie Rechnung beinhalten muss, schreibt das Umsatzsteuergesetz genau vor. Nur die Gestaltung der Rechnung und die Anordnung der Inhalte sind dem Rechnungsaussteller überlassen, deshalb begegnen Ihnen in der Praxis die unterschiedlichsten Arten von Rechnungen.
Achten Sie also nur auf die Inhalte, achten Sie aber auch auf den Rechnungsbetrag. Denn hier macht das Gesetz Unterschiede: Eine Kleinbetragsrechnung bis 150 Euro muss weniger Angaben enthalten als eine Rechnung über 150 Euro.

Rechnungen über 150 Euro inkl. Umsatzsteuer

Die folgenden Angaben muss eine vollständige bzw. einwandfreie Rechnung bzw. Honorargutschrift enthalten, die über 150 Euro inkl. Umsatzsteuer liegt (§ 14 UStG):

Checkliste	✓
Angaben zum Rechnungsaussteller	
• Vollständiger Name sowie vollständige Adresse	
• Steuernummer oder Umsatzsteuer-Identifikationsnummer, das gilt auch für Kleinunternehmer	
• Fortlaufende Rechnungsnummer (das System der Nummern kann selbst festgelegt werden)	
• Ausstellungsdatum der Rechnung	
Angaben zum Rechnungsempfänger	
• Vollständiger Name sowie vollständige Adresse	
Angaben zur Lieferung oder Leistung	
• Menge und Artikelbezeichnung bzw. Art der Leistung	
• Lieferdatum oder Bezug auf den Lieferschein, Leistungszeitraum bzw. Zeitpunkt der Fertigstellung	
• Erwarteter Zahlungszeitpunkt bei der Anzahlung	
Angaben zum Preis und zur Umsatzsteuer	
• Preis der Ware bzw. Dienstleistung abzüglich Rabatt, aufgeschlüsselt nach Steuersätzen 7 bzw. 19 Prozent	
• Umsatzsteuerbetrag und Umsatzsteuersatz, ebenfalls aufgeschlüsselt nach Steuersätzen	
• Oder Hinweise auf:	
– Steuerbefreiung (z. B. Krankentransport oder Kleinunternehmer)	
– Steuerbefreiung innergemeinschaftliche Lieferung, Ausfuhrlieferung	
– Steuerschuldumkehr § 13b UStG bei Export und Bauleistungen	
– Mögliche nachträgliche Rabatte (Skonto, Bonus) ggf. Hinweis auf allgemeine Geschäftsbedingungen, Bonus- oder Rabattvereinbarungen, die beiden Geschäftspartnern vorliegen	

Eine Rechnung kann auch aus mehreren Bestandteilen bestehen: einem Lieferschein, den allgemeinen Geschäftsbedingungen, einem Vertrag, einer nachträglichen Vereinbarung oder Korrekturschreiben. Allerdings müssen sowohl dem

Rechnungsaussteller als auch dem Rechnungsempfänger alle Bestandteile vorliegen.

Rechnungen rechtzeitig ausstellen

Ist ein Auftrag abgeschlossen, ist das Unternehmen dazu verpflichtet, die Rechnung innerhalb von sechs Monaten auszustellen (§ 14 (2) Nr. 2 UStG). Ansonsten muss es mit einem Bußgeld von bis zu 5.000 Euro rechnen. In der Rechnung ist die Angabe des Rechnungs- sowie des Lieferdatums bzw. des Leistungszeitraums erforderlich. Dadurch ist die Sechsmonatsfrist eindeutig feststellbar. Seit 2013 müssen Rechnungen an ausländische Kunden schneller berechnet werden, und zwar, wenn der Auftrag abgeschlossen ist, am 15. Tag des Folgemonats.

Rechnungen bis 150 Euro inkl. Umsatzsteuer

Diese Angaben muss eine Kleinbetragsrechnung nach § 33 UStDV enthalten:

Checkliste	✓
Angaben zum Rechnungsaussteller	
• Vollständiger Name und vollständige Adresse	
• Ausstellungsdatum der Rechnung	
Angaben zur Lieferung oder Leistung	
• Menge und Artikelbezeichnung bzw. Art der Leistung	
Angaben zum Preis und zur Umsatzsteuer	
• Preis der Waren bzw. Dienstleistungen inkl. Umsatzsteuer nach Steuersätzen aufgeschlüsselt	
• Umsatzsteuersatz 7 bzw. 19 Prozent	
• Oder Hinweise auf Steuerbefreiung (z. B. Krankentransport, Kleinunternehmer)	

Bei **Taxiquittungen** sollten Sie darauf achten, dass die richtige Umsatzsteuer ausgewiesen wurde:

- Fahrten innerhalb einer Gemeinde oder außerhalb bis 50 km = 7 Prozent Umsatzsteuer
- Fahrten über 50 km = 19 Prozent Umsatzsteuer
- Krankentransport = 0 Prozent Umsatzsteuer

Rechnungen vom Reisebüro über **Fahrkarten** enthalten nicht immer einen Umsatzsteuerausweis. In diesem Fall benötigen Sie zusätzlich die Fahrkarte. Hier gilt auch die Grenze von 50 km für 7 bzw. 19 Prozent Umsatzsteuer. Auf Fahrkarten der Eisenbahn genügt die Angabe der Entfernung.

Eine Rechnung oder Gutschrift für geleistete Anzahlungen

Ein Vorsteuerabzug bei geleisteten Anzahlungen ist erst möglich, wenn neben der Zahlung auch eine einwandfreie Rechnung vorliegt. Ist das nicht der Fall, besteht die Möglichkeit, dem Lieferanten eine Gutschrift zu schreiben.

Beispiel

„Hiermit bestätigen wir Ihnen, dass wir die Anzahlung in Höhe von ... Euro netto zzgl. ... Euro Umsatzsteuer (19 Prozent) am ... auf Ihr Konto überwiesen haben."

Ansonsten muss die Gutschrift den gleichen Inhalt wie eine einwandfreie Rechnung beinhalten.

Liegt dem Lieferanten eine solche Gutschrift vor, hat sie die gleiche Wirkung wie eine Rechnung, soweit der Lieferant nicht ausdrücklich widerspricht.
Auch bei Anzahlungsrechnungen muss die Umsatzsteuer ausgewiesen werden. Stimmt der Zeitpunkt der Zahlung nicht mit dem Rechnungsdatum überein – ist also die Anzahlung nicht sofort fällig – müssen Sie unbedingt den Kalendermonat erfassen, in dem das Geld fließen soll.

Beispiel

„Die Anzahlung ist fällig zum ... (Datum)" bzw. „Die Anzahlung ist fällig im ... (Kalendermonat)".

3.5.3 Fehlerhafte Rechnungen korrigieren

Ist eine Rechnung fehlerhaft, hat der Rechnungsempfänger ein Recht auf eine korrekte Rechnung nach § 14 (2) UStG. Das heißt: Egal wie die Rechnung zunächst aussieht, sobald die angeforderte korrekte Rechnung vorliegt, kann der Rechnungsempfänger zu gegebener Zeit die richtige Vorsteuer abziehen.

Achtung

Erst wenn Ihnen eine einwandfreie Rechnung zugeht, ist ein Vorsteuerabzug möglich. Für den Zeitraum zwischen dem unberechtigten Vorsteuerabzug bis zum Erhalt der neuen Rechnung verlangt das Finanzamt 0,5 Prozent Zinsen pro Monat. Je eher Sie die Fehler erkennen, umso günstiger wird es für das Unternehmen.

Rechnungen dürfen jederzeit korrigiert werden, auch nach einer Betriebsprüfung. Dazu ist es nicht erforderlich, die falsche Originalrechnung zurückzufordern und durch eine neue Rechnung zu ersetzen. Es gibt es zwei Möglichkeiten, eine fehlerhafte oder unvollständige Rechnung zu korrigieren:

- durch eine Rechnungskorrektur oder
- durch eine nachträgliche Vereinbarung.

Eine Korrektur der Rechnung durch den Rechnungsaussteller ist immer möglich. Eine nachträgliche Vereinbarung, die von beiden Seiten geschrieben werden darf, genügt aber nur in manchen Fällen.
In welchem Fall ist es notwendig, die Rechnung zu korrigieren, und in welchem Fall genügt eine nachträgliche Vereinbarung?

Rechnungskorrektur	Nachträgliche Vereinbarung
• Rechnungsaussteller unklar • fehlende Rechnungsadresse • falscher Rechnungsempfänger • ungenaue, falsche Warenbezeichnung • fehlendes Lieferdatum • fehlender, falscher Nettobetrag, Steuersatz oder Steuerbetrag • fehlende, falsche Aufteilung nach Steuersätzen	• eine Skonto- oder Bonusvereinbarung liegt nicht vor • Minderung des Rechnungsbetrags durch Mängelrüge • Kürzungen des Rechnungsbetrags in der Baubranche durch Architekten und Bauleiter

Rechnungskorrektur

Eine Rechnungskorrektur muss immer durch den Rechnungsaussteller durchgeführt werden. Sie wird wie eine neue Rechnung geschrieben und erhält eine eigene Rechnungsnummer, das tatsächliche Ausstellungsdatum und natürlich alle weiteren Angaben, bis die Rechnung richtig und vollständig ist. Der bedeutende Unterschied zu einer normalen Rechnung ist der eindeutige Hinweis auf eine „Rechnungsberichtigung".

Tipp

Schreiben Sie Folgendes in die Betreffzeile:

„Rechnungsberichtigung gemäß § 14c UStG. Die Rechnung Nr. ... vom ... wird wie folgt berichtigt:"

Liegen die Daten der Rechnungsberichtigung und der ursprünglichen Rechnung weit auseinander, sieht der Betriebsprüfer genau, wie viele Zinsen er verlangen kann. Fragen Sie den Steuerberater, ob in diesem Fall auch eine nachträgliche Vereinbarung möglich ist. Eine solche können Sie auf das ursprüngliche Rechnungsdatum datieren.

Nachträgliche Vereinbarung

Eine nachträgliche Vereinbarung kann sowohl vom Rechnungsaussteller als auch vom Rechnungsempfänger ausgehen. Sie muss sich auf die Originalrechnung beziehen und beiden Seiten vorliegen.

Beispiele

- Der Rechnungsaussteller reicht die allgemeinen Geschäftsbedingungen nach, in denen Bonusvereinbarungen geregelt sind.
- Der Rechnungsempfänger kürzt die Rechnung aufgrund einer Mängelrüge. In der Baubranche kürzt der Architekt die Rechnung. Diese Kürzungen erfolgen in der Regel handschriftlich auf der Rechnung. In diesen Fällen genügt es, dem Rechnungsaussteller eine Kopie dieser korrigierten Rechnung zu schicken.

3.6 Aufgaben zu Kapitel 3

Grundsätzlich sind Unternehmer dazu verpflichtet, binnen zehn Tagen nach Ablauf des Umsatzsteuervoranmeldezeitraums (Monat, Quartal) die Umsatzsteuer und die Vorsteuer mit dem Finanzamt abzurechnen. Es gibt aber auch Fristverlängerungen. Bezüglich der Umsatzsteuer ist es wichtig, zu wissen, ob das Unternehmen der Soll- oder der Ist-Versteuerung unterliegt. Dementsprechend tragen Sie die Umsatzsteuer direkt beim Abschluss eines Auftrags oder erst später beim Geldeingang in die Umsatzsteuerformulare ein. Beim Vorsteuerabzug gelten für alle Unternehmen die gleichen Voraussetzungen. Testen Sie hier Ihr Wissen.

➔ Aufgabe 1

Die Abrechnung von Umsatzsteuer und Vorsteuer erfolgt auf Formularen. Kreuzen Sie bitte die zutreffenden Aussagen an.

	Was trifft zu?
1. Die monatliche und vierteljährliche Abrechnung erfolgt auf dem Formular „Umsatzsteuer-Voranmeldung", die jährliche auf dem Formular „Umsatzsteuererklärung".	
2. Wer regelmäßig monatlich oder vierteljährlich abgerechnet hat, muss am Jahresende keine Umsatzsteuererklärung mehr abgeben.	
3. Die Höhe der jährlichen Umsatzsteuerzahllast bestimmt, ob Sie monatlich, vierteljährlich oder jährlich abrechnen müssen.	
4. Die Höhe der jährlich berechneten Umsatzsteuer bestimmt, ob Sie monatlich, vierteljährlich oder jährlich abrechnen müssen.	
5. Die Umsatzsteuerformulare müssen online an das Finanzamt übermittelt werden.	

➔ Aufgabe 2

Zu welchem Zeitpunkt muss die Abrechnung erfolgen? Kreuzen Sie bitte die zutreffenden Aussagen an.

	Was trifft zu?
1. Ein Unternehmen muss vierteljährlich abrechnen und hat eine Fristverlängerung beantragt. Die Umsatzsteuer-Voranmeldung für den Mai muss im Juni eingereicht werden.	
2. Ein Unternehmen muss vierteljährlich abrechnen und hat eine Fristverlängerung beantragt. Die Umsatzsteuer-Voranmeldung für den April muss im Juni eingereicht werden.	
3. Bei vierteljährlicher Abrechnung genügt für die Fristverlängerung eine Unterschrift auf dem Formular „Antrag auf Dauerfristverlängerung".	
4. Bei monatlicher Abrechnung ist für die Fristverlängerung neben der Unterschrift auf dem Formular „Antrag auf Dauerfristverlängerung" auch eine Sondervorauszahlung erforderlich.	
5. Die Umsatzsteuerzahllast des Vorjahres beträgt 22.000 Euro. Folglich beträgt die Sondervorauszahlung 2.000 Euro.	

➔ Aufgabe 3

Welches Unternehmen unterliegt bezüglich der Umsatzsteuer der Soll-Versteuerung, welches der Ist-Versteuerung? Kreuzen Sie bitte die zutreffenden Aussagen an.

	Was trifft zu?
1. Freiberufler, die nicht freiwillig Bücher führen, können die Ist-Versteuerung immer beantragen.	
2. Die Soll-Versteuerung kann beantragt werden, wenn der Vorjahresgewinn 50.000 Euro nicht übersteigt.	
3. Die Soll-Versteuerung kann beantragt werden, wenn der Vorjahresumsatz 500.000 Euro nicht übersteigt.	
4. Jedes Unternehmen kann die Ist-Versteuerung beantragen.	

➔ Aufgabe 4

Worin bestehen die Unterschiede zwischen der Soll- und der Ist-Versteuerung? Kreuzen Sie bitte die zutreffenden Aussagen an.

	Was trifft zu?
1. Wer der Ist-Versteuerung unterliegt, muss die Umsatzsteuer sofort bei Abschluss eines Auftrags abführen.	
2. Wer der Soll-Versteuerung unterliegt, muss die Umsatzsteuer sofort bei Abschluss eines Auftrags abführen und nicht erst beim Geldeingang.	
3. Auch der Vorsteuerabzug ist von der Soll- und der Ist-Versteuerung betroffen.	
4. Wurde ein Auftrag im Mai abgeschlossen und unterliegt das Unternehmen, für das Sie arbeiten, der Soll-Versteuerung, müssen der Umsatz und die Umsatzsteuer in die Umsatzsteuer-Voranmeldung Mai eingetragen werden.	

➔ Aufgabe 5

Welche Aussagen treffen auf den Vorsteuerabzug zu? Kreuzen Sie bitte die zutreffenden Aussagen an.

	Was trifft zu?
1. Der Vorsteuerabzug erfolgt in dem Monat, in dem die Rechnung ausgestellt wurde.	
2. Für den Vorsteuerabzug genügt es, wenn Ihnen eine einwandfreie Rechnung vorliegt.	
3. Es zählt das Datum des Rechnungseingangs, nicht das Rechnungsdatum.	
4. Für den Vorsteuerabzug muss eine einwandfreie Rechnung vorliegen. Außerdem muss die Lieferung bzw. Leistung oder die Zahlung erfolgt sein.	
5. Ist die Rechnungsadresse fehlerhaft, kann das nur der Rechnungsaussteller korrigieren.	

➔ Aufgabe 6

Die folgenden Belege liegen Ihnen vor:

- Kundenrechnung über 5.950 Euro inkl. 19 Prozent Umsatzsteuer. Der Auftrag ist abgeschlossen, aber der Kunde hat noch nicht gezahlt.
- Kundenrechnung über 1.190 Euro inkl. 19 Prozent Umsatzsteuer. Der Auftrag ist abgeschlossen und der Kunde hat bereits bezahlt.
- Lieferantenrechnung über 2.380 Euro inkl. 19 Prozent Umsatzsteuer. Die Rechnung ist einwandfrei und die Lieferung ist erfolgt, allerdings habe Sie die Rechnung noch nicht gezahlt.
- Lieferantenrechnung über 476 Euro inkl. 19 Prozent Umsatzsteuer, die Rechnung ist einwandfrei, die Lieferung und die Zahlung sind erfolgt.

Welcher Betrag ist an das Finanzamt abzuführen, wenn Sie im Bereich der Umsatzsteuer der Soll-Versteuerung unterliegen?

Abrechnung Umsatzsteuer
Umsatzsteuer - Kundenrechnung noch offen? - Kundenrechnung bezahlt?
Vorsteuer - Lieferantenrechnung noch offen? - Lieferantenrechnung gezahlt?
Umsatzsteuerzahllast

Arbeitshilfen online

Arbeitsblätter mit den Aufgaben dieses Buches und die Lösungen zu sämtlichen Aufgaben finden Sie in den Arbeitshilfen online.

4 Aufgaben der Buchführung

Die beiden wichtigsten Aufgaben der Buchführung haben Sie bereits kennengelernt, die Gewinnermittlung sowie die Abrechnung von Umsatzsteuer und Vorsteuer. Diese beiden Aufgaben werden in der Praxis in einem Arbeitsgang erledigt, denn dort wird mit einer Buchführungssoftware gearbeitet. Diese Programme wenden die Technik der Buchführung an, die Sie im letzten Abschnitt dieses Kapitels genauer kennenlernen werden.

Zuvor betrachten wir die Vorgehensweise in der Praxis, welche Regeln Buchhalter/innen immer beachten müssen, wie die Belege sortiert werden und wie die Eingabe in eine Buchführungssoftware funktioniert. Dabei können Sie hinter die Kulisse der Software schauen und erhalten einen kleinen Einblick in die Technik der Buchführung.

4.1 Grundsätze ordnungsmäßiger Buchführung (GOB)

Die Grundsätze ordnungsmäßiger Buchführung stehen in verschiedenen Gesetzen, in § 238 HGB und in § 145 AO sowie im Umsatzsteuer-, Gewerbesteuer-, Einkommensteuer- und Körperschaftsteuergesetz.

Grundsätze ordnungsmäßiger Buchführung

- Die Buchführung und der Jahresabschluss müssen klar und übersichtlich gegliedert sein.
- Keine Buchung ohne Beleg – zu jedem Geschäftsvorfall muss ein Beleg vorhanden sein.
- Die Belege sind vollständig, richtig, fortlaufend sowie zeitgerecht und geordnet aufzuzeichnen.
- Sämtliche Geschäftsvorfälle müssen sich in ihrer Entstehung und Abwicklung verfolgen lassen; Änderungen müssen erkennbar sein.
- Eine Verrechnung zwischen Vermögenswerten und Schulden bzw. Aufwand und Ertrag ist nicht erlaubt.
- Die Buchführung eines Unternehmens muss so beschaffen sein, dass sich ein sachverständiger Dritter (Steuerberater, Betriebsprüfer) in angemessener Zeit einen Überblick verschaffen kann.

4.2 Vorbereitung der Belege

Je besser die Belege sortiert sind, desto leichter kann der Steuerberater oder ein Prüfer später die Buchführung kontrollieren. Es gibt viele Möglichkeiten, die Belege richtig zu sortieren. Hier zeigen wir Ihnen eine Variante, die empfehlenswert ist, wenn Sie die Buchführung mithilfe einer Buchführungssoftware erledigen.
Auf jeden Fall müssen Sie die Belege ordentlich sortieren und vollständig aufbewahren, und das zeitlich fortlaufend.

Belege auf verschiedene Stapel sortieren

Bilanzierende wenden die doppelte Buchführung an. Diese verfolgt jede Veränderung in den Werten des Unternehmens. Deshalb ist alles zu erfassen, was tatsächlich im laufenden Jahr auf den Bankkonten und in der Kasse passiert. Gleichzeitig sind alle erzielten Umsätze, berechnete und zu erwartende Ausgaben zu erfassen, die wirtschaftlich in das Abschlussjahr gehören, egal, wann sie geflossen sind. Hier ist es zunächst empfehlenswert, die Belege in vier Gruppen zu unterteilen – in Kundenrechnungen, Eingangsrechnungen, Kontoauszüge und Kassenbelege.

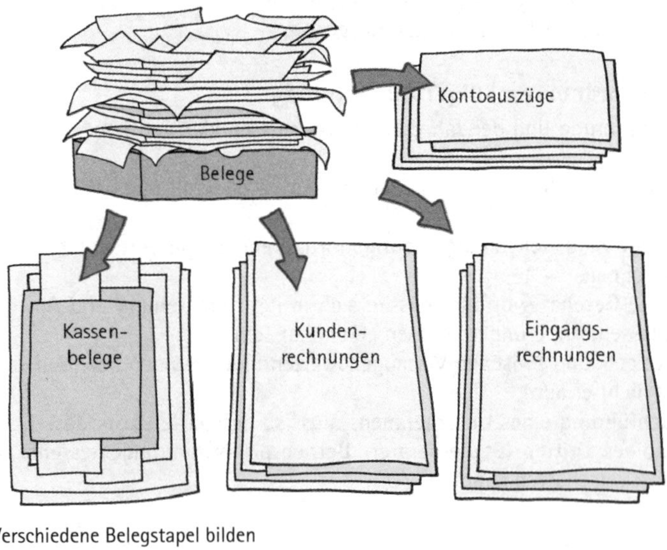

Abb. 11: Verschiedene Belegstapel bilden

Ist diese Arbeit erledigt, können Sie einen Stapel nach dem anderen sortieren. Die Kontoauszüge nach Auszugsnummern und die Rechnungen nach dem Datum.

4.2.1 Kassenbelege vorbereiten

Zu den Kassenbelegen gehören alle Rechnungen und Quittungen, die bar gezahlt oder eingenommen wurden, so z. B. Porto, Benzin und Ähnliches.
Im Rahmen der Gewinnermittlungsart Bilanz mit Gewinn- und Verlustrechnung sind Sie verpflichtet, eine Kasse zu führen, wenn Einnahmen und Ausgaben bar fließen.
Sie beginnen damit, die Kassenbelege nach dem Datum zu sortieren, wobei der älteste Beleg ganz unten liegt und der neueste ganz oben. Zur besseren Übersicht sind die Belege durchgehend zu nummerieren.

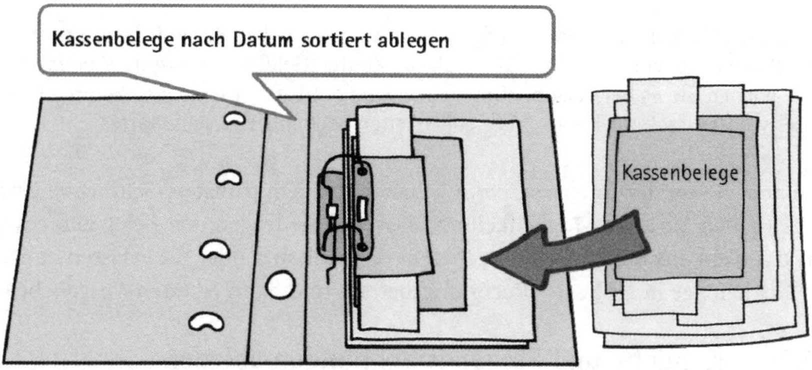

Abb. 12: Der Ordner für die Kassenbelege

Kassenbelege zusätzlich im Kassenbericht erfassen

Während Sie die Kassenbelege abheften, müssen Sie die Einnahme- und Ausgabebelege gleichzeitig in einen Kassenbericht eintragen. Diesen Bericht müssen Sie täglich führen. Täglich heißt, an jedem Tag, an dem Bargeschäfte getätigt wurden.

> **Achtung**
> Sie müssen außerdem darauf achten, dass Ihr Kassenstand niemals negativ wird.

Beispiel

Ein Bankkonto kann einen positiven oder einen negativen Saldo haben, eine Kasse niemals. Stellen Sie sich eine Kasse vor. Was können Sie herausnehmen, wenn nichts mehr drinnen ist?

Die Kassenbelege heften Sie in ein eigenes Fach des Ordners oder in einen Extraordner. Den Kassenbericht heften Sie immer vor die entsprechenden Belege.

Was ist zu tun, wenn Geld in der Kasse fehlt?

Wenn Geld in der Kasse fehlt, muss der entsprechende Betrag eingelegt werden, bevor die nächste Zahlung getätigt wird. Entweder wird das Geld vom Geschäftskonto abgehoben und in die Kasse gelegt oder der Inhaber des Unternehmens legt es aus seinem privaten Geldbeutel ein.

Tipp

Für diesen Geldeingang erstellen Sie einen sog. Eigenbeleg. Kommt das Geld vom Geschäftskonto, buchen Sie es später auf das Konto „Geldtransit", wird es privat eingelegt, buchen Sie es bei Personenfirmen auf das Konto „Privateinlagen" und bei Kapitalgesellschaften auf das Konto „Verbindlichkeiten gegenüber Gesellschafter".

Bei einem Beleg, der unterwegs vom Inhaber aus dem privaten Geldbeutel gezahlt wurde, haben Sie zwei Möglichkeiten: Entweder Sie tragen den Beleg ein, entnehmen das Geld aus der Kasse und geben es dem Inhaber oder Sie erfassen zunächst eine Geldeinlage in Höhe des Rechnungsbetrags und dann erst den Ausgabebeleg.

4.2.2 Kunden- und Eingangsrechnungen ablegen

Die Kundenrechnungen werden getrennt von den Eingangsrechnungen aufbewahrt, und zwar jeweils in einem eigenen Ordner.

Kundenrechnungen sortieren

Bilanzierende müssen jede Kundenrechnung, die nicht sofort gezahlt wird, buchen. So werden die Erträge sowie die Forderungen fristgerecht in der Bilanz und in der Gewinn- und Verlustrechnung erfasst.
Aus diesem Grund sollten Sie die Rechnungen eines Monats zunächst zusammen lassen bzw. sammeln und buchen. Erst nach der Eingabe legen Sie die Rechnungen im Rechnungsordner ab, z. B. sortiert von A–Z oder sortiert nach Rechnungsnummer.

Abb. 13: Der Ordner für Rechnungen

Eingangsrechnungen sortieren
Alle Eingangsrechnungen, die Sie nicht sofort bezahlt haben, müssen Sie erfassen. So werden die Kosten bzw. Aufwendungen sowie die Verbindlichkeiten zum richtigen Zeitpunkt in der Bilanz und in der Gewinn- und Verlustrechnung berücksichtigt.
Hier gehen Sie genauso wie bei den Kundenrechnungen vor. Solange die Rechnungen noch nicht erfasst wurden, sollten sie nicht abgelegt werden. Erst nach der Eingabe heften Sie die Rechnungen in einen Ordner, z. B. sortiert von A–Z.

4.2.3 Kontoauszüge sortieren

Die Kontoauszüge legen Sie sortiert nach Auszugsnummern ab, dadurch sind sie automatisch nach dem Datum sortiert. Der erste Kontoauszug sollte ganz unten, der letzte obenauf liegen.
Hat das Unternehmen mehrere Bankkonten, müssen Sie zunächst die Kontoauszüge nach Bankkontonummern sortieren. Erst wenn alle Auszüge eines Kontos zusammen sind, sortieren Sie sie nummerisch. In diesem Fall brauchen Sie für jedes Konto ein eigenes Fach im Ordner.

Abb. 14: Der Ordner für die Kontoauszüge

Für Beträge, die aufgrund von Verträgen wie Mieten und Versicherungen regelmäßig abgebucht werden, gibt es in der Regel keine Belege. Das ist in Ordnung so, hier genügt es, die Verträge in einem gesonderten Ordner aufzubewahren.

4.2.4 Belege, die jetzt noch übrig sind

Damit sind Belege gemeint, die entweder von einem privaten Konto gezahlt wurden oder ganz unerwartet wieder auftauchen.

Rechnungen, die über ein privates Konto gezahlt wurden

Solche Belege können Sie im Kassenbericht erfassen, das Geld dafür entnehmen und dem Inhaber geben. Oder Sie erfassen zunächst eine Geldeinlage im Kassenbericht und dann erst den Beleg.

Belege, die nachträglich auftauchen

Obwohl das Kassenbuch geschrieben ist, kommt es schon mal vor, dass ein Kassenbeleg ganz unerwartet aus einer Jackentasche oder einem Handschuhfach auftaucht. Solange der Beleg aus dem aktuellen Jahr ist, können Sie ihn so behandeln als sei er vom aktuellen Tag. In diesem Fall erfassen Sie ihn ganz normal im Kassenbericht und legen ihn auf die Belege obenauf, allerdings müssen Sie das Funddatum auf dem Beleg notieren und zum Buchen verwenden. Gleichzeitig vermerken Sie im Buchungstext das tatsächliche Rechnungsdatum.

Möchten Sie die Rechnung trotzdem im richtigen Monat erfassen, weil z. B. der Rechnungsbetrag zu hoch ist oder eine Einnahme zum richtigen Zeitpunkt gebucht werden sollte, erfassen Sie diese Rechnungen im richtigen Monat zunächst über die Konten „Forderungen und Verbindlichkeiten". Genauso, wie Sie sonst auch die Kunden- und Eingangsrechnungen eingeben.
Am Tag des Fundes ist dann nur noch der Geldfluss in der Kasse zu erfassen. Dann wird die Forderung oder Verbindlichkeit ausgeglichen.
In diesem Fall sollten Sie den Beleg kopieren. Das Original legen Sie im richtigen Monat unter Kunden- oder Lieferantenrechnungen ab und die Kopie legen Sie später beim Geldfluss zu den Kassenbelegen.

Achtung

Belege über Anlagevermögen sollten Sie immer am richtigen Tag erfassen, so geht keine Abschreibungszeit verloren.

Die Ordner mit den Belegen muss das Unternehmen zehn Jahre aufbewahren. Für sonstige Schriftstücke (z. B. Geschäftsbriefe), die für die Besteuerung von Bedeutung sind, besteht eine Aufbewahrungspflicht von sechs Jahren. Wird die Buchführung mit einem Buchführungsprogramm erstellt, müssen das Programm sowie die Datensicherung ebenfalls zehn Jahre aufbewahrt werden. Die Unterlagen und Daten sind sicher (vor Diebstahl, Hochwasser und Feuer) aufzubewahren. Sollten keine Nachweise mehr vorliegen ist das Finanzamt berechtigt, Schätzungen vorzunehmen. Die Aufbewahrungsfrist für eine Rechnung beginnt am Ende des Jahres, in dem sie ausgestellt wurde. Für die Bilanz beginnt sie am Ende des Jahres, in dem sie erstellt wurde. Im Falle einer Betriebsprüfung sind diese Unterlagen unter anderem vorzulegen.

4.3 Belegerfassung in einer Buchführungssoftware

Buchführungsprogramme arbeiten mit einem Kontenrahmen und sind so programmiert, dass mit einer Eingabe gleichzeitig mehrere Arbeitsgänge erledigt werden. Sie müssen die sortierten Belege nacheinander zusammen mit den **richtigen Kontonummern** und die **Kontonummern in der richtigen Reihenfolge** eingeben. Im Hintergrund erledigt die Software dann alles automatisch. Sie eröffnet die erforderlichen Konten, ermittelt die Salden, schließt die Konten wieder und erstellt die Bilanz und die Gewinn- und Verlustrechnung. Nach jeder Buchung können Sie Ihre Ergebnisse sehen.

Ist in den Rechnungsbeträgen Umsatzsteuer enthalten, geben Sie einfach den Bruttobetrag zusammen mit dem Steuersatz ein, der auf Ihrem Beleg steht. Dann rechnet das Programm die enthaltene Steuer im Hintergrund automatisch heraus und sammelt jeweils die Umsatzsteuer sowie die Vorsteuer auf eigenen Konten.

4.3.1 Welche Daten müssen Sie eingeben?

Sind die Belege nach Datum sortiert, geben Sie jede Kundenrechnung, jede Eingangsrechnung, jeden Kassenbeleg sowie jede Position der Kontoauszüge nacheinander in die Eingabemaske des Programms ein. Jede Software hat eigene Eingabemasken, aber alle verlangen von Ihnen mindestens die folgenden Angaben: Zwei Kontonummern, den Umsatzsteuersatz Ihres Belegs, einen Buchungstext sowie den Betrag inkl. Umsatzsteuer. So kann das Programm die Daten richtig verarbeiten.

Beim Erfassen der Belege sind die Regeln der doppelten Buchführung zu beachten. Sie müssen wissen, dass auf Konten gebucht wird und dass ein Konto aus zwei Seiten besteht. Die linke Seite heißt **Soll**, die rechte **Haben**. Für jeden Beleg bzw. für jeden Geschäftsvorfall müssen Sie ein Konto im Soll und ein Konto im Haben buchen. Diese Regeln lernen Sie gleich im Anschluss an dieses Kapitel kennen. Hier sehen Sie wofür Sie diese Regeln in der Praxis brauchen und wie die Arbeit mit einer Buchführungssoftware funktioniert. Zur besseren Übersicht wird die Vorgehensweise anhand zweier Belege gezeigt, einer Kundenrechnung und einer Eingangsrechnung. Sie sehen, welche Konten benötigt werden, welche Regeln dafür gelten und was die Software nach der Eingabe mit den Daten macht.

4.3.2 Kundenrechnung buchen

Ein Kunde hat Waren gekauft. Die Kundenrechnung wird erstellt und an den Kunden geschickt. In diesem Fall brauchen Sie für das Erfassen der Kundenrechnung die folgenden Konten bzw. Kontonummern.

Kontonummern

SKR 03	SKR 04	Kontenbezeichnung
1410	1210	Forderungen aus Lieferungen und Leistungen
8400	4400	Erlöse 19 % Umsatzsteuer

Für das Konto „Forderungen" sind die folgenden Grundsätze zu beachten, dann wissen Sie, wann das Konto im Soll, wann im Haben gebucht wird.

	Aussage	Konto erfassen im Soll	Konto erfassen im Haben
Forderungen (offene Kundenrechnung)	steigen	Forderungen	
	sinken		Forderungen

Zahlt ein Kunde seine Rechnung nicht sofort, steigen die Forderungen. In diesem Fall buchen Sie das Konto „Forderungen" im Soll. Sobald der Kunde zahlt, sinken die Forderungen, dann buchen Sie das Konto „Forderungen" im Haben. Wenn Sie sich an diese Regel halten, brauchen Sie das zweite Konto nur noch auf der anderen Seite zu erfassen.

Beispiel

So wird eine Kundenrechnung über einen Warenverkauf in Höhe von 595 Euro inkl. 19 Prozent Umsatzsteuer im Programm eingegeben.

Buchungsvorlage

Soll	Haben	Betrag	Steuersatz
1410/1210 (Forderungen)	8400/4400 (Erlöse 19 %)	595 €	19 % USt.

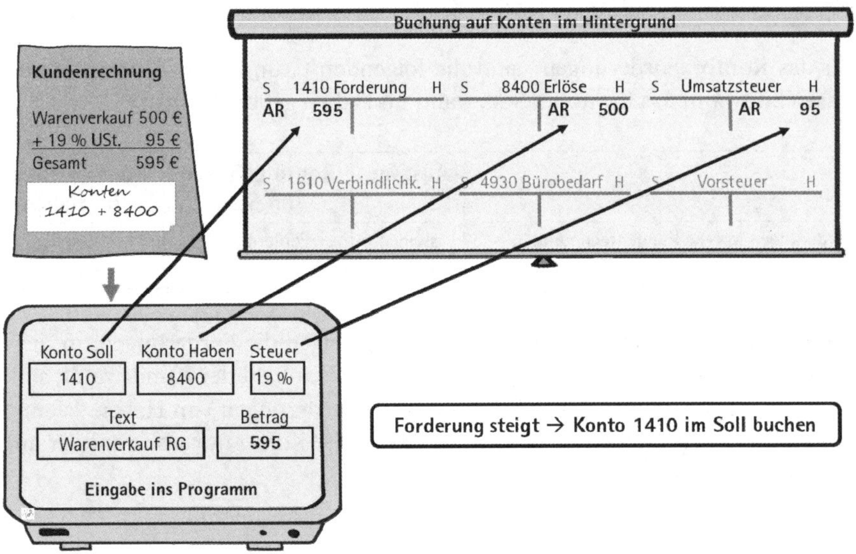

Abb. 15: So erfassen Sie eine Kundenrechnung im Programm

Während Sie den Bruttobetrag, den Steuersatz und die beiden Konten in der richtigen Reihenfolge eingeben, bucht die Software im Hintergrund den Bruttobetrag von 595 Euro auf dem Konto „Forderungen“ im Soll. Den Nettobetrag von 500 Euro auf das Erlöskonto im Haben und die herausgerechnete Umsatzsteuer auf das Konto „Umsatzsteuer“.

4.3.3 Eingangsrechnung buchen

Es wurde Büromaterial eingekauft. Die Eingangsrechnung liegt vor und wird später bezahlt. Für das Erfassen der Eingangsrechnung brauchen Sie die folgenden Konten bzw. Kontonummern.

Kontonummern

SKR 03	SKR 04	Kontenbezeichnung
1610	3310	Verbindlichkeiten aus Lieferungen und Leistungen
4930	6815	Bürobedarf

Für das Konto „Verbindlichkeiten" müssen Sie die folgenden Grundsätze einhalten:

	Aussage	Konto erfassen im Soll	Konto erfassen im Haben
Verbindlichkeiten (offene Eingangsrechnung)	steigen		Verbindlichkeiten
	sinken	Verbindlichkeiten	

Steigen die Verbindlichkeiten durch diese Eingangsrechnung, buchen Sie das Konto „Verbindlichkeiten" im Haben, sinken die Verbindlichkeiten, buchen Sie es im Soll. Das zweite Konto buchen Sie jeweils auf die andere Seite.

Beispiel

Das Unternehmen hat Briefpapier gekauft. Die Eingangsrechnung über 238 Euro inkl. 19 Prozent Umsatzsteuer liegt vor. So wird diese Rechnung eingegeben.

Buchungsvorlage

Soll	Haben	Betrag	Steuersatz
4930/6815 (Bürobedarf)	1610/3310 (Verbindlichkeiten)	238 €	19 % VSt.

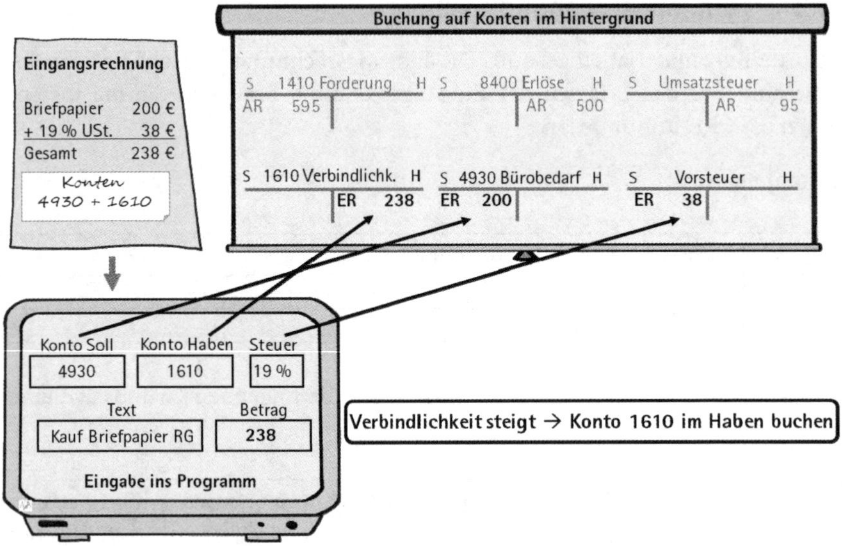

Abb. 16: So erfassen Sie eine Eingangsrechnung im Programm

Sie geben den Bruttobetrag von 238 Euro, den Steuersatz 19 Prozent und die beiden Konten in der richtigen Reihenfolge ein und schon bucht die Software Ihre Zahlen auf die richtigen Seiten der entsprechenden Konten. Außerdem rechnet es die enthaltene Steuer heraus und bucht sie automatisch auf das Konto „Vorsteuer".

4.3.4 Die Berichte sind ständig abrufbereit

Möchten Sie nun sehen, wie es um das Unternehmen steht, geht alles automatisch. Bei den Steuersätzen ist hinterlegt, auf welchen Konten die enthaltene Umsatzsteuer erfasst wird. Bei den Konten ist hinterlegt, in welche Formulare die Summen übertragen werden und vieles mehr. Sind alle Rechnungen erfasst, stehen Ihre Zahlen auf den Konten und die Berichte stehen Ihnen jederzeit auf Knopfdruck zur Verfügung.

Die Umsatzsteuer-Voranmeldung drucken oder übermitteln

Ihre Zahlen werden also automatisch in Ihre Umsatzsteuer-Voranmeldung eingetragen und schon sehen Sie, wie viel Umsatzsteuer Sie an das Finanzamt abführen müssen. Mit den meisten Buchführungsprogrammen können Sie dann auch die ausgefüllte Umsatzsteuer-Voranmeldung online an das Finanzamt übermitteln.

Beispiel

Die Kundenrechnung bzw. Ausgangsrechnung (AR) über 595 Euro und die Eingangsrechnung (ER) über 238 Euro stehen nun auf den verschiedenen Konten. Die Summen der Konten „Erlöse", „Umsatzsteuer" und „Vorsteuer" werden automatisch in die Umsatzsteuer-Voranmeldung übertragen.

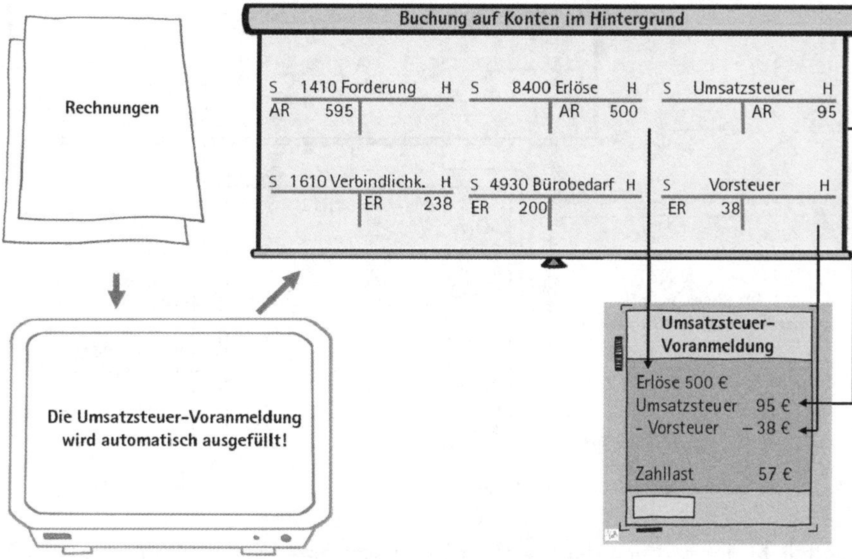

Abb. 17: Die Umsatzsteuer-Voranmeldung

Die Bilanz und die Gewinn- und Verlustrechnung

Das Ergebnis steht in der Gewinn- und Verlustrechnung, hier sehen Sie die Erträge und Aufwendungen. In der Bilanz stehen das Vermögen sowie das Kapital. Die Gewinn- und Verlustrechnung wird – wie die Bilanz – automatisch erstellt.

Beispiel

Die Zahlen stehen also auf den Konten. Für die Gewinn- und Verlustrechnung holt sich die Software die Summen der Konten „Erlöse" und „Bürobedarf". In die Bilanz werden die Summen der Konten „Forderungen", „Vorsteuer" und „Umsatzsteuer" übertragen, genauso wie das Ergebnis der Gewinn- und Verlustrechnung.

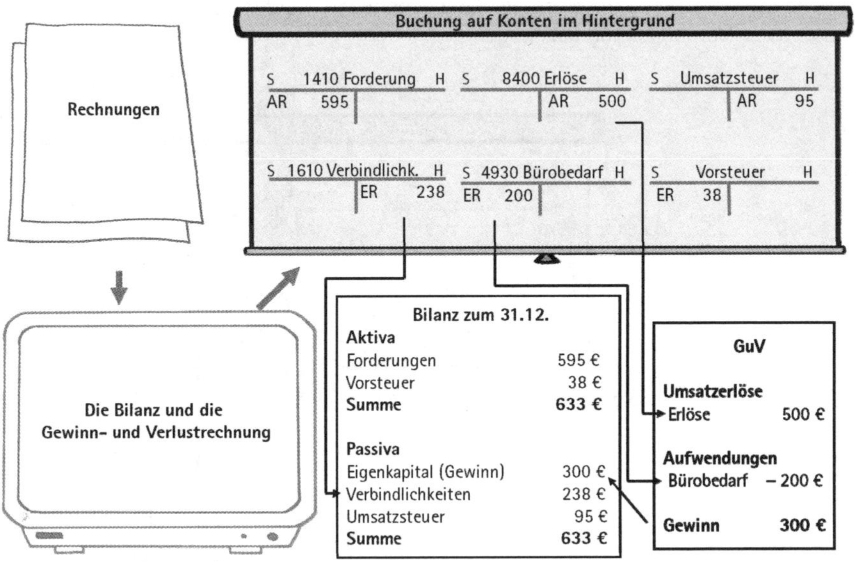

Abb. 18: Bilanz mit Gewinn- und Verlustrechnung

Zusätzlich bieten Ihnen die Buchführungsprogramme eine Vielzahl von Auswertungen und grafischen Darstellungen. So erfüllen Sie nicht nur die Pflichten gegenüber dem Finanzamt, sondern erhalten darüber hinaus interessante Informationen über die Zahlen des Unternehmens.

4.4 Die Regeln der doppelten Buchführung – Soll an Haben

Bilanzierende sind zur doppelten Buchführung verpflichtet. Was heißt das? Die doppelte Buchführung verfolgt jede Veränderung in den Werten des Unternehmens. Sie müssen alles erfassen:

- Die Bestände von Vermögen und Schulden bzw. Fremdkapital sowie deren Zugänge und Abgänge.
- Alle Kundenrechnungen und Geldeingänge sowie alle Eingangsrechnungen und Zahlungen.
- Die erzielten Umsätze, bezahlte und zu erwartende Ausgaben und vieles mehr.

Feststellung zu einem bestimmten Zeitpunkt

Die doppelte Buchführung beginnt damit, dass Sie die Vermögenswerte des Unternehmens sowie seine Schulden und sein Eigenkapital zu einem bestimmten Zeitpunkt feststellen und in Form einer Bilanz ausweisen.

Beispiel

Ein Unternehmen besitzt eine Maschine im Wert von 50.000 Euro, auf dem Girokonto liegen 5.000 Euro und das Unternehmen hat einen Kredit über 25.000 Euro aufgenommen. Wie sieht in diesem Fall die Bilanz aus?

Die Bilanz besteht aus verschiedenen Bereichen wie Anlage- und Umlaufvermögen sowie Fremd- und Eigenkapital.

Beispiel

Aktiva	**Bilanz**		**Passiva**
VERMÖGEN		KAPITAL	
Anlagevermögen		Eigenkapital	
- Maschine	50.000	- Saldo	30.000
Umlaufvermögen		Fremdkapital	
- Girokonto	5.000	- Kredit	25.000
Summe	55.000	Summe	55.000

Die linke Seite der Bilanz heißt Aktiva, sie wird auch Aktivseite der Bilanz genannt. Die Aktiva zeigt das Vermögen des Unternehmens. Die rechte Seite der Bilanz heißt Passiva bzw. Passivseite, hier sehen Sie das Kapital. Das Eigenkapital ergibt sich aus dem Saldo von Vermögen und Fremdkapital. Wer in das Thema „Buchführung und Bilanzierung“ einsteigt, lernt viele neue Worte, die Worte „Aktiva“ und „Passiva“ gehören dazu, es sind zwei wichtige Vokabeln.

Veränderungen der Werte durch Geschäftsvorfälle

Jede Veränderung der Bilanz muss aufgezeichnet bzw. gebucht werden. Eine Veränderung geschieht bereits bei einem Einkauf von Briefmarken, die beispielsweise bar bezahlt werden. Einen solchen Vorgang nennt man Geschäftsvorfall.

Buchführungsregeln

Das System der doppelten Buchführung funktioniert nach bestimmten Regeln. Regeln, die Sie nicht unbedingt hinterfragen sollten, Sie sollten sie einfach nur akzeptieren und anwenden. Fangen wir an! Die Buchung von Geschäftsvorfällen erfolgt auf Konten, die auch T-Konten genannt werden. Diese Konten haben zwei Seiten, die linke Seite heißt „Soll", die Rechte „Haben".

Soll	**Konto**	**Haben**
linke Seite		rechte Seite

Damit haben Sie die erste Regel schon kennengelernt. Eine weitere Regel besagt, dass es vier verschiedene Arten von Konten gibt:

- aktive Bestandskonten,
- passive Bestandskonten,
- Erfolgskonten Erträge,
- Erfolgskonten Aufwendungen.

Wenn Sie auch alle anderen Regeln kennengelernt haben, wissen Sie, dass bei jedem Beleg bzw. Geschäftsvorfall mindestens zwei Konten angesprochen werden. Weiterhin wissen Sie, unter welchen Voraussetzungen der Buchungsbetrag auf die linke Seite (Soll) des einen Kontos und auf die rechte Seite (Haben) des anderen Kontos gebucht wird. Damit die Konten nie vertauscht werden, wird jeder Geschäftsvorfall in einen einheitlichen Buchungssatz umgewandelt, der „Soll an Haben" lautet.

Soll	an	Haben

Die Reihenfolge der Konten steht also fest. Sie finden sie auch in den Eingabemasken von Buchführungsprogrammen wieder. Noch kennen Sie nicht alle Regeln, aber vielleicht hilft Ihnen die folgende Abbildung, das System vorab ein bisschen zu erkennen.

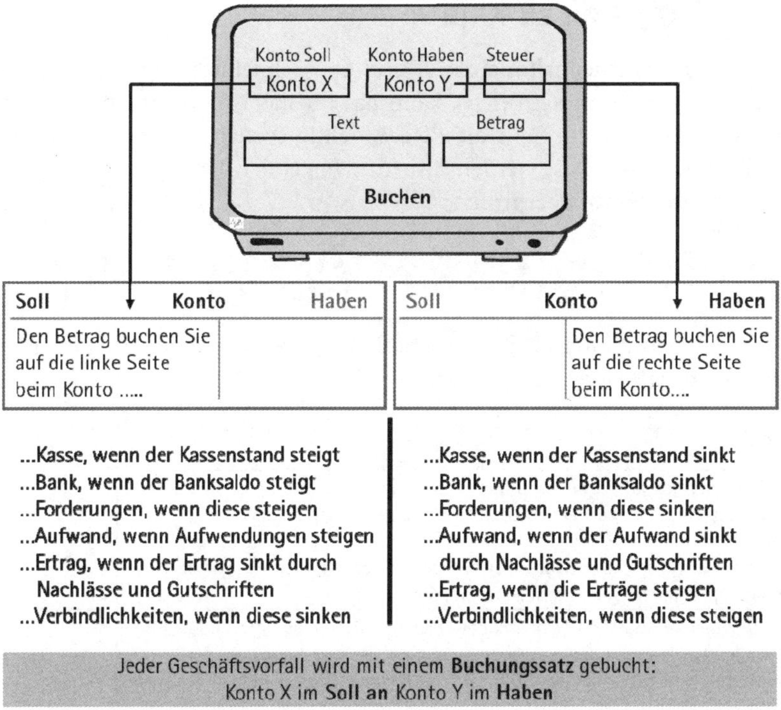

Abb. 19: Die doppelte Buchführung

Auf einen Geschäftsvorfall treffen mindestens zwei Aussagen zu, und Sie müssen für jeden Beleg mindestens ein Konto im Soll buchen und ein anderes im Haben. Beim Barkauf von Briefmarken über 30 Euro steigen die Aufwendungen, also buchen Sie 30 Euro auf die linke Seite beim Konto „Aufwand“. Gleichzeitig sinkt der Kassenstand. Deshalb buchen Sie 30 Euro auf die rechte Seite beim Konto „Kasse“. Der Buchungssatz lautet „Aufwand (im Soll) an Kasse (im Haben)“. In den folgenden Kapiteln sehen wir uns die Buchführungsregeln genauer an.

4.5 Aufgaben zu Kapitel 4

Belege sind in der Buchhaltung das A und O – schließlich gilt: „Keine Buchung ohne Beleg". Verschwinden Belege, kann das für das Unternehmen sehr negative finanzielle Folgen haben. Sind die Belege richtig sortiert, müssen sie nach ganz bestimmten Regeln erfasst werden. Mit den folgenden Übungen können Sie Ihr neu erworbenes Wissen überprüfen.

→ Aufgabe 1

Die Grundsätze ordnungsmäßiger Buchführung sind immer zu beachten. Kreuzen Sie bitte die zutreffenden Aussagen an.

	Was trifft zu?
1. Ein Steuerberater müsste an einen Handwerker eine Rechnung über 1.000 Euro für die letzten Jahresabschlussarbeiten ausstellen. Gleichzeitig müsste der Handwerker dem Steuerberater 1.000 Euro für Renovierungsarbeiten in der Steuerkanzlei berechnen. Beide können jeweils auf die Rechnungsstellung verzichten. Die Beträge können einfach verrechnet werden.	
2. Ein Steuerberater müsste an einen Handwerker eine Rechnung über 1.000 Euro für die letzten Jahresabschlussarbeiten ausstellen. Gleichzeitig müsste der Handwerker dem Steuerberater 1.000 Euro für Renovierungsarbeiten in der Steuerkanzlei berechnen. Beide müssen sich gegenseitig Rechnungen stellen. Die Rechnungen dürfen nicht einfach verrechnet werden.	
3. Es genügt, wenn der Buchhalter, der die Belege erfasst hat, versteht, was er gemacht hat.	
4. Die Buchführung muss so beschaffen sein, dass ein Steuerberater oder Finanzbeamter sich in angemessener Zeit einen Überblick verschaffen kann.	

➔ Aufgabe 2

Was steht in der Bilanz auf welcher Seite? Tragen Sie bitte das Anlagevermögen, das Umlaufvermögen, das Eigenkapital und das Fremdkapital in die Bilanz ein. Was gehört auf die linke Seite der Bilanz? Was auf die rechte?

Aktiva	Bilanz Passiva

➔ Aufgabe 3

Kreuzen Sie bitte die zutreffenden Aussagen zu den Regeln der doppelten Buchführung an.

	Was trifft zu?
1. Jeder Beleg bzw. jeder Geschäftsvorfall muss auf mindestens zwei Konten erfasst werden.	
2. Jeder Beleg bzw. jeder Geschäftsvorfall muss zur Sicherheit mindestens zweimal erfasst werden.	
3. Der Buchungssatz zeigt, welches Konto im Soll und welches im Haben gebucht wird.	
4. Heißt der Buchungssatz „Kasse an Erträge", wird das Konto „Kasse" im Soll (linke Seite) und das Konto „Erträge" im Haben (rechte Seite) gebucht.	

➔ Aufgabe 4

In welchem Fall buchen Sie auf die Sollseite (linke Seite) eines Kontos? Kreuzen Sie bitte an, welche Aussage zutrifft. Buchung im Soll auf das Konto …

	Was trifft zu?
1. … „Kasse", wenn der Kassenstand sinkt.	
2. … „Kasse", wenn der Kassenstand steigt.	
3. … „Bank", wenn der Banksaldo steigt.	
4. … „Erträge", wenn die Erträge steigen.	
5. … „Aufwendungen", wenn die Aufwendungen steigen.	

➔ Aufgabe 5

In welchem Fall buchen Sie auf die Habenseite (rechte Seite) eines Kontos? Kreuzen Sie bitte an, welche Aussage zutrifft. Buchung im Haben auf das Konto …

	Was trifft zu?
1. … „Bank", wenn der Banksaldo sinkt.	
2. … „Kasse", wenn der Kassenstand steigt.	
3. … „Bank", wenn der Banksaldo steigt.	
4. … „Erträge", wenn die Erträge steigen.	
5. … „Aufwendungen", wenn die Aufwendungen sinken.	

Arbeitshilfen online

Arbeitsblätter mit den Aufgaben dieses Buches und die Lösungen zu sämtlichen Aufgaben finden Sie in den Arbeitshilfen online.

5 Die Bilanz

Sie müssen für das Unternehmen, für das Sie arbeiten, eine Bilanz sowie eine Gewinn- und Verlustrechnung erstellen. Was ist was?

- Die **Bilanz** zeigt die Bestände von Vermögen, Fremd- und Eigenkapital zu einem bestimmten **Zeitpunkt**. Hier sehen Sie die Bestände des Unternehmens, beispielsweise zum 31. Dezember.
- Die **Gewinn- und Verlustrechnung** zeigt den Gewinn oder den Verlust des Unternehmens für einen bestimmten **Zeitraum**, beispielsweise des aktuellen Jahres.

In der Bilanz steht das Vermögen links und das Kapital rechts. In der Gewinn- und Verlustrechnung, auch GuV genannt, stehen die Aufwendungen auf der linken und die Erträge auf der rechten Seite.

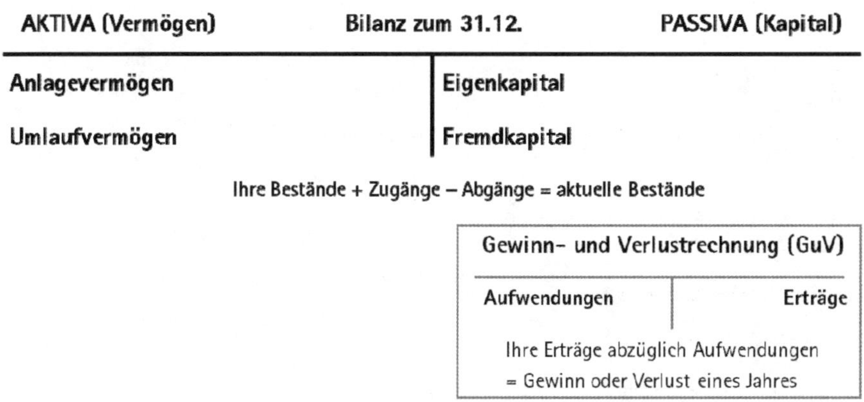

Abb. 20: Bilanz mit Gewinn- und Verlustrechnung (GuV)

In diesem Kapitel geht es zunächst nur um die Bilanz. Das Ergebnis der Gewinn- und Verlustrechnung fließt in das Eigenkapital ein; wie das zusammenhängt erfahren Sie erst im nächsten Kapitel.

5.1 Aufbau und Gliederung der Bilanz

Der Gesetzgeber gibt den Bilanzaufbau vor, zumindest für Kapitalgesellschaften. Im Handelsrecht § 266 und § 275 HGB ist die Reihenfolge der Positionen in der Bilanz und in der Gewinn- und Verlustrechnung genau vorgeschrieben. Diese Reihenfolge hat sich durchgesetzt, sodass sie in der Regel von allen Bilanzierenden eingehalten wird. Hier sehen Sie zunächst einen Auszug aus dem § 266 HGB, die Bilanzgliederung.

Arbeitshilfen online
In den Arbeitshilfen online finden Sie die gesamte Übersicht des § 266 HGB.

Aktiva — Bilanz	Passiva
A. Anlagevermögen I. Immaterielle Vermögensgegenstände II. Sachanlagen III. Finanzanlagen B. Umlaufvermögen I. Vorräte II. Forderungen und sonstige Vermögensgegenstände III. Wertpapiere IV. Kassenbestand, Bundesbankguthaben, Guthaben bei Kredit-instituten und Schecks C. Rechnungsabgrenzungsposten D. Aktive latente Steuern E. Aktiver Unterschiedsbetrag aus der Vermögensverrechnung	A. Eigenkapital I. Gezeichnetes Kapital II. Kapitalrücklage III. Gewinnrücklagen IV. Gewinnvortrag/Verlustvortrag V. Jahresüberschuss/Jahresfehlbetrag B. Rückstellungen C. Verbindlichkeiten D. Rechnungsabgrenzungsposten E. Passive latente Steuern

Das zeigt die Bilanz

Auf der Aktiva sehen Sie das Vermögen des Unternehmens. Es ist erkenntlich, in welcher Form es angelegt ist: in Form von Einrichtungsgegenständen, Maschinen, Warenvorräten, Forderungen oder Geldbeständen. Auf der Passiva sehen Sie das Kapital des Unternehmens. Es ist erkenntlich, wie das Vermögen finanziert ist, durch Eigen- oder Fremdkapital.

Aktiva (Vermögen)	Bilanz Passiva (Kapital)
Wo ist das Kapital angelegt? Vermögensarten	Woher stammt das Kapital? Vermögensherkunft
- z. B. Maschinen	- z. B. eigene Mittel
- z. B. Girokonto	- z. B. Kredit
Mittelverwendung – Investierung	Mittelherkunft – Finanzierung

5.2 Bestandskonten und ihre Regeln

Zu Bestandskonten könnte man auch Bilanzkonten sagen. Für jede Bilanzposition gibt es ein Bestandskonto auf dem ggf. Veränderungen erfasst werden. Eine Bilanz wird immer zu einem bestimmten Zeitpunkt aufgestellt. Sobald eine Veränderung in den Werten stattfindet, ist die Bilanz nicht mehr aktuell. Aber Veränderungen finden ständig statt, täglich sogar sehr viele, denn jeder einzelne Beleg verändert die Werte in der Bilanz. Hier sehen Sie eine Bilanz, die z. B. am 31.01. aufgestellt wurde:

Aktiva		Bilanz	Passiva
Anlagevermögen		Eigenkapital	
- Maschine	50.000	- Saldo	30.000
Umlaufvermögen		Fremdkapital	
- Girokonto	5.000	- Kreditkonto	25.000
Summe	55.000	Summe	55.000

Beispiel

Angenommen, schon am nächsten Tag werden 500 Euro vom Girokonto auf das Kreditkonto überwiesen. Wie müsste die Bilanz dann aussehen? Der Stand des Girokontos würde bei 4.500 Euro liegen, der des Kreditkontos 24.500 Euro.

Aktiva		Bilanz	Passiva
Anlagevermögen		Eigenkapital	
- Maschine	50.000	- Saldo	30.000
Umlaufvermögen		Fremdkapital	
- Girokonto	**4.500**	- Kreditkonto	**24.500**
Summe	54.500	Summe	54.500

Da es nicht möglich ist, die Zahlen der Bilanz nach jedem Geschäftsvorfall anzupassen, werden die Veränderungen bis zur nächsten Bilanzaufstellung auf Konten erfasst, und zwar nach ganz klaren Regeln: den Regel der doppelten Buchführung. Man spricht hier auch von der Technik der Buchführung. Doch bevor Sie nun die Regeln der Bestandskonten kennenlernen, schauen wir uns die Bestandskonten erst einmal an.

5.2.1 Die Konten im Kontenrahmen

Die doppelte Buchführung funktioniert, wie gesagt, nur über Konten. Auch Buchführungsprogramme wenden diese Konten an. Jeder Geschäftsvorfall bzw. jeder Beleg wird auf mindestens zwei Konten gebucht. So wird jede Veränderung in den Werten des Unternehmens erfasst. Das heißt, dass Sie für jeden Beleg, den Sie in das Programm eingeben möchten, mindestens zwei Konten brauchen. Diese Konten stehen in einem Kontenrahmen, auch Kontenplan genannt.

Wie ist ein Kontenrahmen aufgebaut?

Ein Kontenrahmen beinhaltet bis zu 1.000 Konten, von denen Sie in der Praxis in der Regel nur 30 bis 50 benötigen. Jeder Kontenrahmen ist systematisch aufgebaut, jedes Konto hat neben der Kontenbezeichnung eine eigene Kontonummer. Die Konten sind in die verschiedenen Bereiche der Bilanz wie Anlage- und Umlaufvermögen sowie Fremd- und Eigenkapital unterteilt. Der Bereich „Eigenkapital" bietet weitere Konten für Privates, Aufwendungen und Erträge.

Sie müssen sich für einen Kontenrahmen entscheiden

Es gibt sehr viele verschiedene Kontenrahmen. Sie unterscheiden sich lediglich in der Nummernvergabe, verwenden also für die gleiche Kontenbezeichnung unterschiedliche Nummern. In den folgenden Beispielen zeigen wir Ihnen gleichzeitig die Konten der bekanntesten DATEV-Standardkontenrahmen SKR 03 und SKR 04.

> **Achtung**
>
> Grundsätzlich können Sie den Kontenrahmen frei wählen. Arbeiten Sie allerdings mit einem Steuerberater zusammen und möchten Sie ihm am Jahresende Ihre Daten überspielen, sollten Sie unbedingt den gleichen Kontenrahmen wie er verwenden. Dann sprechen Sie von den gleichen Kontonummern. Ein Anruf beim Steuerberater genügt.

5.2.2 Konten für das Anlage- und Umlaufvermögen

Das Vermögen, das einem Unternehmen langfristig dient, nennt man Anlagevermögen. Es wird auf der linken Seite der Bilanz, getrennt vom Umlaufvermögen, ausgewiesen. Das Umlaufvermögen verbleibt nur kurzfristig im Unternehmen. Diese Konten werden auch Aktivkonten genannt, weil die linke Seite der Bilanz Aktiva heißt.

Was zählt zum Anlagevermögen?

Zum Anlagevermögen gehören Vermögensgegenstände wie Grundstücke, Gebäude, Maschinen, Fahrzeuge, Computer und vieles mehr. Sie sind ein fester Bestandteil der Unternehmenseinrichtung bzw. -ausstattung. Mit dieser Ausstattung kann das Unternehmen führen, handeln oder produzieren und die Produkte oder Dienstleistungen vertreiben. Zum Anlagevermögen zählen auch immaterielle Vermögensgegenstände wie der Firmenwert, Patente und langfristig angelegtes Geld.

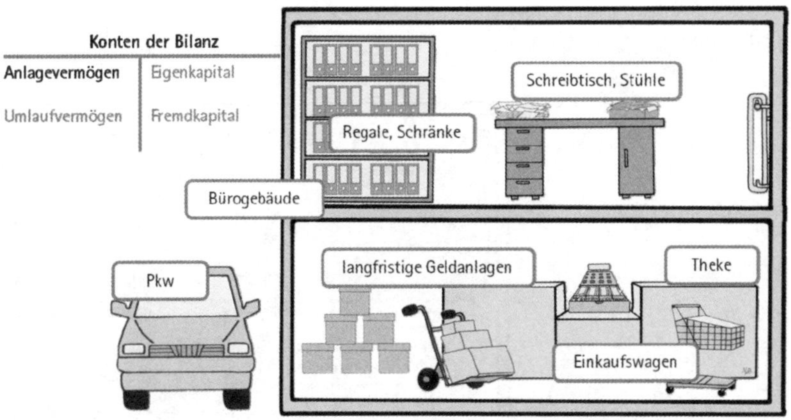

Abb. 21: Anlagevermögen

Auf diesen Konten erfassen Sie Anschaffungen, Abschreibungen und mögliche Abgänge vom Anlagevermögen. Hier sehen Sie ein paar Kontenbeispiele für das Anlagevermögen.

SKR 03	SKR 04	Kontenbezeichnung
0065	0215	Unbebaute Grundstücke
0027	0135	EDV-Software, Internetseite
0090	0240	Geschäftsbauten
0210	0440	Maschinen
0320	0520	Kfz
0420	0650	Büroeinrichtung
0490	0690	Sonstige Betriebs- und Geschäftsausstattung
0510	0820	Beteiligungen
0550	0940	Darlehen

Was zählt zum Umlaufvermögen?

Zum Umlaufvermögen zählen das Geld auf der Bank und in der Kasse, offene Forderungen sowie alle Waren- und Materialbestände. Im laufenden Jahr verändert sich das Umlaufvermögen ständig. Material und Waren werden eingekauft und entnommen bzw. verkauft. Es werden Rechnungen geschrieben, Kunden zahlen sofort oder später. Auf dem Bankkonto fließen ständig Zahlungsausgänge und -eingänge.

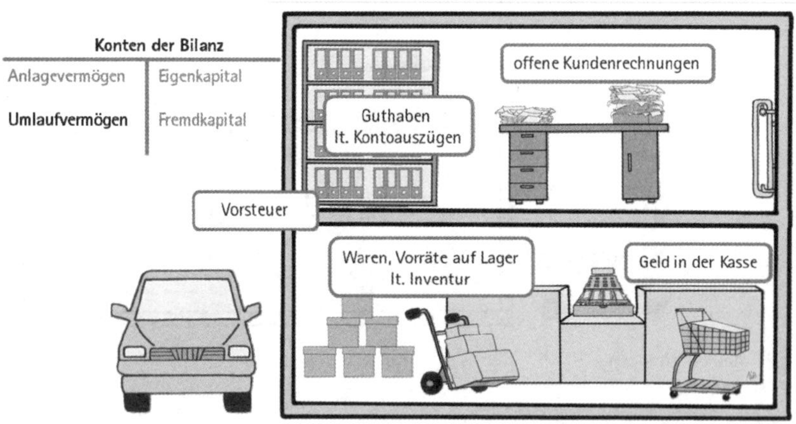

Abb. 22: Umlaufvermögen

Auf dem Konto „Kasse“ erfassen Sie die Kassenbelege, auf dem Konto „Bank“ die Positionen des Kontoauszugs. Auf dem Konto „Forderungen“ erfassen Sie offene

Kundenrechnungen sowie die Geldeingänge der Kunden, wenn die Rechnungen bezahlt werden.
Im Bereich „Umlaufvermögen" wird der tatsächliche Wert von Warenvorräten laut Inventur erfasst. Die Inventur ist in regelmäßigen Abständen durchzuführen, mindestens aber einmal im Jahr. Mögliche Veränderungen der Bestände werden spätestens bei der Erstellung des Jahresabschlusses zu den Aufwendungen oder Erträgen umgebucht. Nun ein paar Kontenbeispiele für das Umlaufvermögen:

SKR 03	SKR 04	Kontenbezeichnung
3970	1000	Bestand Roh-, Hilfs- und Betriebsstoffe (Bestand laut Inventur)
7110	1110	Fertige Erzeugnisse (Bestand laut Inventur)
7140	1140	Waren (Bestand laut Inventur)
1000	1600	Kasse
1200	1800	Bank
1410	1210	Forderungen aus Lieferungen und Leistungen (ohne Debitorenkonten)
1460	1240	Zweifelhafte Forderungen
1507	1330	Forderungen gegenüber Gesellschafter
1518	1186	Geleistete Anzahlungen 19 % Umsatzsteuer
1540	1435	Steuerüberzahlungen
1545	1420	Umsatzsteuerforderungen
1571	1401	Abziehbare Vorsteuer 7 %
1576	1406	Abziehbare Vorsteuer 19 %

Auf dem Konto „Steuerüberzahlungen" erfassen Sie zu erwartende Erstattungen und deren tatsächlichen Geldeingang.

5.2.3 Konten für das Kapital

Während die linke Seite der Bilanz das Vermögen zeigt, zeigt die rechte Seite das Kapital. Das Kapital setzt sich aus Fremd- und Eigenkapital zusammen. Diese Konten nennt man auch Passivkonten, denn die rechte Seite der Bilanz heißt Passiva.

Was zählt zum Fremdkapital?

Das Fremdkapital zeigt die Schulden, die ein Unternehmen hat. Hier handelt es sich um kurz- und langfristige Darlehen und um Verbindlichkeiten gegenüber Handwerkern, Lieferanten und Behörden. Alle Eingangsrechnungen, die Sie nicht sofort bezahlen, zählen zu den Verbindlichkeiten.

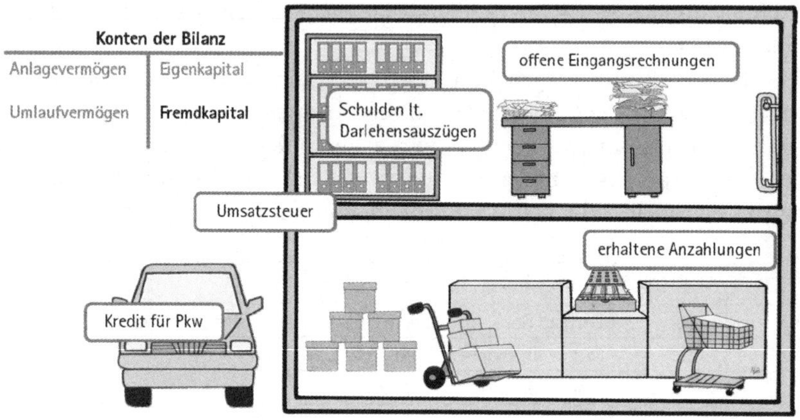

Abb. 23: Fremdkapital

Auf dem Konto „Darlehen" erfassen Sie die Darlehensauszahlung sowie die Rückzahlungsbeträge bzw. Tilgungen. Auf dem Konto „Verbindlichkeiten" erfassen Sie offene Eingangsrechnungen sowie deren Zahlungen. Die ermittelte Steuernachzahlung für das Abschlussjahr sowie deren Zahlung im Folgejahr werden auf die Rückstellungskonten gebucht. Hier sehen Sie Kontenbeispiele für das Fremdkapital:

SKR 03	SKR 04	Kontenbezeichnung
0730	3510	Verbindlichkeiten gegenüber Gesellschafter
1610	3310	Verbindlichkeiten aus Lieferungen und Leistungen (ohne Kreditoren)
1700	3500	Sonstige Verbindlichkeiten
1705	3560	Darlehen
1740	3720	Verbindlichkeiten aus Lohn und Gehalt
1771	3801	Umsatzsteuer 7 %
1776	3806	Umsatzsteuer 19 %
1780	3820	Umsatzsteuervorauszahlung lfd. Jahr
1790	3841	Umsatzsteuer Vorjahr
0956	3035	Gewerbesteuerrückstellungen
0963	3040	Körperschaftsteuerrückstellungen
0970	3070	Sonstige Rückstellungen

Auf dem Konto „Umsatzsteuervorauszahlungen" erfassen Sie die Zahllast laut Umsatzsteuer-Voranmeldung sowie deren Zahlung.

Was zählt zum Eigenkapital?

Das Eigenkapital ist der Saldo von Vermögen und Schulden. Man nennt es auch Reinvermögen oder Betriebsvermögen. Das Eigenkapital wächst durch Gewinne des Unternehmens und sinkt durch Verluste. Bei **Personenfirmen** wächst es auch durch Privateinlagen und sinkt durch Privatentnahmen. Bei **Kapitalgesellschaften** wächst das Eigenkapital nicht nur durch Gewinne, sondern auch durch Kapitaleinlagen und sinkt durch Gewinnausschüttungen.

Hinweis zu Personenfirmen

Die Abbuchung einer privaten Versicherung vom Geschäftskonto zählt bei einer Personenfirma zu den Privatentnahmen, eine Überweisung vom Privatkonto auf das Geschäftskonto zu den Privateinlagen.

Hinweis zu Kapitalgesellschaften

Bei einer Kapitalgesellschaft gibt es keine Privatkonten. Zahlungen für private Zwecke des Inhabers werden im Bereich „Umlaufvermögen“ gebucht, und zwar unter „Forderungen gegenüber Gesellschafter“. Geldeinlagen aus dem Privatbereich werden im Bereich „Fremdkapital“ erfasst, und zwar unter „Verbindlichkeiten gegenüber Gesellschafter“.

Gewinn oder Verlust

Der Gewinn oder Verlust des laufenden Jahres wird später im Bereich „Eigenkapital“ in einer Summe erfasst. Erträge und Aufwendungen, die zu einem Gewinn oder Verlust führen, buchen Sie auf andere Konten. Diese Konten heißen Erfolgskonten und fließen über die Gewinn- und Verlustrechnung in das Eigenkapital ein. Dazu erfahren Sie im nächsten Kapitel mehr. Hier geht es erst einmal nur um die Bestandskonten.

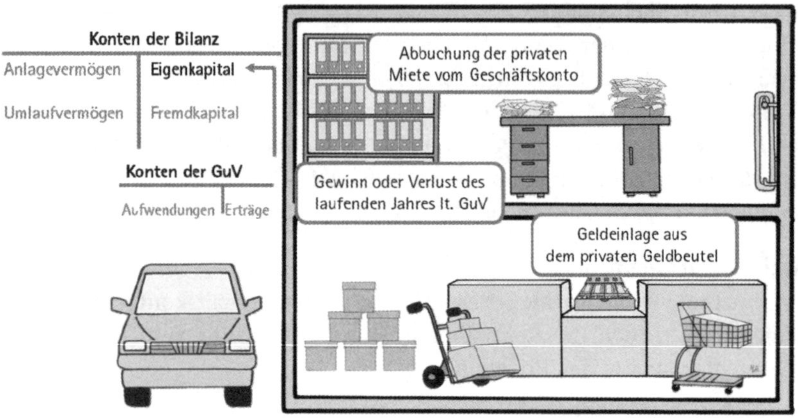

Abb. 24: Eigenkapital

Im Bereich „Eigenkapital" erfassen Sie also bei Personenfirmen Privateinlagen und Privatentnahmen und bei Kapitalgesellschaften mögliche Gewinnausschüttungen und Kapitalerhöhungen. Hier sehen Sie Kontenbeispiele für das Eigenkapital:

SKR 03	SKR 04	Kontenbezeichnung
0800	2900	Gezeichnetes Kapital (Kapitalgesellschaften)
0880	2010	Variables Kapital (Personenfirmen)
0860	2970	Gewinnvortrag
0868	2978	Verlustvortrag
1800	2100	Privatentnahmen (Personenfirmen)
1890	2180	Privateinlagen (Personenfirmen)

5.3 Buchung auf Bestandskonten

Jetzt lernen Sie die Buchführungsregeln für Bestandskonten kennen; die Regeln für aktive Bestandskonten (Aktivkonten) und die Regeln für passive Bestandskonten (Passivkonten). Für diese beiden Kontenarten gelten unterschiedliche Regeln.

Die Buchführungsregeln für Aktivkonten

Die Bilanz besteht aus zwei Seiten, der Aktiva und der Passiva. Die Aktiva bzw. die Aktivseite zeigt das Vermögen des Unternehmens. Hier sehen Sie die Regeln für Aktivkonten.

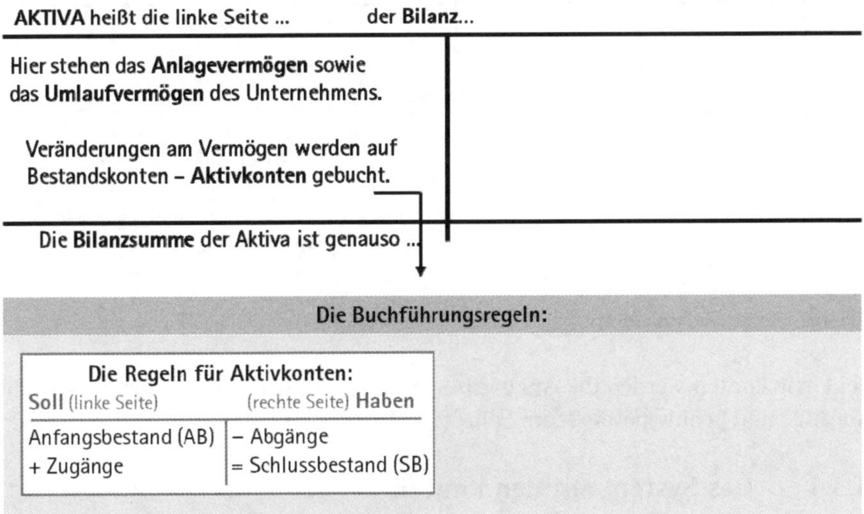

Abb. 25: Regeln für Aktivkonten

Bei Aktivkonten werden die Anfangsbestände sowie die Zugänge im Soll erfasst, die Abgänge sowie Schlussbestände im Haben.

Die Buchführungsregeln für Passivkonten

Die Passiva bzw. die Passivseite der Bilanz zeigt das Kapital des Unternehmens, das sich aus Eigen- und Fremdkapital zusammensetzt.

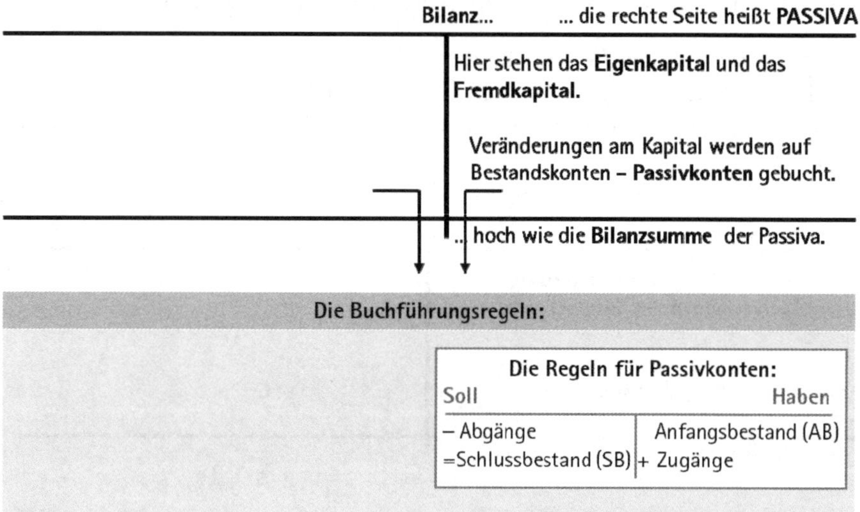

Abb. 26: Regeln für Passivkonten

Bei Passivkonten werden die Anfangsbestände und Zugänge im Haben erfasst, die Abgänge und Schlussbestände im Soll.

5.3.1 Das System mit den Konten

Für jede Position der Eröffnungsbilanz wird ein Konto eröffnet. In diese Konten werden die jeweiligen Anfangsbestände (AB) eingetragen. Im laufenden Jahr werden die Geschäftsvorfälle bzw. die Buchungssätze auf verschiedene Konten gebucht. Spätestens am Jahresende werden alle Konten abgeschlossen und die neuen Schlussbestände (SB) in die Bilanz übertragen.

Beispiel

Hier sehen Sie eine Bilanz zum 01.05. Das Unternehmen wurde gerade erst gegründet. Der Inhaber hat zunächst 50.000 Euro aus eigenen Mitteln, auf das Girokonto des Unternehmens überwiesen.

Aktiva	Bilanz		Passiva
Anlagevermögen		Eigenkapital	
		- Saldo	50.000
Umlaufvermögen		Fremdkapital	
- Girokonto	50.000		
Summe	50.000	Summe	50.000

Einen Tag später schafft das Unternehmen eine Maschine für 30.000 Euro an. Dieser Geschäftsvorfall soll nun nach den Regeln der doppelten Buchführung auf den Konten erfasst werden.

Durch diesen Geschäftsvorfall verändern sich die Werte zweier Aktivkonten. Betroffen sind die Konten „Maschinen" (Anlagevermögen) und „Bank" bzw. „Girokonto" (Umlaufvermögen). Zugänge von Aktivkonten werden im Soll, Abgänge im Haben erfasst. In diesem Fall findet auf dem Konto „Maschinen" ein Zugang statt und auf dem Girokonto ein Abgang. Hier sehen Sie die Einträge auf den Konten:

Soll	Maschinen		Haben	Soll	Bank		Haben
AB	0	Abgang	0	AB	50.000	Abgang	**30.000**
Zugang	**30.000**	SB	...	Zugang	0	SB	...

Möchten Sie jetzt eine neue Bilanz aufstellen, müssen Sie die Konten abschließen. Der Schlussbestand ergibt sich aus der Summe von Anfangsbestand und Zugängen abzüglich der Abgänge. Bei Aktivkonten wird der Schlussbestand im Haben erfasst.

Soll	Maschinen		Haben	Soll	Bank		Haben
AB	0	Abgang	0	AB	50.000	Abgang	30.000
Zugang	30.000	SB	**30.000**	Zugang	0	SB	**20.000**

Die neuen Schlussbestände können dann in die neue Bilanz übertragen werden.

Aktiva	Bilanz		Passiva
Anlagevermögen		Eigenkapital	
- Maschinen	**30.000**	- Saldo	50.000
Umlaufvermögen		Fremdkapital	
- Girokonto	**20.000**		
Summe	50.000	Summe	50.000

Buchungssatz
An dieser Stelle geht es noch nicht darum, Buchungssätze zu bilden. Es soll nur gezeigt werden, dass der Buchungssatz von den Konten abgelesen werden kann. Er heißt Soll(konto) an Haben(konto). Sie nennen also das Konto zuerst, bei dem der Betrag auf der Sollseite steht und nach dem „an“ nennen Sie das Konto, bei dem der Betrag auf der Habenseite steht.

Beispiel
Der Buchungssatz lautet hier „Maschinen 30.000 Euro an Bank 30.000 Euro".

Soll	Maschinen		Haben	Soll	Bank		Haben
AB	0	Abgang	0	AB	50.000	Abgang	**30.000**
Zugang	**30.000**	SB	...	Zugang	0	SB	...

Vielleicht ist es Ihnen aufgefallen: Trotz der Buchung sind die Summen auf beiden Bilanzseiten gleich hoch. Das gehört zum System der doppelten Buchführung, denn Sie müssen auf beiden Kontenseiten jeweils die gleichen Beträge buchen.

Tipp
Buchführungsprogramme führen die Konten im Hintergrund ganz automatisch. Während Sie Ihre Buchungssätze eingeben, werden die Konten automatisch eröffnet, die Buchungen darauf erfasst und sofort wieder abgeschlossen. So können Sie nach jeder Eingabe Ihre Ergebnisse sehen.

5.3.2 Zugänge auf Aktiv- und Passivkonten buchen

Hier geht es um Geschäftsvorfälle, die jeweils ein Aktivkonto und ein Passivkonto ansprechen. Bei beiden Konten erhöht sich der Wert. Diesen Fall nennt man **Aktiv-Passivmehrung**.

- Zugänge von Aktivkonten werden im Soll gebucht,
- Zugänge von Passivkonten im Haben.

Beispiel
Ein Unternehmen nimmt ein Darlehen in Höhe von 8.000 Euro auf. Das Geld wird auf das Bankkonto überwiesen. In diesem Fall steigt der Wert des Aktivkontos „Bank" um 8.000 Euro. Der Wert des Passivkontos „Darlehen" steigt ebenfalls um 8.000 Euro.

Durch die Auszahlung eines Darlehens steigen das Bankvermögen und die Schulden. Der Zugang auf dem Aktivkonto „Bank“ wird im Soll gebucht, der Zugang auf dem Passivkonto „Darlehen“ im Haben. Deshalb lautet der Buchungssatz: „Bank 8.000 Euro an Darlehen 8.000 Euro“.

Der Buchungssatz: **Bank** (im Soll) **an Darlehen** (im Haben)

Soll	**Aktivkonto „Bank“**		Haben
AB	0 €	Abgänge	0 €
Zugänge	**8.000 €**	SB	8.000 €
Summe	8.000 €	Summe	8.000 €

Soll	**Passivkonto „Darlehen“**		Haben
Abgänge	0 €	AB	0 €
SB	8.000 €	**Zugänge**	**8.000 €**
Summe	8.000 €	Summe	8.000 €

Bilanz - AKTIVA		**Bilanz - PASSIVA**	
Anlagevermögen		Eigenkapital	
Umlaufvermögen		Privat	0 €
Banksaldo steigt von 0 € auf ...	**8.000 €**	Fremdkapital	
Kasse	0 €	**Darlehen steigt von 0 € auf ...**	**8.000 €**
Bilanzsumme	8.000 €	Bilanzsumme	8.000 €

Abb. 27: Aktiv-Passivmehrung

Ist der Geschäftsvorfall bzw. der Buchungssatz auf den Konten erfasst, werden die Konten abgeschlossen und die neuen Schlussbestände in die neue Bilanz übertragen.

5.3.3 Zugänge und Abgänge auf Aktivkonten buchen

Bei diesen Geschäftsvorfällen werden zwei Aktivkonten angesprochen, oder anders gesagt: Durch diesen Geschäftsvorfall werden die Werte von zwei Aktivkonten verändert. Ein Aktivkonto sinkt im Wert, das andere steigt. Hier spricht man von einem **Aktivtausch**.

- Zugänge von Aktivkonten werden im Soll gebucht,
- Abgänge von Aktivkonten im Haben.

Beispiel

Es wurden 1.000 Euro vom Bankkonto abgehoben und in die Kasse eingelegt. Dadurch sinkt der Wert des Aktivkontos „Bank" um 1.000 Euro. Der Wert des Aktivkontos „Kasse" steigt um den gleichen Betrag.

Der Buchungssatz: Kasse (im Soll) an Bank (im Haben)

Soll	**Aktivkonto „Bank"**		Haben
AB	8.000 €	**Abgänge**	**1.000 €**
Zugänge	0 €	SB	7.000 €
Summe	8.000 €	Summe	8.000 €

Soll	**Aktivkonto „Kasse"**		Haben
AB	0 €	Abgänge	0 €
Zugänge	**1.000 €**	SB	1.000 €
Summe	1.000 €	Summe	1.000 €

Bilanz – AKTIVA			**Bilanz – PASSIVA**
Anlagevermögen		Eigenkapital	
Umlaufvermögen		Privat	0 €
Banksaldo sinkt um 1.000 € auf 7.000 €		Fremdkapital	
Kassenstand steigt von 0 € auf 1.000 €		Darlehen	8.000 €
Bilanzsumme	8.000 €	Bilanzsumme	8.000 €

Abb. 28: Aktivtausch

Sie tauschen das Vermögen: Der Banksaldo sinkt, während der Kassenstand steigt. Die Buchung lautet „Kasse an Bank“, weil der Zugang auf das Aktivkonto „Kasse“ im Soll gebucht wird und der Abgang vom Aktivkonto „Bank“ im Haben. Die neuen Schlussbestände der Konten werden in die Bilanz übertragen.

5.3.4 Abgänge auf Aktiv- und Passivkonten buchen

Hier geht es um Geschäftsvorfälle, die die Werte von jeweils einem Aktivkonto und einem Passivkonto verändern. Bei beiden Konten sinken die Bestände. In diesem Fall spricht man von einer **Aktiv-Passivminderung**.

- Abgänge von Aktivkonten werden im Haben gebucht,
- Abgänge von Passivkonten im Soll.

Beispiel

Vom Bankkonto wird die Tilgung eines Darlehens in Höhe von 500 Euro abgebucht. In diesem Fall sinkt das Aktivkonto „Bank" um 500 Euro genauso wie das Passivkonto „Darlehen".

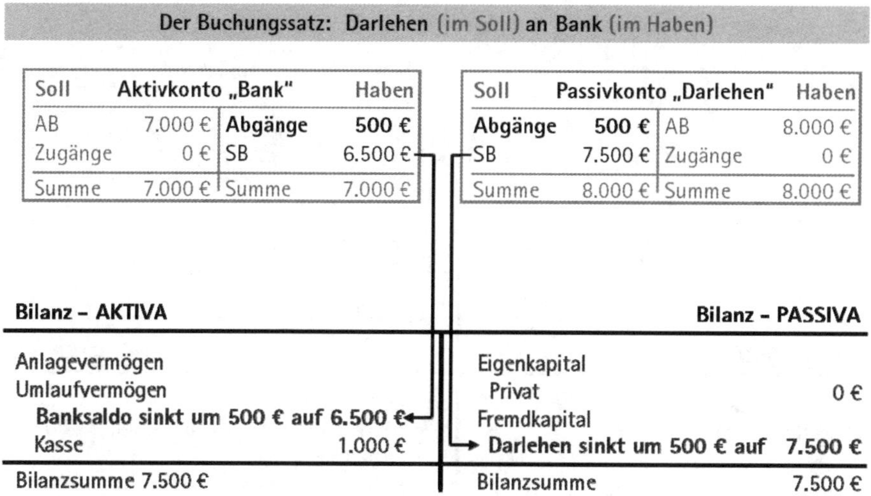

Abb. 29: Aktiv-Passivminderung

Die Buchung heißt „Darlehen an Bank", weil beim Passivkonto „Darlehen" der Abgang im Soll und beim Aktivkonto „Bank" der Abgang im Haben gebucht wird. Die Schlussbestände der Konten werden in die neue Bilanz übertragen.

5.3.5 Zugänge und Abgänge auf Passivkonten buchen

Diese Geschäftsvorfälle verändern die Werte von zwei Passivkonten. Bei einem sinkt der Wert, beim anderen steigt er. Werden zwei Passivkonten angesprochen, liegt ein **Passivtausch** vor.

- Zugänge auf Passivkonten werden im Haben gebucht,
- Abgänge im Soll.

Beispiel

Der Inhaber einer Personenfirma überweist 1.500 Euro von seinem privaten Bankkonto auf das Darlehenskonto der Firma. Das Passivkonto „Privat" steigt also um 1.500 Euro und das Passivkonto „Darlehen" sinkt um 1.500 Euro.

Der Buchungssatz: Darlehen (im Soll) **an Privat** (im Haben)

Soll	Passivkonto „Privat"		Haben
Abgänge	0 €	AB	0 €
SB	1.500 €	**Zugänge**	**1.500 €**
Summe	1.500 €	Summe	1.500 €

Soll	Passivkonto „Darlehen"		Haben
Abgänge	**1.500 €**	AB	7.500 €
SB	6.000 €	Zugänge	0 €
Summe	7.500 €	Summe	7.500 €

Bilanz - AKTIVA		**Bilanz - PASSIVA**	
Anlagevermögen		Eigenkapital	
Umlaufvermögen		**Privatkonto steigt von 0 € auf 1.500 €**	
Bank	6.500 €	Fremdkapital	
Kasse	1.000 €	**Darlehen sinkt um 1.500 € auf 6.000 €**	
Bilanzsumme	7.500 €	Bilanzsumme	7.500 €

Abb. 30: Passivtausch

Beim Passivtausch tauschen Sie Kapital und wandeln Fremdkapital in Eigenkapital um. Die Buchung lautet „Darlehen an Privat", weil beim Passivkonto „Darlehen" der Abgang im Soll und beim Passivkonto „Privat" der Zugang im Haben gebucht wird.

5.4 Aufgaben zu Kapitel 5

Durch jeden Geschäftsvorfall ändern sich die Werte der Bilanz. Es wird aber nicht jeden Tag eine neue Bilanz aufgestellt. Die Geschäftsvorfälle werden zunächst auf Konten gebucht. Aktivkonten und Passivkonten sind Bestandskonten für die bestimmte Buchführungsregeln gelten. Hier können Sie Ihr Wissen testen.

➔ Aufgabe 1

Gehören die folgenden Bilanzpositionen bzw. Konten zum Vermögen (Aktiva) oder zum Kapital (Passiva)? Entscheiden Sie und tragen Sie die richtigen Kürzel in die entsprechende Spalte ein.

- Aktiva – Anlagevermögen (AV) oder Umlaufvermögen (UV)
- Passiva – Eigenkapital (EK) oder Fremdkapital (FK)

Posten	**Aktiva** AV oder UV	**Passiva** EK oder FK
1. Kredit, den das Unternehmen bei seiner Bank aufgenommen hat		
2. Maschine für die Produktion		
3. Waren, die das Unternehmen später verkauft		
4. Gezeichnetes Kapital bei einer Kapitalgesellschaft		
5. Verbindlichkeiten aus Steuern		
6. Guthaben, das das Unternehmen auf dem Girokonto hat		
7. Forderungen in Form einer Kundenrechnung, die der Kunde noch nicht bezahlt hat		
8. Verbindlichkeiten in Form einer Eingangsrechnung, die das Unternehmen noch bezahlen muss		
9. Bargeld, das das Unternehmen in der Kasse hat		
10. Privatentnahme bei einer Personenfirma		

➔ Aufgabe 2

Kreuzen Sie bitte die zutreffenden Aussagen bezüglich der Buchführungsregeln für Bestandskonten an.

	Was trifft zu?
1. Der Anfangsbestand und die Zugänge werden bei Aktivkonten im Haben erfasst, die Abgänge und der Schlussbestand ebenfalls.	
2. Der Anfangsbestand und die Zugänge werden bei Aktivkonten im Soll erfasst, die Abgänge und der Schlussbestand im Haben.	
3. Der Anfangsbestand und die Zugänge werden bei Passivkonten im Haben erfasst, die Abgänge und der Schlussbestand im Soll.	
4. Der Anfangsbestand und die Abgänge werden bei Passivkonten im Haben erfasst, die Zugänge und der Schlussbestand im Soll.	

➔ Aufgabe 3

Ordnen Sie bitte die folgenden Geschäftsvorfälle zu. Um welchen Fall handelt es sich?

- Aktivtausch
- Passivtausch
- Aktiv-Passivmehrung
- Aktiv-Passivminderung

	Was liegt vor?
1. In der Bilanz steht ein kurzfristiges Darlehen, ein Kredit, den das Unternehmen für kurze Zeit bei der Bank aufgenommen hat. Dieser Kredit wird nun in ein langfristiges Darlehen umgewandelt und umgebucht.	
2. Ein Unternehmen begleicht eine Verbindlichkeit. Das heißt: Es zahlt eine offene Eingangsrechnung über das Girokonto.	
3. Eine offene Forderung wird beglichen. Endlich zahlt der Kunde und das Geld geht auf dem Girokonto des Unternehmens ein.	
4. Das Unternehmen kauft Waren ein, die auf Lager gelegt werden, und erhält dafür zunächst eine Rechnung. Die Rechnung zahlt es erst später.	

➔ Aufgabe 4

Wie lautet der Buchungssatz, der auf diesen beiden Konten gebucht wurde? Es wurde eine offene Forderung beglichen, das Geld geht auf dem Bankkonto ein.

Soll	Forderungen		Haben	Soll	Bank		Haben
AB	30.000	Abgang	**20.000**	AB	0	Abgang	0
Zugang	0	SB	10.000	Zugang	**20.000**	SB	20.000

Buchungssatz

Soll	an	Haben
Konto ...	an	Konto ...

➔ Aufgabe 5

Hier sehen Sie zunächst eine Bilanz, die am 01.07. aufgestellt wurde:

Aktiva	Bilanz		Passiva
Anlagevermögen		Eigenkapital	
		- Saldo	12.000
Umlaufvermögen		Fremdkapital	
- Girokonto	20.000	- Verbindlichkeiten	8.000
Summe	20.000	Summe	20.000

Schon am nächsten Tag überweist das Unternehmen über das Girokonto eine offene Eingangsrechnung über 5.000 Euro. Dadurch verändern sich die Werte auf dem Aktivkonto „Bank" und die Werte auf dem Passivkonto „Verbindlichkeiten". Erfassen Sie diesen Geschäftsvorfall bitte auf den Konten. Die Anfangsbestände sind bereits erfasst, Sie müssen die Zugänge und Abgänge eintragen und anschließend die Konten abschließen.

Soll	Bank		Haben	Soll	Verbindlichkeiten		Haben
AB	20.000	Abgang		Abgang		AB	8.000
Zugang		SB		SB		Zugang	

➔ Aufgabe 6

Diese Bilanz ist bereits überholt, denn es gab neue Geschäftsvorfälle:

Aktiva	Bilanz		Passiva
Anlagevermögen		Eigenkapital	
		- Saldo	35.000
Umlaufvermögen		Fremdkapital	
- Forderungen	30.000	- Verbindlichkeiten	5.000
- Girokonto	10.000		
Summe	40.000	Summe	40.000

Kurz nach der Bilanzaufstellung hat ein Kunde eine offene Rechnung über 8.000 Euro bezahlt. Außerdem hat das Unternehmen selbst eine offene Eingangsrechnung in Höhe von 2.000 Euro beglichen. Diese Geschäftsvorfälle sind bereits in die Konten eingetragen. Ermitteln Sie bitte die neuen Schlussbestände und übertragen Sie sie in die neue Bilanz.

Soll	Forderungen		Haben
AB	30.000	Abgang	**8.000**
Zugang	0	SB	

Soll	Bank		Haben
AB	10.000	Abgang	**2.000**
Zugang	**8.000**	SB	

Soll	Verbindlichkeiten		Haben
Abgang	**2.000**	AB	5.000
SB		Zugang	0

Aktiva	Bilanz		Passiva
Anlagevermögen		Eigenkapital	
		- Saldo	
Umlaufvermögen		Fremdkapital	
- Forderungen		- Verbindlichkeiten	
- Girokonto			
Summe		Summe	

Arbeitshilfen online

Arbeitsblätter mit den Aufgaben dieses Buches und die Lösungen zu sämtlichen Aufgaben finden Sie in den Arbeitshilfen online.

6 Das Eigenkapital und die Gewinn- und Verlustrechnung

Die Gewinn- und Verlustrechnung zeigt den Gewinn bzw. den Verlust eines Unternehmens für einen bestimmten **Zeitraum** (z. B. des aktuellen Jahres). Hier stehen die Aufwendungen auf der linken und die Erträge auf der rechten Seite.

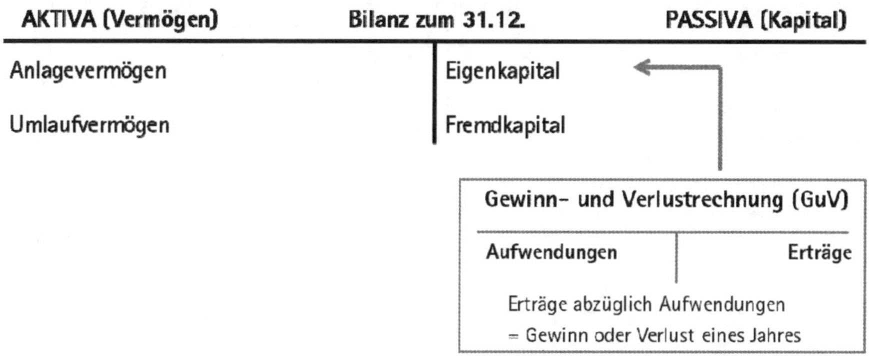

Abb. 31: Bilanz mit Gewinn- und Verlustrechnung (GuV)

In der Praxis spricht man vom Bilanzieren. Die Gewinn- und Verlustrechnung wird dabei nicht erwähnt. Woran liegt das? Eine Bilanz ist ein geschlossenes System, und alles, was rein- und rausgeht, wird erfasst. Sie sehen dort das Vermögen und die Schulden des Unternehmens.

- Das Reinvermögen, d. h. das Vermögen abzüglich der Schulden, wird hier Eigenkapital genannt.
- Erwirtschaftet das Unternehmen Gewinne, steigt das Eigenkapital, bei Verlusten sinkt es.
- Das Ergebnis der Gewinn- und Verlustrechnung fließt in das Eigenkapital der Bilanz ein.

Mit anderen Worten: Die Gewinn- und Verlustrechnung ist ein Bestandteil der Bilanz. Gleichzeitig zeigt sie, wie sich das Ergebnis zusammensetzt.

Stellen Sie sich den Getränkeverkauf bei einem Sportfest vor. Die Getränke werden geliefert und müssen erst nach dem Fest bezahlt werden. Die Kasse startet bei 0 Euro; es ist also kein Eigenkapital vorhanden. Nach dem erfolgreichen Verkauf sind 900 Euro in der Kasse. Der Getränkehändler holt das Leergut ab und kassiert 650 Euro für die Getränke. In der Kasse verbleiben also 250 Euro. Wir hoch ist der Gewinn? Wie hoch ist das Eigenkapital? Wie sehen die Bilanz und die Gewinn- und Verlustrechnung jetzt aus?

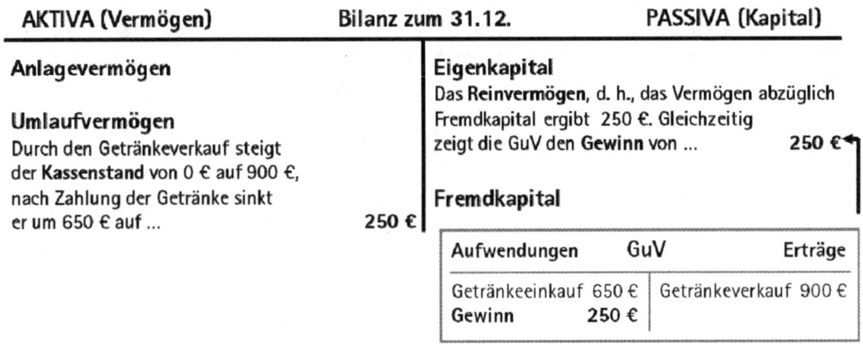

Abb. 32: Ein erfolgreicher Getränkeverkauf

Das Vermögen und damit auch das Eigenkapital ist in der Bilanz von 0 Euro auf 250 Euro gestiegen. Die Gewinn- und Verlustrechnung zeigt, wie sich der Gewinn von 250 Euro zusammensetzt.

Deshalb wird Bilanzieren auch Betriebsvermögensvergleich genannt. Das Reinvermögen bzw. Eigenkapital heißt auch Betriebsvermögen und dieses Betriebsvermögen wird mit dem Vorjahr verglichen. Wie hoch ist es am Jahresende und wie hoch war es zu Beginn des Jahres? Hier in diesem Beispiel ist es um 250 Euro gestiegen; das entspricht genau dem Gewinn.

Das Eigenkapital von Personenfirmen

Bei Personenfirmen kann auch Privates das Eigenkapital verändern – Privatentnahmen mindern das Eigenkapital, Privateinlagen erhöhen es. Würden Sie 100 Euro für private Zwecke aus der Kasse entnehmen, würde das Kassenvermögen, und damit auch das Betriebsvermögen, auf 150 Euro sinken. Was nun? Kann man den Gewinn oder Verlust doch nicht durch den Betriebsvermögensvergleich ermitteln? Oh doch, denn die richtige Formel des Betriebsvermögensvergleichs lautet:

Betriebsvermögen zum 31.12.	150 €
– Betriebsvermögen zum 01.01.	– 0 €
+ Privatentnahmen	+ 100 €
– Privateinlagen	– 0 €
= Gewinn	250 €

Es ist also möglich, ein Ergebnis auch ohne Gewinn- und Verlustrechnung zu ermitteln. Aber das genügt dem Gesetzgeber nicht. Er verlangt zusätzlich zur Bilanz eine Gewinn- und Verlustrechnung. Sie zeigt, durch welche Aufwendungen und Erträge der Gewinn oder Verlust entstanden ist.

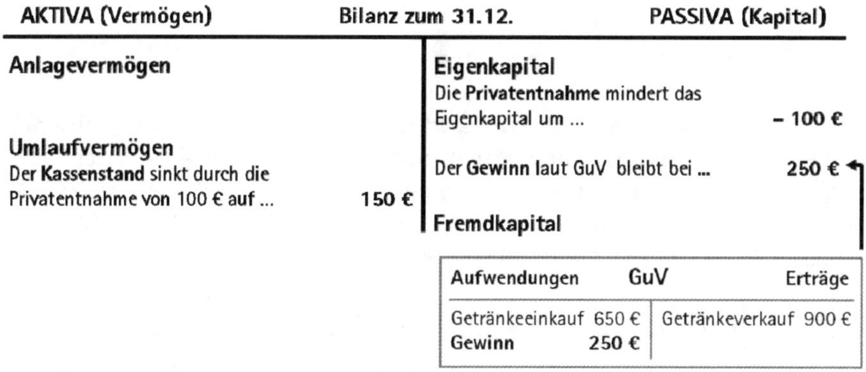

Abb. 33: Privatentnahmen bei Personenfirmen

Hier sehen Sie, dass Privatentnahmen bei Personenfirmen den Kassenbestand mindern, genauso wie das Vermögen. Sie mindern auch das Eigenkapital, aber nicht den Gewinn.

Das Eigenkapital von Kapitalgesellschaften

Bei Kapitalgesellschaften gibt es keine Privatentnahmen. Hier kann sich der Gesellschafter das Geld leihen, muss es aber später wieder zurückzahlen. Schließlich bekommt er von seinem Unternehmen ein Gehalt und Gewinnausschüttungen. In seinem Fall würde die Entnahme von 100 Euro aus der Kasse für private Zwecke im Bereich „Umlaufvermögen" in der Bilanz stehen. Das Eigenkapital bleibt also unverändert.

AKTIVA (Vermögen)	Bilanz zum 31.12.		PASSIVA (Kapital)
Anlagevermögen		**Eigenkapital** Die **Privatentnahme** mindert das Eigenkapital nicht	
Umlaufvermögen Der **Kassenstand** sinkt durch die Privatentnahme von 100 € auf ...	150 €	Der **Gewinn** laut GuV bleibt bei ...	250 €
Die **Forderungen an Gesellschafter** steigen um 100 € auf ...	100 €	**Fremdkapital**	

Aufwendungen	GuV	Erträge
Getränkeeinkauf 650 €		Getränkeverkauf 900 €
Gewinn 250 €		

Abb. 34: Privatentnahmen bei Kapitalgesellschaften

Die Privatentnahme verändert das Eigenkapital nicht, nur eine Gewinnausschüttung mindert das Eigenkapital. Sie ist allerdings erst nach Abzug der Ertragsteuern möglich. In diesem Fall muss das Unternehmen erst seine Ertragsteuern von 75 Euro bezahlen, und nur der verbleibende Gewinn von 175 Euro (250 Euro abzüglich 75 Euro) kann ausgeschüttet werden.

6.1 Aufbau der Gewinn- und Verlustrechnung

Der Gesetzgeber gibt für Kapitalgesellschaften auch den Aufbau der Gewinn- und Verlustrechnung vor. Im Handelsrecht (§ 275 HGB) ist die Reihenfolge der Positionen in der Gewinn- und Verlustrechnung genau vorgeschrieben. Sie wird in der Regel von allen Bilanzierenden eingehalten. Hier sehen Sie zunächst einen Auszug aus § 275 HGB: die Gewinn- und Verlustrechnung in Listenform.

Arbeitshilfen online
In den Arbeitshilfen online finden Sie die gesamte Übersicht.

Aufbau der Gewinn- und Verlustrechnung
1. Umsatzerlöse
2. Erhöhung oder Verminderung des Bestands an fertigen und unfertigen Erzeugnissen
3. andere aktivierte Eigenleistungen
4. sonstige betriebliche Erträge
5. Materialaufwand
6. Personalaufwand
7. Abschreibungen
8. sonstige betriebliche Aufwendungen
9. Erträge aus Beteiligungen
10. Erträge aus anderen Wertpapieren und Ausleihungen des Finanzanlagevermögens
11. sonstige Zinsen und ähnliche Erträge
12. Abschreibungen auf Finanzanlagen und auf Wertpapiere des Umlaufvermögens
13. Zinsen und ähnliche Aufwendungen
14. Ergebnis der gewöhnlichen Geschäftstätigkeit
15. außerordentliche Erträge
16. außerordentliche Aufwendungen
17. außerordentliches Ergebnis
18. Steuern vom Einkommen und vom Ertrag
19. Sonstige Steuern
20. Jahresüberschuss/Jahresfehlbetrag

6.2 Erfolgskonten und ihre Regeln

Zu den Erfolgskonten könnte man auch GuV-Konten sagen oder Unterkonten des Kontos „Eigenkapital". Sobald Sie Erträge erwirtschaften oder Aufwendungen haben, brauchen Sie Erfolgskonten für die Erfassung von Veränderungen. Wie gesagt: Jeder Geschäftsvorfall verändert die Werte in der Bilanz und vielleicht sogar die Gewinn- und Verlustrechnung. Hier sehen Sie eine Bilanz sowie eine Gewinn- und Verlustrechnung, die z. B. am 01.02. aufgestellt wurde:

Aktiva	**Bilanz vorher**		**Passiva**
Forderungen	10.000	Eigenkapital	12.000
Bank	2.000		
Summe	12.000	Summe	12.000

Soll	GuV vorher		Haben
Aufwendungen	0	Erträge	12.000
Gewinn	12.000		
Summe	12.000	Summe	12.000

Angenommen, das Unternehmen hat direkt am nächsten Tag einen Ertrag in Höhe von 2.000 Euro erzielt. Die Kundenrechnung ging an den Kunden raus und ist noch offen. Wie müssten die Bilanz und die Gewinn- und Verlustrechnung dann aussehen?
Ohne Berücksichtigung der Umsatzsteuer würde der Stand der Forderungen bei 12.000 Euro stehen und der des Eigenkapitals bei 14.000 Euro.

Aktiva	Bilanz nachher		Passiva
Forderungen	12.000	Eigenkapital/GuV	14.000
Bank	2.000		
Summe	14.000	Summe	14.000

Soll	GuV nachher		Haben
Aufwendungen	0	Erträge	14.000
Gewinn	14.000		
Summe	14.000	Summe	14.000

Wie gesagt: Die Bilanz sowie die Gewinn- und Verlustrechnung werden nicht nach jedem Geschäftsvorfall geändert. Die Veränderungen werden bis zur nächsten Bilanzaufstellung auf Konten erfasst. Kommt es zu Aufwendungen und Erträgen, geschieht das auf Erfolgskonten. Diese Konten heißen auch Aufwands- und Ertragskonten. Bevor Sie nun die Regeln der Erfolgskonten kennenlernen, schauen wir uns diese Konten erst einmal genauer an.

6.2.1 Konten für die Aufwendungen

Alle Ausgaben, die notwendig sind, um die Erträge des aktuellen Jahres zu erzielen, zählen zu den Aufwendungen. Ohne den Wareneinkauf, die Miete für die Geschäftsräume, die Personalkosten, Versicherungen, Zinsen, Beiträge etc. kann ein Unternehmen keine Einnahmen bzw. Erträge erzielen. Diese Ausgaben werden auf verschiedenen Aufwandskonten erfasst.

Aufwendungen mindern den Gewinn, und damit das Eigenkapital. Die Summen der Aufwandskonten werden in die Gewinn- und Verlustrechnung übertragen und das Ergebnis der Gewinn- und Verlustrechnung in den Bereich „Eigenkapital" der Bilanz.

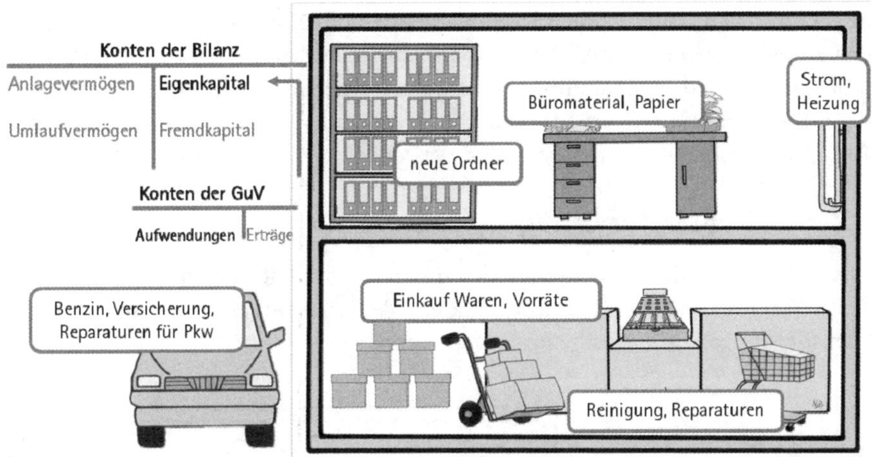

Abb. 35: Was zählt zu den Aufwendungen?

Auf den Aufwandskonten erfassen Sie offene Eingangsrechnungen sowie alle Geldabgänge vom Bankkonto oder aus der Kasse des Unternehmens, für die zuvor keine Rechnung erfasst wurde. Hier ein paar Kontenbeispiele für Aufwendungen:

SKR 03	SKR 04	Kontenbezeichnung
2110	7310	Zinsaufwendungen für kurzfristige Verbindlichkeiten
3000	5000	Material- und Warenverbrauch
3400	5400	Wareneinkauf USt. 19 %
41ff.	60ff.	Lohnkosten
42ff.	6305-51	Raumkosten
43ff..	64ff.	Versicherungen, Gebühren
45ff.	65ff.	Kfz-Kosten
46ff.	66ff.	Werbe- und Reisekosten
4831	6221	Abschreibung Gebäude
4832	6222	Abschreibung Kfz

SKR 03	SKR 04	Kontenbezeichnung
4900	6300	Sonstige Aufwendungen
4930	6815	Bürobedarf
4970	6855	Kosten des Geldverkehrs

Bei den meisten Unternehmen wird der Wareneinkauf im laufenden Jahr direkt in den Aufwand gebucht, am Ende des Jahres ist eine Inventur durchzuführen und mögliche Bestandsveränderungen sind umzubuchen. Das Ziel ist es, nur die Waren im Aufwand zu erfassen, die tatsächlich verkauft wurden. Mehr dazu in Kapitel 10.1 „Wareneinkauf – Vermögen oder Aufwand?".

6.2.2 Konten für Erträge

Alle Einnahmen, die ein Unternehmen erwirtschaftet hat, zählen zu den Erträgen: der Warenverkauf, Beratungshonorare, Versicherungsprovisionen, erbrachte Dienstleistungen, Mieterträge und vieles mehr.

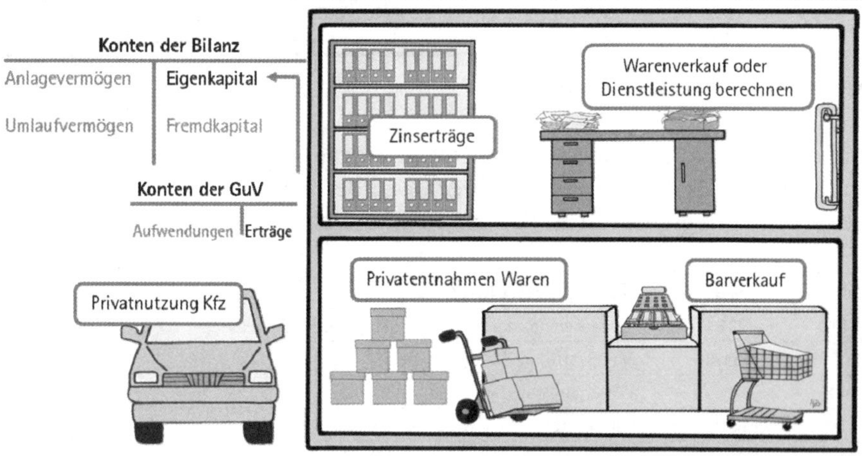

Abb. 36: Was zählt zu den Erträgen?

Die Erträge bzw. Betriebseinnahmen erhöhen den Gewinn, und damit das Eigenkapital.

Auf den Ertragskonten erfassen Sie offene Kundenrechnungen sowie alle Geldeingänge auf dem Bankkonto und in der Kasse des Unternehmens, für die zuvor keine Rechnung erfasst wurde. Hier einige Kontenbeispiele für Erträge:

SKR 03	SKR 04	Kontenbezeichnung
8100	4100	Umsatzerlöse umsatzsteuerfrei
8195	4185	Erlöse als Kleinunternehmer
8300	4300	Erlöse 7 % Umsatzsteuer
8400	4400	Erlöse 19 % Umsatzsteuer
8519	4569	Provisionserlöse 19 % Umsatzsteuer

Hilfe bei der Kontenauswahl

In der Praxis ist die Auswahl an Konten sehr viel größer. Lassen Sie sich davon nicht verunsichern und denken Sie daran, dass Sie in der Praxis von den 1.000 angebotenen Konten nur 30 bis 50 brauchen. Vielleicht möchten Sie eine Möglichkeit nutzen, die Kontenauswahl von Anfang an zu verringern.

- Hat der Steuerberater bisher die Buchführung des Unternehmens erledigt, sollten Sie sich von ihm die letzte Summen- und Saldenliste oder den Jahresabschluss mit Kontennachweis geben lassen. Darin sehen Sie alle Konten, die er für die Belege des Unternehmens verwendet hat.
- Wird die Buchführung neu eingerichtet, sollten Sie sich den Kontenplan ausdrucken und nur die Konten markieren, die Sie wahrscheinlich verwenden werden. Vielleicht kann Ihnen der Steuerberater dabei helfen.

Wenn Sie sich erst einmal an die wichtigsten Konten gewöhnt und das System verstanden haben, werden Sie sich sicher bald mit den umfangreichen Kontenplänen anfreunden.

6.3 Buchung mit Erfolgskonten

Aufwendungen und Erträge werden auf verschiedene Aufwands- und Ertragskonten gebucht. Sind alle Geschäftsvorfälle erfasst und möchten Sie den Gewinn oder Verlust des Unternehmens sehen, müssen Sie zunächst die Erfolgskonten abschließen und die Summen der Konten in die Gewinn- und Verlustrechnung übertragen.

- Die Summen aller Aufwandskonten werden auf die linke Seite der Gewinn- und Verlustrechnung übertragen,
- die Summen aller Ertragskonten auf die rechte Seite.

Das Ergebnis der Gewinn- und Verlustrechnung fließt in das Konto „Eigenkapital". Wie das geschieht, zeigen die beiden folgenden Abschnitte.

Die Buchführungsregeln für Ertragskonten
Erträge werden im Haben gebucht. Warum? Sie erhöhen das Eigenkapital und Zugänge auf dem Passivkonto „Eigenkapital" werden ebenfalls im Haben gebucht.

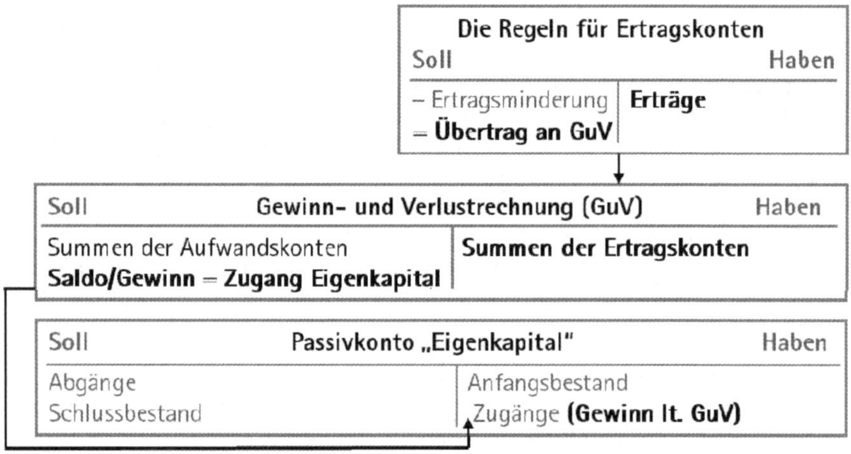

Abb. 37: Erträge buchen

So funktioniert das System: Sie buchen den Ertrag zunächst auf ein Ertragskonto. Anschließend ermitteln Sie den Schlussbestand des Ertragskontos – alle Erträge abzüglich möglicher Ertragsminderungen (Retouren). Diese Summe tragen Sie in die Gewinn- und Verlustrechnung auf der rechten Seite ein. Dadurch ergibt sich ein Gewinn, und dieser Gewinn erhöht das Eigenkapital, deshalb wird er im Konto „Eigenkapital" links unter Zugänge eingetragen.

Buchführungsregeln für Aufwandskonten

Aufwendungen werden im Soll gebucht. Sie mindern den Gewinn oder verursachen ggf. sogar einen Verlust. Verluste mindern das Eigenkapital, und Abgänge auf dem Passivkonto „Eigenkapital" werden ebenfalls im Soll gebucht.

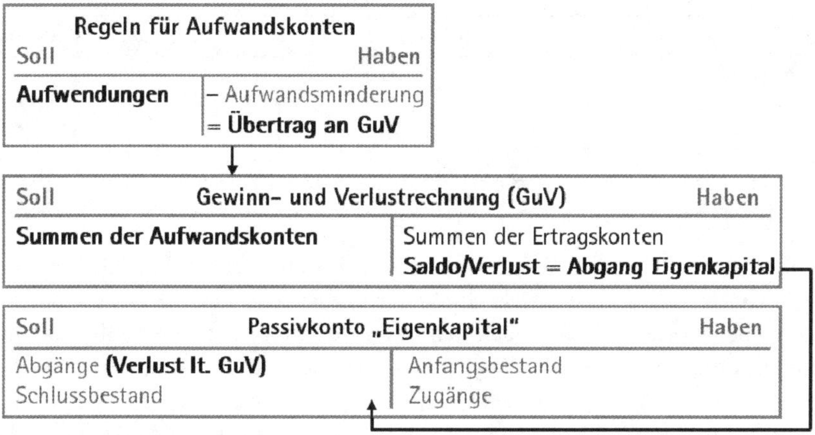

Abb. 38: Aufwendungen buchen

So gehen Sie vor: Sie buchen den Aufwand zunächst auf ein Aufwandskonto. Anschließend ermitteln Sie den Schlussbestand des Aufwandskontos – alle Aufwendungen abzüglich möglicher Aufwandsminderungen (Retouren). Diese Summe tragen Sie in die Gewinn- und Verlustrechnung auf der linken Seite ein. Dadurch ergibt sich ein Verlust, und dieser Verlust mindert das Eigenkapital, er wird also im Konto „Eigenkapital" rechts unter Abgänge eingetragen.

6.3.1 Das System mit den Konten

Die Gewinn- und Verlustrechnung beginnt in jedem Jahr neu. Bei den Erfolgskonten gibt es also keine Anfangsbestände. Im laufenden Jahr werden die Geschäftsvorfälle zunächst in Buchungssätze übersetzt und auf verschiedene Konten gebucht. Liegen Erträge und Aufwendungen vor, geschieht das eben auch auf Erfolgskonten.

Beispiel

Hier sehen Sie eine Bilanz zum 01.05. Das Unternehmen wurde gerade erst gegründet, es liegt also noch keine Gewinn- und Verlustrechnung vor. Der Inhaber hat zunächst 2.000 Euro aus eigenen Mitteln in die Kasse des Unternehmens eingelegt.

Aktiva	**Bilanz**		**Passiva**
Anlagevermögen		Eigenkapital	
		- Saldo	**2.000**
Umlaufvermögen		Fremdkapital	
- Kasse	2.000		
Summe	2.000	Summe	2.000

Schon beim ersten Geschäftsvorfall handelt es sich um einen Ertrag in Höhe von 500 Euro. Der Kunde zahlt das Geld direkt bar und es wird in die Kasse eingelegt. Dieser Geschäftsvorfall soll nun nach den Regeln der doppelten Buchführung auf den Konten erfasst werden, allerdings noch ohne Berücksichtigung der Umsatzsteuer.

In diesem Fall findet auf dem Aktivkonto „Kasse" ein Zugang statt und das Konto „Umsatzerlöse" steigt. Zugänge von Aktivkonten werden im Soll gebucht, Erträge im Haben. Hier sehen Sie die Einträge auf den Konten:

Soll	**Kasse**		**Haben**	**Soll**	**Umsatzerlöse**		**Haben**
AB	2.000	Abgang	0	Ertragsmind.	0	Erträge	**500**
Zugang	**500**	SB	2.500	Übertrag GuV	500		

Möchten Sie jetzt eine Gewinn- und Verlustrechnung erstellen, müssen Sie zunächst die Summe des Ertragskontos „Umsatzerlöse" in die Gewinn- und Verlustrechnung übertragen. Es ergibt sich ein Gewinn.

Soll	**GuV**		**Haben**
Aufwendungen	0	Umsatzerlöse	**500**
Gewinn	**500**		
Summe	500	Summe	500

Dieser Gewinn wird nun als Zugang auf dem Passivkonto „Eigenkapital" erfasst.

Soll	Eigenkapital		Haben
Abgänge	0	AB	2.000
SB	2.500	Zugang GuV	**500**

Die neuen Schlussbestände der Bestandskonten „Kasse“ und „Eigenkapital“ können jetzt in die neue Bilanz übertragen werden. Zusätzlich sehen Sie in der Gewinn- und Verlustrechnung, wie es zu dem Gewinn bzw. zu der Erhöhung des Eigenkapitals gekommen ist.

Aktiva	Bilanz		Passiva
Anlagevermögen		Eigenkapital	
		- Saldo	**2.500**
Umlaufvermögen		Fremdkapital	
- Kasse	**2.500**		
Summe	2.500	Summe	2.500

Buchungssatz

Sie können den Buchungssatz von den Konten ablesen. Der Buchungssatz heißt wie gesagt: Soll(konto) an Haben(konto). Nennen Sie zuerst das Konto, auf dem der Betrag auf der Sollseite steht und nach dem „an“ nennen Sie das Konto, auf dem der Betrag auf der Habenseite steht.

Beispiel

Soll	Kasse		Haben	Soll	Umsatzerlöse		Haben
AB	2.000	Abgang	0	Ertragsmind.	0	Erträge	**500**
Zugang	**500**	SB	2.500	Übertrag GuV	500		

Der Buchungssatz lautet hier: „Kasse 500 Euro an Umsatzerlöse 500 Euro".

Tipp

Im Umkehrschluss heißt das auch: Wenn Ihnen jemand den Buchungssatz sagt, können Sie ihn in die Konten eintragen. Doch schon im nächsten Kapitel lernen Sie das Bilden von Buchungssätzen.

6.3.2 Erträge buchen

Hier geht es um Geschäftsvorfälle, die das Ergebnis eines Unternehmens positiv verändern – der Gewinn steigt bzw. der Verlust wird reduziert.

Beispiel

Auf dem Bankkonto werden 100 Euro Zinsen gutgeschrieben. Es werden also das Aktivkonto „Bank" und das Ertragskonto „Zinserträge" angesprochen.

Durch diesen Geschäftsvorfall wird der Wert des Aktivkontos „Bank“ erhöht, und es liegt ein Ertrag vor.

- Zugänge von Aktivkonten werden im Soll gebucht,
- Erträge im Haben

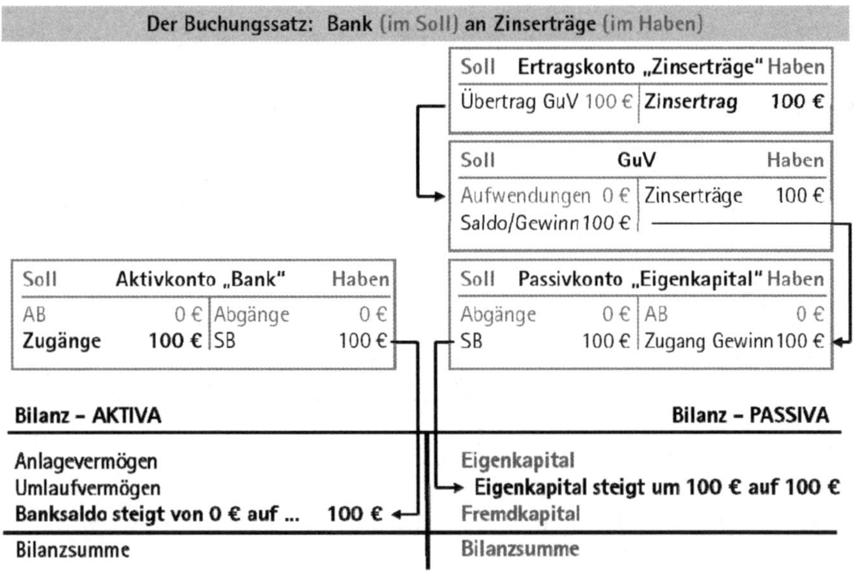

Abb. 39: Erträge buchen und die Auswirkung auf die Gewinn- und Verlustrechnung und die Bilanz

Der Buchungssatz lautet: „Bank an Zinserträge“, weil der Zugang beim Aktivkonto „Bank“ im Soll und beim Ertragskonto „Zinserträge“ im Haben gebucht wird.

Möchten Sie eine neue Bilanz mit Gewinn- und Verlustrechnung aufstellen, werden die Summen der Ertragskonten in die Gewinn- und Verlustrechnung übertragen und das Ergebnis der Gewinn- und Verlustrechnung in das Eigenkapital.

6.3.3 Aufwendungen buchen

Hier geht es um Geschäftsvorfälle, die das Ergebnis des Unternehmens negativ verändern – der Gewinn sinkt bzw. der Verlust steigt.

Beispiel

Kontoführungsgebühren in Höhe von 15 Euro werden vom Bankkonto abgebucht. Hier werden das Aufwandskonto „Gebühren" und das Aktivkonto „Bank" angesprochen.

Durch diesen Geschäftsvorfall sinkt der Wert des Aktivkontos „Bank", und es liegt ein Aufwand vor.

- Aufwendungen werden im Soll gebucht,
- Abgänge von Aktivkonten im Haben.

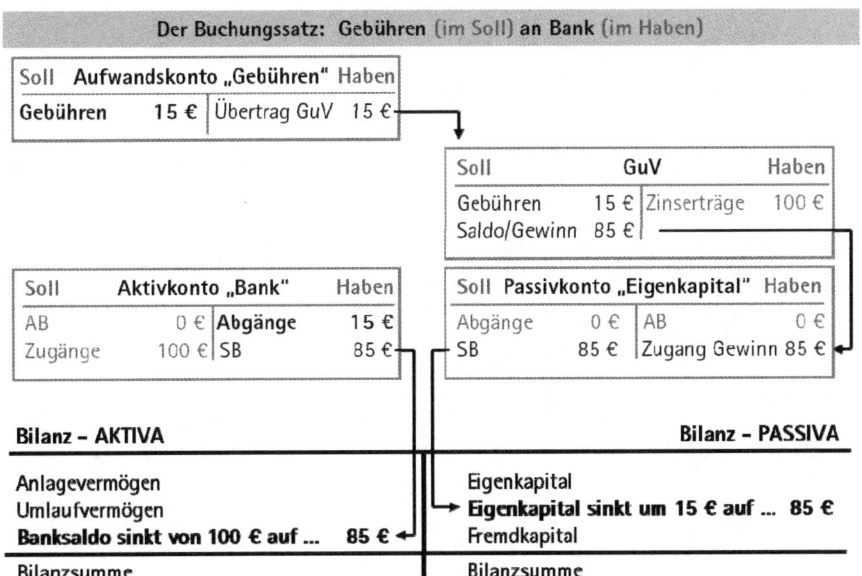

Abb. 40: Aufwendungen buchen und die Auswirkung auf die Gewinn- und Verlustrechnung und die Bilanz

Der Buchungssatz lautet: „Gebühren an Bank", weil beim Aufwandskonto „Gebühren" im Soll gebucht wird und beim Aktivkonto „Bank" der Abgang im Haben. Die Summen der Aufwandskonten werden später in die Gewinn- und Verlustrechnung übertragen.

6.4 Aufgaben zu Kapitel 6

Erst wenn die Summen aller Ertrags- und Aufwandskonten in die Gewinn- und Verlustrechnung übertragen wurden, kann der Gewinn oder Verlust ermittelt werden. Das Ergebnis der Gewinn- und Verlustrechnung wird dann auf das Konto „Eigenkapital“ übertragen. Ein Gewinn erhöht das Eigenkapital und wird deshalb als Zugang im Haben gebucht. Ein Verlust mindert das Eigenkapital und wird im Soll gebucht. Hier können Sie Ihr Wissen testen.

➔ Aufgabe 1

Kreuzen Sie bitte die richtigen Aussagen an.

Aussage	Richtig?
1. Jeder Geschäftsvorfall, der einen Aufwand oder einen Ertrag bewirkt, ändert (indirekt) das Eigenkapitalkonto.	
2. Die Summen der Erfolgskonten fließen direkt in das Eigenkapitalkonto ein.	
3. Die Summen der Erfolgskonten fließen über die Gewinn- und Verlustrechnung in das Eigenkapitalkonto ein.	
4. Aufwendungen werden im Haben gebucht.	
5. Aufwendungen werden im Soll gebucht.	
6. Erträge werden im Haben, Ertragsminderungen im Soll gebucht.	

➔ Aufgabe 2

Wie lautet der Buchungssatz, der auf den beiden folgenden Konten gebucht wurde? In diesem Fall wurde die Miete für die Büroräume vom Geschäftskonto abgebucht.

Soll	Bank		Haben	Soll	Mietaufwand		Haben
AB	2.000	Abgang	**800**	Miete	**800**		
Zugang	0	SB	1.200			Übertrag GuV	800

Buchungssatz

Soll	an	Haben
Konto ...	an	Konto ...

➔ Aufgabe 3

Es wurde ein Ertrag von 750 Euro erzielt, der auf dem Bankkonto eingegangen ist. Der Buchungssatz lautet: „Bank 750 Euro an Umsatzerlöse 750 Euro". Tragen Sie ihn bitte in die Konten ein.

Soll	Bank		Haben	Soll	Mieterträge	Haben
AB	2.000	Abgang				Erträge
Zugang		SB		Übertrag GuV		

➔ Aufgabe 4

Hier sehen Sie eine Bilanz zum 01.05. Das Unternehmen wurde neu gegründet, es liegt also noch keine Gewinn- und Verlustrechnung vor. Der Inhaber hat 5.000 Euro aus eigenen Mitteln auf das Girokonto des Unternehmens überwiesen.

Aktiva	Bilanz		Passiva
Anlagevermögen		Eigenkapital	
		- Saldo	5.000
Umlaufvermögen		Fremdkapital	
- Bank	5.000		
Summe	5.000	Summe	5.000

Der erste Geschäftsvorfall liegt vor. Die Gebühren der IHK in Höhe von 100 Euro wurden vom Geschäftskonto abgebucht. In diesem Fall findet auf dem Aktivkonto „Bank" ein Abgang statt und das Aufwandskonto „Gebühren" steigt. Abgänge von Aktivkonten werden im Haben gebucht, Aufwendungen im Soll. Der Buchungssatz lautet also: „Gebühren an Bank". Tragen Sie diese Buchung bitte in die Konten ein und ermitteln Sie die Schlussbestände.

Soll	Bank		Haben	Soll	Gebühren		Haben
AB	5.000	Abgang		Aufwendungen			
Zugang		SB				Übertrag GuV	

➔ Aufgabe 5

Zwei Geschäftsvorfälle wurden bereits in die Konten eingetragen:

- Fall 1: Die Bank schreibt Ihnen 20 Euro Zinserträge auf dem Girokonto gut.
- Fall 2: Die Garagenmiete von 60 Euro wird vom Girokonto abgebucht.

Soll	Bank		Haben	Soll	Zinserträge		Haben
AB	2.000	Abgang 2	60			Erträge 1	20
Zugang 1	20	SB	1.960	Übertrag GuV	20		

Soll	Garagenmiete		Haben
Aufwendungen 2	60		
		Übertrag GuV	60

Übertragen Sie bitte die Summen der Aufwands- und Ertragskonten in die Gewinn- und Verlustrechnung und ermitteln Sie das Ergebnis.

Soll	GuV Haben
Aufwendungen	Erträge
Gewinn	Verlust
Summe	Summe

Tragen Sie das Ergebnis der Gewinn- und Verlustrechnung auf dem Passivkonto „Eigenkapital" ein.

Soll	Eigenkapital		Haben
Abgang (Verlust)		AB	2.000
SB		Zugang (Gewinn)	

→ Aufgabe 6

Ein Ertrag in Höhe von 1.000 Euro wurde erzielt. Dieser Geschäftsvorfall wurde bereits auf die Konten gebucht und die Gewinn- und Verlustrechnung ist erstellt.

Soll	Bank		Haben
AB	3.000	Abgang	0
Zugang	1.000	SB	4.000

Soll	GuV		Haben
Aufwendungen	0	Erträge	1.000
Gewinn	1.000		
Summe	1.000	Summe	1.000

Tragen Sie dieses Ergebnis in das Konto „Eigenkapital" ein und schließen Sie dieses Konto bitte ab.

Soll	Eigenkapital		Haben
Abgang		AB	3.000
SB		Zugang	

Übertragen Sie anschließend die neuen Schlussbestände der Bestandskonten „Bank" und „Eigenkapital" in die neue Bilanz.

Aktiva	Bilanz nachher		Passiva
Anlagevermögen		Eigenkapital	
		- Saldo	
Umlaufvermögen		Fremdkapital	
- Bank			
Summe		Summe	

Arbeitshilfen online

Arbeitsblätter mit den Aufgaben dieses Buches und die Lösungen zu sämtlichen Aufgaben finden Sie in den Arbeitshilfen online.

7 Die doppelte Buchführung anwenden

In den vorherigen Kapiteln haben Sie den Aufbau der Bilanz und deren Bestandskonten – die Aktiv- und Passivkonten – kennengelernt. Außerdem haben wir Ihnen den Aufbau der Gewinn- und Verlustrechnung und deren Erfolgskonten – die Aufwands- und Ertragskonten – vorgestellt.

Jeder Geschäftsvorfall, d. h. jede Kundenrechnung, jede Eingangsrechnung, jede Zahlung und jeder Geldeingang, verändert die Werte in der Bilanz und vielleicht sogar die Werte in der Gewinn- und Verlustrechnung. Wurde also eine Bilanz mit Gewinn- und Verlustrechnung aufgestellt und findet ein neuer Geschäftsvorfall statt (geht z. B. Geld auf dem Bankkonto ein), ist die bisherige Bilanz überholt.

Es wird aber nicht nach jedem Geschäftsvorfall eine neue Bilanz aufgestellt, sondern nur zu bestimmten Zeitpunkten. Es besteht die Pflicht, die Bilanz zum Ende des Geschäftsjahres aufzustellen, doch viele Unternehmen machen das zusätzlich monatlich oder vierteljährlich. Bis zur nächsten Bilanzaufstellung werden die Geschäftsvorfälle auf Konten gebucht:

- Aktive Bestandskonten – Aktivkonten,
- Passive Bestandskonten – Passivkonten,
- Aufwandskonten,
- Ertragskonten.

Damit Sie die Geschäftsvorfälle auf den Konten erfassen können, müssen Sie sie zunächst in einen Buchungssatz übersetzen. Diese Übersetzung funktioniert nur, wenn Sie die Regeln der vier verschiedenen Kontenarten kennen.

Beispiel

Ein Auftrag ist abgeschlossen und Sie haben eine Rechnung über 5.000 Euro an den Kunden gestellt. Der Kunde zahlt erst später, solange haben Sie eine Forderung an ihn.

Durch diesen Geschäftsvorfall findet auf dem Aktivkonto „Forderungen" ein Zugang statt genauso wie auf dem Ertragskonto „Umsatzerlöse". Der Buchungssatz lautet In diesem Fall: „Forderungen an Umsatzerlöse".

Buchungssätze bilden, darum geht es in diesem Kapital. Geschäftsvorfälle in Buchungssätze zu übersetzen, ist reine Übungssache. Zum Glück wiederholen sich die Geschäftsvorfälle in einem Unternehmen sehr häufig, dabei werden Sie erkennen,

dass es so viele Varianten gar nicht gibt. Mit ein bisschen Übung kann man sich da ganz schnell einarbeiten. In der Praxis brauchen Sie zur Eingabe die Kontonummern, aus Gründen der besseren Übersicht werden in diesem Kapitel nur die Kontenbezeichnungen verwendet.
Nun noch etwas mehr zu den Geschäftsvorfällen, die in Unternehmen vorkommen, und was bei ihnen zu beachten ist. Denn nicht nur die Regeln der doppelten Buchführung sind einzuhalten, sondern gleichzeitig auch die Regeln der Bilanzierung. Sie müssen Sicherheit erlangen, wenn es um die folgenden Fragen geht:

- Ist diese Ausgabe ein Aufwand, also eine Gewinn- bzw. Eigenkapitalminderung? Buchen Sie sie auf ein Aufwandskonto und auf ein Bestandskonto?
- Oder verändert diese Ausgabe nur die Werte von Bestandskonten? Buchen Sie sie also auf zwei Bestandskonten?
- Ist diese Einnahme ein Ertrag, erhöht sie also den Gewinn und damit das Eigenkapital? Buchen Sie sie auf ein Ertragskonto und auf ein Bestandskonto?
- Oder verändert diese Einnahme nur die Werte von Bestandskonten? Buchen Sie sie also auf zwei Bestandskonten?

7.1 Bilanz mit Gewinn- und Verlustrechnung – Das ist zu beachten

In der Gewinn- und Verlustrechnung werden nur Aufwendungen und Erträge erfasst, die wirtschaftlich in das Abschlussjahr gehören. Alles andere verbleibt in der Bilanz. Weder der Zahlungszeitpunkt noch das Rechnungsdatum verändern das Ergebnis, es kommt lediglich auf den Rechnungsinhalt an.

AKTIVA (Vermögen)	Bilanz zum 31.12. PASSIVA (Kapital)
Anlagevermögen	**Eigenkapital**
Umlaufvermögen Geleistete Anzahlungen stehen hier bis zur Warenlieferung.	**Fremdkapital** Erhaltene Anzahlungen stehen hier bis zum Abschluss des Auftrags.
Aktive Rechnungsabgrenzung Gezahlte Zinsen für das Folgejahr, werden hier und nicht in der GuV erfasst.	**Passive Rechnungsabgrenzung** Erhaltene Mieterlöse, die ins Folgejahr gehören, werden hier erfasst.

Gewinn- und Verlustrechnung (GuV)

Aufwendungen	Erträge

Hier stehen nur Erträge und Aufwendungen, die wirtschaftlich in das Abschlussjahr gehören.

Abb. 41: Die Gewinn- und Verlustrechnung

Erhaltene Anzahlungen von Kunden oder geleistete Anzahlungen an Lieferanten für noch nicht erbrachte Leistungen verbleiben solange in der Bilanz, bis der Auftrag abgeschlossen ist bzw. die Lieferung oder Leistung erbracht wurde. Umgekehrt gilt das auch für sonstige Erträge und Aufwendungen, die bereits gezahlt wurden und wirtschaftlich in Folgejahre gehören. Sie werden in der Bilanz über Rechnungsabgrenzungsposten in Folgejahre transferiert.

Beispiel

Die Januarmiete für ein vermietetes Ladengeschäft geht schon im Dezember statt im Januar ein. Dieser Geldeingang wird in der Bilanz unter „Passive Rechnungsabgrenzung" erfasst und nicht in der Gewinn- und Verlustrechnung unter „Mieterträge". Zu früh gezahlte Zinsen werden in der Bilanz über „Aktive Rechnungsabgrenzung" ins Folgejahr übertragen.

7.1.1 Was ist bei den Erträgen zu beachten?

Erträge sind alle Betriebseinnahmen bzw. Erlöse, die ein Unternehmen im Abschlussjahr erwirtschaftet. Ganz gleich, zu welchem Zeitpunkt die Kundenrechnungen geschrieben werden oder zu welchem Zeitpunkt ein Kunde zahlt, sobald ein Auftrag ganz oder teilweise abgeschlossen ist, zählt er zu den Erträgen. Das heißt: Sobald ein Auftrag abgeschlossen ist, müssen Sie den Ertrag in der Bilanz bzw. in der Gewinn- und Verlustrechnung erfassen.

Achtung

Stellt ein Unternehmen seinen Kunden Umsatzsteuer in Rechnung bzw. ist es zum Vorsteuerabzug berechtigt, müssen Sie die Erträge in der Gewinn- und Verlustrechnung mit den Nettowerten ausweisen und die enthaltene Umsatzsteuer, die das Unternehmen später an das Finanzamt abführt, in der Bilanz.

Wie wird der Ertrag in der Bilanz bzw. in der Gewinn- und Verlustrechnung erfasst?

Im Rahmen der doppelten Buchführung müssen Sie nicht nur den Ertrag und die Umsatzsteuer erfassen, sondern auch den Geldeingang, wenn ein Kunde sofort zahlt. Zahlt ein Kunde erst später, buchen Sie den Ertrag zusammen mit einer Erhöhung der Forderungen.

Beispiel

Im Mai wurde ein Auftrag abgeschlossen und berechnet. Die Rechnung an den Kunden über 5.950 Euro inkl. 19 Prozent Umsatzsteuer muss im Mai gebucht werden.

Wurde richtig gebucht, steht der Rechnungsbetrag inkl. Umsatzsteuer in der Bilanz unter Forderungen. Gleichzeitig stehen der Ertrag mit dem Nettobetrag von 5.000 Euro in der Gewinn- und Verlustrechnung und die Umsatzsteuer von 950 Euro unter Verbindlichkeiten in der Bilanz.

AKTIVA (Vermögen)	**Bilanz zum 31.12.**	**PASSIVA (Kapital)**	
Anlagevermögen		**Eigenkapital** Das Eigenkapital erhöht sich durch den **Gewinn** laut GuV.	**5.000 €**
Umlaufvermögen Die offene Kundenrechnung steht unter **Forderungen**	**5.950 €**	**Fremdkapital** Die **Umsatzsteuer** fürs Finanzamt ist eine Verbindlichkeit.	**950 €**

Aufwendungen	**GuV**	**Erträge**	
		Warenverkauf	**5.000 €**
Gewinn	5.000 €		

Abb. 42: Eine gebuchte Kundenrechnung

So wird eine Kundenrechnung in der Bilanz und in der Gewinn- und Verlustrechnung ausgewiesen. Der Gewinn erhöht das Eigenkapital um 5.000 Euro.

Weitere Erträge

Auch die folgenden Erträge zählen zu den Betriebseinnahmen, soweit sie in einem Unternehmen vorkommen:

- Erträge aus dem Verkauf von Anlagevermögen,
- Sachbezüge der Arbeitnehmer (Privatentnahmen von Waren und die Privatnutzung von Kfz),
- Privatnutzung durch Unternehmer von Personenfirmen (Privatentnahmen von Waren sowie die Privatnutzung von Kfz und Telefon).

7.1.2 Was ist bei den Aufwendungen zu beachten?

Aufwendungen sind alle Betriebsausgaben, die wirtschaftlich in das Abschlussjahr gehören, bzw. alle Ausgaben, die notwendig waren, um die Erträge im Abschlussjahr erzielen zu können. Was heißt das?
Wurden im Abschlussjahr z. B. 50 Maschinen verkauft, zählen zum einen die Einkaufs- oder Herstellungskosten der 50 Maschinen zu den Aufwendungen und zum anderen die Kosten, die im Abschlussjahr angefallen sind, um den Betrieb am Laufen zu halten (Personalkosten, Mieten, Kfz-Kosten, Versicherungen etc.).
Die Ausgaben müssen grundsätzlich nach allgemeiner Verkehrsauffassung angemessen sein. Sie müssen also in einem realistischen Verhältnis zu den Einnahmen des Unternehmens stehen.

Die Aufwendungen erfassen, sobald die Lieferung oder Leistung erbracht ist

Sobald die Warenlieferung oder die Leistung erfolgt ist und die Eingangsrechnung vorliegt, müssen Sie den Aufwand in der Bilanz bzw. in der Gewinn- und Verlustrechnung erfassen.

Achtung

Ist ein Unternehmen zum Vorsteuerabzug berechtigt, weisen Sie die Aufwendungen in der Gewinn- und Verlustrechnung mit den Nettowerten aus. Die enthaltene Vorsteuer, die das Unternehmen später vom Finanzamt zurückerhält, erfassen Sie in der Bilanz.

Wie wird der Aufwand in der Bilanz bzw. in der Gewinn- und Verlustrechnung erfasst?

Bilanziert ein Unternehmen, müssen Sie nicht nur Aufwendungen und Vorsteuern erfassen, sondern auch Zahlungen, wenn das Unternehmen sofort zahlen. Zahlt das Unternehmen die Rechnung erst später, buchen Sie den Aufwand zusammen mit einer Erhöhung der Verbindlichkeiten.

Beispiel

Ihnen liegt eine Eingangsrechnung über einen Wareneinkauf in Höhe von 3.570 Euro inkl. 19 Prozent Umsatzsteuer vor, die gebucht werden muss.

Nach dem Buchen steht der Rechnungsbetrag inkl. Umsatzsteuer unter Verbindlichkeiten in der Bilanz. Der Wareneinkauf steht mit dem Nettobetrag von 3.000 Euro unter den Aufwendungen in der Gewinn- und Verlustrechnung und die Vorsteuer von 570 Euro unter den Forderungen gegenüber dem Finanzamt in der Bilanz.

AKTIVA (Vermögen)	Bilanz zum 31.12.	PASSIVA (Kapital)	
Anlagevermögen		**Eigenkapital**	
		Das Eigenkapital sinkt um 3.000 Euro, wie der **Gewinn**, von 5.000 Euro auf ...	**2.000 €**
Umlaufvermögen		**Fremdkapital**	
Die offene Kundenrechnung steht unter **Forderungen**	5.950 €	Die **Umsatzsteuer** fürs Finanzamt ist eine Verbindlichkeit.	950 €
Die **Vorsteuer** ist eine Forderung gegenüber dem Finanzamt.	**570 €**	Die offene Eingangsrechnung steht unter **Verbindlichkeiten.**	**3.570 €**

Aufwendungen	GuV	Erträge	
Wareneinkauf	**3.000 €**	Warenverkauf	5.000 €
Gewinn	2.000 €		

Abb. 43: Eine gebuchte Eingangsrechnung

Kommt zur Kundenrechnung eine Eingangsrechnung hinzu, verändern sich die Werte in der Bilanz und in der Gewinn- und Verlustrechnung. Das Eigenkapital sinkt auf 2.000 Euro.

Behandlung von Anlagevermögen und Warenvorräten

Das Anlagevermögen – d. h. Teile der Betriebsausstattung und sonstige Vermögensgegenstände und Werte – zählt zum Vermögen. Dieses Vermögen steht in der Bilanz und nur die jährlich anteilige Abschreibung ist als Betriebsausgabe abzugsfähig, vorausgesetzt, das Anlagegut ist abnutzbar. Die Abschreibung beginnt, sobald die Rechnung vorliegt und das Anlagegut dem Unternehmen zur Verfügung steht und einsatzbereit ist. In diesem Fall müssen Sie ein Anlageverzeichnis führen, um zu zeigen, wie sich die Abschreibung zusammensetzt.
Der Bestand von Waren und Vorräten zählt ebenfalls zum Vermögen eines Unternehmens. Am Jahresende müssen Sie eine Inventur durchführen und den tatsächlichen Lagerbestand an Waren und Vorräten zu Einkaufspreisen in der Bilanz ausweisen. Ist der Wert laut Inventur höher als der Buchwert, wird der Buchwert erhöht, wodurch der Gewinn steigt. Umgekehrt sinkt der Gewinn, wenn der Buchwert gemindert wird. Diese Bestandsveränderungen sind ein wichtiges Thema bei der Erstellung des Jahresabschlusses.

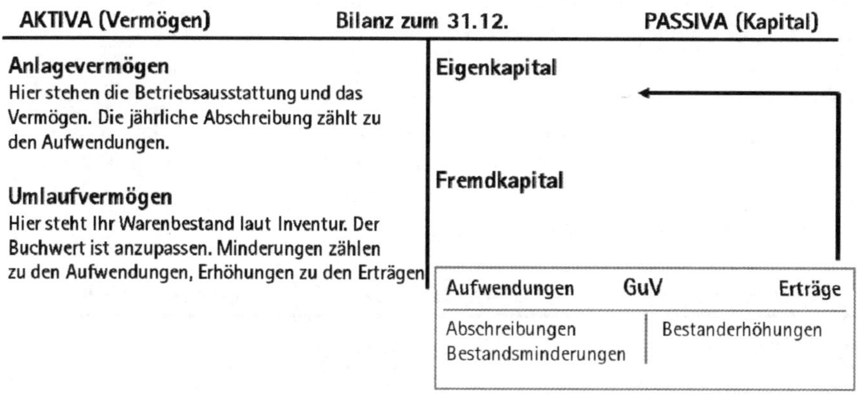

Abb. 44: Darstellung von Anlagevermögen und Warenvorräten in der Bilanz

Abschreibungen und Bestandsminderungen zählen zu den Aufwendungen, Bestandsmehrungen zu den Erträgen.

Weitere Aufwendungen, für die noch keine Rechnungen vorliegen

Bilanzierende müssen am Jahresende alle Aufwendungen erfassen, die wirtschaftlich in das Abschlussjahr gehören. Das gilt auch dann, wenn ihnen noch keine

Rechnung vorliegt. In diesem Fall wird der Betrag vorsichtig berechnet und geschätzt; es werden Rückstellungen gebildet.

Achtung

Achten Sie bei Eingangsrechnungen immer auf den Rechnungsinhalt. Wird hier ein Aufwand berechnet, der das Vorjahr betrifft, müssen Sie sehr wahrscheinlich Rückstellungen auflösen, die dafür im Vorjahr gebildet wurden.

7.1.3 Was ist bei Geldeingängen und Zahlungen zu beachten?

Bilanziert ein Unternehmen, müssen Sie alle Kundenrechnungen und alle Eingangsrechnungen sofort buchen. Das bedeutet: Die meisten Erträge und Aufwendungen sind in der Gewinn- und Verlustrechnung schon erfasst. Parallel dazu stehen aber die offenen Forderungen oder Verbindlichkeiten in der Bilanz. Erfassen Sie nun die Geldeingänge und Zahlungen der Kontoauszüge, müssen Sie sich immer wieder fragen, ob es sich tatsächlich um die Begleichung einer offenen Forderung oder Verbindlichkeit handelt oder um eine Einnahme oder einen Aufwand, der noch nicht gebucht wurde.

Beispiel

Auf dem Bankkonto eines Unternehmens geht Geld ein. Ein Kunde zahlt eine offene Rechnung, die Sie bereits gebucht haben. Die offene Forderung in Höhe von 5.950 Euro steht in der Bilanz. Der Geldeingang gleicht die Forderung aus, und das Bankkonto steigt auf 5.950 Euro.

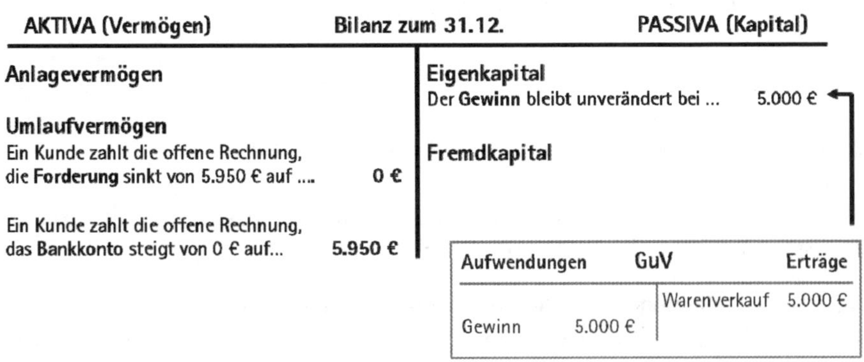

Abb. 45: Geldeingang richtig gebucht

Was passiert, wenn Sie den Geldeingang versehentlich auf ein Ertragskonto buchen? Wenn Sie vergessen haben, dass Sie diese Rechnung bereits erfasst haben? Dann wird nicht nur der Ertrag doppelt erfasst, auch die offene Forderung bleibt in der Bilanz stehen.

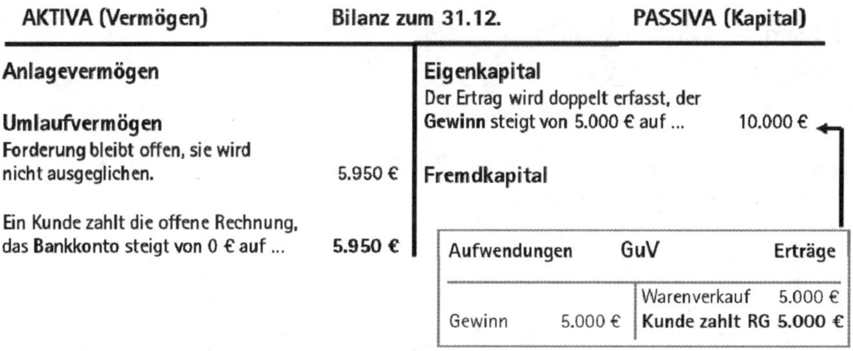

Abb. 46: Geldeingang falsch gebucht

Geldeingänge sind nur dann auf dem Ertragskonto zu erfassen, wenn die Rechnung zuvor nicht gebucht wurde. Das gilt auch für Zahlungen. Sie werden immer dann auf Aufwandskonten gebucht, wenn sie bisher noch nicht erfasst wurden.

7.2 Buchungssatz: Soll an Haben

Möchten Sie einen Geschäftsvorfall nach den Regeln der doppelten Buchführung erfassen, müssen sie ihn auf mindestens einem Konto im **Soll** und auf einem anderen Konto im **Haben** buchen. Hier die Regeln noch mal zusammengefasst:

Ein Konto wird im Soll gebucht (auf der linken Seite eines Kontos)	
Anfangsbestand eines Aktivkontos Zugang auf einem Aktivkonto Abgang auf einen Passivkonto Schlussbestand von einem Passivkonto Aufwendungen liegen vor bzw. steigen Ertragsminderungen liegen vor	

	Ein Konto wird im Haben gebucht (auf der rechten Seite eines Kontos)
	Abgang eines Aktivkontos Schlussbestand von einem Aktivkonto Anfangsbestand von einem Passivkonto Zugänge auf einem Passivkonto Erträge liegen vor bzw. steigen Aufwandsminderungen liegen vor

Mit anderen Worten: Auf jeden Geschäftsvorfall trifft eine Aussage zu, die in der Tabelle auf der linken Seite steht, und eine Aussage, die auf der rechten Seite steht.

Beispiel

Die Telefongebühren für den Geschäftsanschluss in Höhe von 80 Euro werden vom Bankkonto abgebucht. Dabei werden die folgenden Konten angesprochen:

- Das Aufwandskonto **„Telefonkosten"**, es liegt ein Aufwand vor und dieser Aufwand wird im **Soll** gebucht.
- Das Aktivkonto **„Bank"**, hier findet ein Abgang statt und dieser Abgang wird im **Haben** gebucht.

Der Buchungssatz lautet „Soll an Haben“. Es wird zuerst das Konto genannt, das im Soll gebucht wird, und nach dem „an“ das Konto, das im Haben gebucht wird. Im Buchungssatz sind außerdem die Beträge zu nennen, die jeweils auf die Konten zu buchen sind.
Der Buchungssatz lautet also: „Telefonkosten 80 Euro an Bank 80 Euro“.

7.2.1 Von Geschäftsvorfällen zu Buchungssätzen

Das Bilden von Buchungssätze erfolgt in mehreren Schritten:

- Sie müssen herausfinden, welche Konten durch den Geschäftsvorfall angesprochen werden (Aktivkonten, Passivkonten etc.).
- Sie müssen überprüfen, was auf den betroffenen Konten passiert (Findet ein Zugang statt? Liegt ein Aufwand vor? Etc.).
- Dann wenden Sie die Kontenregeln an (ein Zugang auf einem Aktivkonto wird im Soll gebucht, ein Abgang im Haben etc.).
- Wissen Sie, welches Konto im Soll und welches im Haben gebucht wird, setzen Sie die Konten in die Buchungssatzformel ein: „Soll an Haben“.

Welche Konten werden angesprochen?

Um die richtigen Konten zu finden, müssen Sie den Geschäftsvorfall richtig einordnen. Dazu müssen Sie wissen, ob es sich bei einer Einnahme um einen Ertrag handelt oder ob die Einnahme lediglich die Werte der Bestandskonten verändert. Im umgekehrten Fall einer Ausgabe müssen Sie wissen, ob es sich um einen Aufwand handelt oder nicht. Es ist immer einfacher, die Buchführung in einem Unternehmen zu lernen, dann kennen Sie die Gegebenheiten und können den Geschäftsvorfall besser nachvollziehen.

Beispiel

Kauft das Unternehmen z. B. ein Fahrzeug bei einem Kfz-Händler, steht auf der Rechnung nur der Typ des Fahrzeugs. Es könnte sich also um einen Neuwagen für den Wiederverkauf (Umlaufvermögen) oder um einen Vorführwagen (Anlagevermögen) handeln. Zum Glück erinnern Sie sich an ein Gespräch mit dem Einkäufer und wissen, dass genau dieses Fahrzeug als Vorführwagen genutzt werden soll. Es wird also auf ein Konto im Bereich „Anlagevermögen" gebucht und nicht im Bereich „Umlaufvermögen".

In großen Unternehmen müssen die Buchhalter/innen ab und zu länger recherchieren, bis sie herausgefunden haben, welche Konten betroffen sind und was auf diesen Konten passiert. In diesem Buch sollen Sie Geschäftsvorfälle ohne Bezug zu einem Unternehmen buchen, deshalb sollten Sie erst einmal wissen, welche Arten von Geschäftsvorfällen es gibt.

7.2.2 Konten für die Geschäftsvorfälle

In diesem Kapitel lernen Sie Geschäftsvorfälle kennen, die in Unternehmen vorkommen können und die Sie in Buchungssätze übersetzen und auf Konten buchen müssen. Dazu ist es im ersten Schritt wichtig, zu wissen, welche Konten betroffen sind.

Beispiel

Werden neue Büromöbel angeschafft, ist das Konto „Büroeinrichtung" aus dem Bereich „Anlagevermögen" betroffen. Werden die Büromöbel bar gezahlt, ist das Konto „Kasse" aus dem Bereich „Umlaufvermögen" betroffen.

Sind die betroffenen Konten gefunden, müssen Sie bestimmen, was auf den Konten passiert. Nimmt das Konto durch den Geschäftsvorfall ab oder zu? Dann können Sie die Buchführungsregeln anwenden und den Buchungssatz bilden.

Beispiel

Die Konten „Büroeinrichtung" und „Kasse" sind betroffen. Das Konto „Büroeinrichtung" steigt, das Konto „Kasse" sinkt. Beide Konten sind Aktivkonten. Aktivkonten nehmen im Soll zu und im Haben ab. Der Buchungssatz lautet also „Büroeinrichtung an Kasse".

In den folgenden Abschnitten lernen Sie die Geschäftsvorfälle aus einer anderen Perspektive kennen. Sie lernen die Konten kennen, welche Geschäftsvorfälle auf diese Konten gebucht werden und an welcher Stelle die Konten im Buchungssatz stehen.

Konten aus dem Bereich „Anlagevermögen"

Konten des Anlagevermögens sind Aktivkonten. Zugänge werden im Soll, Abgänge im Haben gebucht. Werden diese Konten angesprochen, handelt es sich um einen der in der folgenden Tabelle vorgestellten Geschäftsvorfälle. Die Tabelle zeigt Ihnen, was auf dem Konto geschieht und auf welcher Seite jeweils gebucht wird:

Geschäftsvorfall	Was passiert?	Konto im Buchungssatz ...
Anschaffung von Anlagevermögen sowie Anschaffungsnebenkosten	Zugang	Anlagevermögen an ...
Selbst hergestelltes Anlagevermögen aktivieren	Zugang	Anlagevermögen an ...
Abschreibung Anlagevermögen	Abgang	... an Anlagevermögen
Anlagevermögen wird verkauft, ist defekt oder verschwunden	Abgang	... an Anlagevermögen

Konten aus dem Bereich „Umlaufvermögen"

Bei den Konten des Umlaufvermögens handelt es sich ebenfalls um Aktivkonten. Durch die folgenden Geschäftsvorfälle finden auf diesen Konten Veränderungen statt:

Geschäftsvorfall	Was passiert?	Konto im Buchungssatz ...
Geldeingang in der Kasse oder auf dem Bankkonto	Zugang	Kasse oder Bank an ...
Kundenrechnungen gehen raus an den Kunden; solange Sie auf das Geld warten, haben Sie eine Forderung	Zugang	Forderungen an ... Debitorenkonto an ...
Der Kunde zahlt die Rechnung, die zuvor auf das Konto „Forderungen" gebucht wurde	Abgang	... an Forderungen ... an Debitorenkonto
Etwas wird über die Kasse oder das Bankkonto gezahlt	Abgang	... an Kasse oder Bank
Sie buchen einen Einkauf mit Umsatzsteuer, das Unternehmen ist zum Vorsteuerabzug berechtigt	Zugang	(Einkauf) + Vorsteuer an ...
Nach der Inventur stellen Sie fest, dass der tatsächliche Warenbestand höher ist, als es in der Bilanz steht; Sie müssen den Inventurwert in der Bilanz zeigen (eine Bestandserhöhung buchen)	Zugang	Warenbestand an ...
Nach der Inventur stellen Sie fest, dass der tatsächliche Warenbestand niedriger ist, als es in der Bilanz steht; Sie müssen den Inventurwert in der Bilanz zeigen (eine Bestandsminderung buchen)	Abgang	... an Warenbestand
Sie erwarten eine Steuererstattung; solange Sie auf das Geld warten, haben Sie eine Forderung	Zugang	Steuerüberzahlungen an ...

Konten aus dem Bereich „Fremdkapital"

Bei den Konten aus dem Bereich „Fremdkapital" handelt es sich um Passivkonten. Zugänge werden im Haben, Abgänge im Soll gebucht. Für die folgenden Geschäftsvorfälle brauchen Sie diese Konten:

Geschäftsvorfall	Was passiert?	Konto im Buchungssatz ...
Das Unternehmen nimmt ein Darlehen bei der Bank auf	Zugang	... an Darlehen ... an Verbindlichkeit
Das Unternehmen tilgt ein Darlehen	Abgang	Darlehen an ...
Eingangsrechnungen kommen rein; solange Sie sie nicht bezahlen, haben Sie eine Verbindlichkeit	Zugang	... an Verbindlichkeit ... an Kreditorenkonto
Das Unternehmen zahlt eine offene Rechnung, die zuvor auf das Konto „Verbindlichkeit" gebucht wurde	Abgang	Verbindlichkeit an ... Kreditorenkonto an ...
Sie buchen einen Verkauf mit Umsatzsteuer, die Umsatzsteuer muss später an das Finanzamt abgeführt werden	Zugang	... an (Verkauf) + Umsatzsteuer
Für eine ungewisse Verbindlichkeit wird eine Rückstellung gebildet; die Rückstellungen steigen	Zugang	... an Rückstellungen
Das Unternehmen muss Steuern nachzahlen; Sie haben eine Verbindlichkeit an das Finanzamt	Zugang	... an Verbindlichkeiten aus Steuern

Die Konten aus dem Bereich „Eigenkapital"

In den folgenden Geschäftsvorfällen werden diese Passivkonten angesprochen:

Geschäftsvorfall	Was passiert?	Konto im Buchungssatz ...
Der Inhaber einer Personenfirma zahlt die Miete seiner Privatwohnung über das Girokonto des Unternehmens	Abgang	Privatentnahmen an ...
Eine Kapitalgesellschaft beschließt eine Gewinnausschüttung an die Gesellschafter	Abgang	Gewinnvortrag an ...
Der Inhaber einer Personenfirma überweist Geld von seinem privaten Bankkonto auf das Geschäftskonto	Zugang	... an Privateinlage
Ein neuer Gesellschafter kommt dazu und das Stammkapital einer GmbH wird erhöht	Zugang	... an Gezeichnetes Kapital

Geschäftsvorfall	Was passiert?	Konto im Buchungssatz ...
Sie buchen einen Verkauf mit Umsatzsteuer, die Umsatzsteuer müssen Sie später an das Finanzamt abführen	Zugang	... an (Verkauf) + Umsatzsteuer
Für eine ungewisse Verbindlichkeit wird eine Rückstellung gebildet; die Rückstellungen steigen	Zugang	... an Rückstellungen
Das Unternehmen muss Steuern nachzahlen; Sie haben eine Verbindlichkeit an das Finanzamt	Zugang	... an Verbindlichkeiten aus Steuern

Aufwandskonten

Liegt ein Aufwand vor bzw. steigt der Aufwand, sinkt der Gewinn. Eine Gewinnminderung bzw. ein Verlust mindert das Eigenkapital, und Abgänge vom Eigenkapital werden im Soll gebucht. Hier sehen Sie Geschäftsvorfälle, in denen ein Aufwandskonto betroffen ist.

Geschäftsvorfall	Was passiert?	Konto im Buchungssatz ...
Das Unternehmen erhält eine Eingangsrechnung über Ausgaben, die notwendig waren, um die Erträge zu erzielen	Aufwand steigt	Materialverbrauch an ... Personalkosten an ...
Die Büromiete wird vom Bankkonto abgebucht	Aufwand steigt	Miete an ...
Sie kaufen Briefmarken und zahlen sie aus der Barkasse	Aufwand steigt	Porto an ...
Nach der Inventur stellen Sie fest, dass der tatsächliche Warenbestand niedriger ist, als es in der Bilanz steht; Sie müssen den Inventurwert in der Bilanz zeigen (eine Bestandsminderung buchen)	Aufwand steigt	Bestandsveränderungen Waren an ...
Ein Unternehmen erhält nachträglich Rabatte von seinen Lieferanten	Aufwand sinkt	... an Erhaltene Rabatte
Ein Unternehmen schickt Büromaterial zurück und erhält eine Retourenrechnung	Aufwand sinkt	... an Bürobedarf

Ertragskonten

Erträge erhöhen den Gewinn und auch das Eigenkapital. Hier sehen Sie Geschäftsvorfälle, in denen ein Ertragskonto angesprochen wird:

Geschäftsvorfall	Was passiert?	Konto im Buchungssatz ...
Sie erfassen eine Kundenrechnung; das Unternehmen hat Erträge erzielt	Ertrag steigt	... an Erträge ... an Umsatzerlöse
Auf dem Bankkonto des Unternehmens gehen Zinserträge ein	Ertrag steigt	... an Zinserträge
Privatnutzung Kfz durch den Unternehmer einer Personenfirma	Ertrag steigt	... an Privatnutzung Kfz
Privatnutzung Kfz durch einen Arbeitnehmer inkl. Gesellschafter-Geschäftsführer einer GmbH	Ertrag steigt	... an Sachbezug Kfz
Nach der Inventur stellen Sie fest, dass der tatsächliche Warenbestand höher ist, als es in der Bilanz steht; Sie müssen den Inventurwert in der Bilanz zeigen (eine Bestandserhöhung buchen)	Ertrag steigt	... an Bestandsveränderung Waren
Ein Kunde schickt Teile der verkauften Waren zurück; Sie schicken ihm eine Retourenrechnung	Ertrag sinkt	Umsatzerlöse an ...
Ein Unternehmen gewährt seinem Kunden nachträglich Rabatte	Ertrag sinkt	Gewährte Rabatte an ...

7.2.3 Buchungssätze bilden

Jetzt haben Sie die Konten, die beim Buchen angesprochen werden, etwas näher kennengelernt, und wir kommen zurück zu den Geschäftsvorfällen, die in einen Buchungssatz übersetzt werden müssen. Bei jedem Geschäftsvorfall werden mindestens zwei Konten angesprochen. Haben Sie die Konten gefunden, müssen Sie deren Regeln anwenden und sehen auf diese Weise, welches Konto im Soll und welches im Haben gebucht wird. Die folgende Tabelle enthält eine Vorlage für Buchungssätze, die alle Regeln auf einen Blick zeigt:

Soll	an	Haben
AB und Zugänge Aktivkonten (AV, UV) Abgänge Passivkonten und SB (EB, FK) Aufwendungen steigen, Erträge sinken		AB und Zugänge Passivkonten (EK, FK) Abgänge Aktivkonten und SB (AV, UV) Erträge steigen, Aufwendungen sinken

Abkürzungen in der Tabelle: AB steht für Anfangsbestände und SB für Schlussbestände, AV für Anlagevermögen, UV für Umlaufvermögen, EK für Eigenkapital und FK für Fremdkapital.

Beispiel

Eine Werbeagentur hat für einen Kunden eine Broschüre erstellt. Der Auftrag ist abschlossen und die Rechnung in Höhe von 1.000 Euro geht an den Kunden raus. Der Kunde zahlt die Rechnung nicht sofort. Bis zur Zahlung haben Sie eine Forderung an Ihren Kunden. Wie lautet der Buchungssatz?

Bei diesem Geschäftsvorfall geschehen zwei Dinge: Es kommt zu einem Ertrag und Sie haben eine neue Forderung. Das Aktivkonto „Forderungen" steigt also ebenso wie das Ertragskonto „Umsatzerlöse". Zugänge auf Aktivkonten werden im Soll gebucht, steigende Erträge im Haben. Hier der Buchungssatz:

Soll	an	Haben
AB und **Zugänge Aktivkonten** (AV, UV) Abgänge Passivkonten und SB (EB, FK) Aufwendungen steigen, Erträge sinken		AB und Zugänge Passivkonten (EK, FK) Abgänge Aktivkonten und SB (AV, UV) **Erträge steigen**, Aufwendungen sinken
Forderungen 1.000 €	an	Umsatzerlöse 1.000 €

Damit Sie einen Buchungssatz bilden können, müssen Sie wissen, welche Konten Sie zur Auswahl haben, Sie brauchen also einen Kontenplan. Für die folgenden Beispiele steht Ihnen dieser kleine Kontenplan zur Verfügung:

- Maschinen (AV),
- Büroeinrichtung (AV),
- Forderungen (UV),
- Bank (UV),
- Kasse (UV),
- Verbindlichkeiten (FK),
- Miete (Aufwand),
- Telefongebühren (Aufwand),
- Bürobedarf (Aufwand),
- Zeitschriften/Bücher (Aufwand) und
- Umsatzerlöse (Ertrag).

Beispiel

Eine Telefonrechnung über 60 Euro geht ein. Sie zahlen die Rechnung später. Bis dahin haben Sie eine Verbindlichkeit. Wie lautet der Buchungssatz?

Betroffen ist das Aufwandskonto „Telefongebühren“ und das Passivkonto „Verbindlichkeiten“. Auf dem Konto „Verbindlichkeiten“ findet ein Zugang statt genauso wie auf dem Konto „Telefongebühren“. So lautet der Buchungssatz:

Soll	an	Haben
AB und Zugänge Aktivkonten (AV, UV) Abgänge Passivkonten und SB (EB, FK) **Aufwendungen steigen**, Erträge sinken		AB und **Zugänge Passivkonten** (EK, FK) Abgänge Aktivkonten und SB (AV, UV) Erträge steigen, Aufwendungen sinken
Telefongebühren 60 €	an	Verbindlichkeiten 60 €

Mindestens ein Konto muss im Soll gebucht werden und mindestens ein anderes im Haben, so sind die Regeln der doppelten Buchführung.

Tipp

Sobald Sie wissen, auf welcher Seite das eine Konto gebucht wird, kann das andere nur auf der anderen Seite gebucht werden. Im vorherigen Beispiel wurde das Aufwandskonto „Telefongebühren" im Soll gebucht, also kann das Konto „Verbindlichkeiten" nur im Haben gebucht werden. Probieren Sie es aus!

Beispiel

Das Unternehmen zahlt die Telefonrechnung von 60 Euro über das Bankkonto. Es ist die Rechnung, die Sie zuvor auf das Konto „Verbindlichkeiten" gebucht haben. Wie lautet der Buchungssatz?

Betroffen sind das Passivkonto „Verbindlichkeiten" und das Aktivkonto „Bank". Beide Konten nehmen ab. Wo werden Abgänge von Aktivkonten gebucht? Im Haben. Also heißt es „... an Bank". Damit steht der Platz im Buchungssatz für das Konto „Verbindlichkeiten" auch schon fest: Es muss zuerst genannt werden. Hier der Buchungssatz:

Soll	**an**	**Haben**
AB und Zugänge Aktivkonten (AV, UV) **Abgänge Passivkonten** und SB (EB, FK) Aufwendungen steigen, Erträge sinken		AB und Zugänge Passivkonten (EK, FK) **Abgänge Aktivkonten** und SB (AV, UV) Erträge steigen, Aufwendungen sinken
Verbindlichkeiten 60 €	an	Bank 60 €

Es gibt auch Geschäftsvorfälle, die mehr als zwei Konten ansprechen, in der Regel, weil ein Buchungsbetrag auf verschiedene Konten aufgeteilt wird. Wichtig ist dabei, dass Sie insgesamt auf den Sollseiten der Konten den gleichen Betrag erfassen wie auf den Habenseiten. Ein Buchungssatz könnte auch „Sollbetrag an Habenbetrag" lauten.

Beispiel

Das Unternehmen hat in einem Internetshop eingekauft. Der Gesamtbetrag von 50 Euro wurde direkt vom Bankkonto abgebucht. Eingekauft wurden neue Ordner fürs Büro im Wert von 20 Euro sowie ein Fachbuch im Wert von 30 Euro. Wie lautet der Buchungssatz?

Diesmal sind drei Konten betroffen: die Aufwandskonten „Bürobedarf" und „Zeitschriften/Bücher" sowie das Aktivkonto „Bank". Der Aufwand steigt, und das Konto „Bank" nimmt ab. So lautet der Buchungssatz:

Soll	**an**	**Haben**
AB und Zugänge Aktivkonten (AV, UV) Abgänge Passivkonten und SB (EB, FK) **Aufwendungen steigen**, Erträge sinken		AB und Zugänge Passivkonten (EK, FK) **Abgänge Aktivkonten** und SB (AV, UV) Erträge steigen, Aufwendungen sinken
Bürobedarf 20 € Zeitschriften/Bücher 30 €	an	Bank 50 €

Bisher wurden in den Beispielen die Umsatzsteuer und die Vorsteuer nicht berücksichtigt. So ist es in manchen Unternehmen, ihre Umsätze sind umsatzsteuerfrei und sie sind deshalb auch nicht zum Vorsteuerabzug berechtigt. In diesem Fall werden die Bruttobeträge auf den Konten erfasst.

7.2.4 Buchungen mit Umsatzsteuer und Vorsteuer

Führt ein Unternehmen umsatzsteuerpflichtige Umsätze aus bzw. ist es zum Vorsteuerabzug berechtigt, ist es dazu verpflichtet, die Umsatzsteuer und die Vorsteuer regelmäßig mit dem Finanzamt abzurechnen. In diesem Fall ist die Umsatzsteuer getrennt vom Ertrag zu erfassen. Auch die Vorsteuer muss getrennt vom Aufwand oder von den Anschaffungskosten für Anlage- oder Umlaufvermögen gebucht werden. Deshalb wird sowohl die Umsatzsteuer als auch die Vorsteuer auf eigenen Konten erfasst.

- Das Konto **„Umsatzsteuer“** ist ein **Passivkonto**, eine Verbindlichkeit gegenüber dem Finanzamt.
- Das Konto **„Vorsteuer“** ist ein **Aktivkonto**, eine Forderung an das Finanzamt.

Beispiel

Ein Elektrofachgeschäft hat ein TV-Gerät für 1.000 Euro zzgl. 190 Euro Umsatzsteuer an einen Kunden verkauft. Der Kunde hat 1.190 Euro bar an der Kasse bezahlt. Wie lautet der Buchungssatz?

Es sind drei Konten betroffen: das Ertragskonto „Umsatzerlöse“, das Passivkonto „Umsatzsteuer“ und das Aktivkonto „Kasse“. Auf dem Aktivkonto „Kasse“ findet ein Zugang in Höhe von 1.190 Euro statt. Also werden die Konten „Umsatzerlöse“ und „Umsatzsteuer“ im Haben gebucht. Hier sehen Sie den Buchungssatz:

Soll	an	Haben
AB und **Zugänge Aktivkonten** (AV, UV) Abgänge Passivkonten und SB (EB, FK) Aufwendungen steigen, Erträge sinken		AB und **Zugänge Passivkonten** (EK, FK) Abgänge Aktivkonten und SB (AV, UV) **Erträge steigen**, Aufwendungen sinken
Kasse 1.190 €	an	Umsatzerlöse 1.000 € Umsatzsteuer 190 €

Die Umsatzsteuer wird aus dem Bruttobetrag herausgerechnet und getrennt vom Ertrag gebucht.

Beispiel

Eine Druckerei hat ein neue Schneidemaschine angeschafft. Die Maschine wurde bereits geliefert und Ihnen liegt eine Rechnung über 8.000 Euro zzgl. 1.520 Euro Umsatzsteuer vor. Die Rechnung über insgesamt 9.520 Euro zahlen Sie erst später. Solange haben Sie eine Verbindlichkeit gegenüber dem Lieferanten. Wie lautet der Buchungssatz?

Die folgenden Konten sind betroffen: die Aktivkonten „Maschinen" und „Vorsteuer" sowie das Passivkonto „Verbindlichkeiten". Das Konto „Verbindlichkeiten" steigt um 9.520 Euro. Zugänge zu Passivkonten werden im Haben gebucht, deshalb werden die Konten „Maschinen" und „Vorsteuer" im Soll gebucht. Überprüfen Sie den Buchungssatz:

Soll	an	Haben
AB und **Zugänge Aktivkonten** (AV, UV) Abgänge Passivkonten und SB (EB, FK) Aufwendungen steigen, Erträge sinken		AB und **Zugänge Passivkonten** (EK, FK) Abgänge Aktivkonten und SB (AV, UV) Erträge steigen, Aufwendungen sinken
Maschinen 8.000 € Vorsteuer 1.520 €	an	Verbindlichkeiten 9.520 €

Die Vorsteuer wird getrennt von den Anschaffungskosten der Maschine gebucht.

7.2.5 Buchungssätze lesen und interpretieren

Wer Buchungssätze bilden kann, kann sie auch lesen. Allerdings müssen Sie die Konten zuordnen können. Sind es Aktivkonten, Passivkonten, Aufwands- oder Ertragskonten? Wenn Sie das wissen, können Sie anhand der Buchung erkennen, um welchen Geschäftsvorfall es sich handelt.
Für die folgenden Beispiele gilt dieser kleine **Kontenplan**:

- Forderungen (UV),
- Bank (UV),
- Verbindlichkeiten (FK),
- Umsatzsteuer (FK),
- Umsatzerlöse (Ertrag).

Beispiel

Der folgende Geschäftsvorfall liegt vor: Eine offene Rechnung wurde über das Bankkonto bezahlt. So lautet der Buchungssatz.

Soll	an	Haben
AB und Zugänge Aktivkonten (AV, UV) **Abgänge Passivkonten** und SB (EB, FK) Aufwendungen steigen, Erträge sinken		AB und Zugänge Passivkonten (EK, FK) **Abgänge Aktivkonten** und SB (AV, UV) Erträge steigen, Aufwendungen sinken
Verbindlichkeiten 2.380 €	an	Bank 2.380 €

- Das Konto „Verbindlichkeiten" wurde im Soll gebucht. Es handelt sich um ein Passivkonto, und nach einem Blick auf die Regeln wissen Sie, dass dort ein Abgang stattgefunden hat. Übersetzt heißt das: Eine Verbindlichkeit sinkt.
- Das Konto „Bank" ist ein Aktivkonto, es wurde im Haben gebucht, also liegt auch hier ein Abgang vor. Übersetzt heißt das: Der Banksaldo sinkt.

Beispiel

Ein weiterer Geschäftsvorfall: Es wurde ein Umsatz gemacht. Die Kundenrechnung in Höhe von 10.000 Euro zzgl. 1.900 Euro Umsatzsteuer wurde gebucht. Der Kunde hat nicht sofort gezahlt. So lautet der Buchungssatz.

Soll	an	Haben
AB und **Zugänge Aktivkonten** (AV, UV) Abgänge Passivkonten und SB (EB, FK) Aufwendungen steigen, Erträge sinken		AB und **Zugänge Passivkonten** (EK, FK) Abgänge Aktivkonten und SB (AV, UV) **Erträge steigen**, Aufwendungen sinken
Forderungen 11.900 €	an	Umsatzerlöse 10.000 € Umsatzsteuer 1.900 €

- Das Konto **„Forderungen"** wurde im Soll gebucht. Auf dem Aktivkonto „Forderungen" hat also ein Zugang stattgefunden. Übersetzt heißt das: Sie haben eine neue Forderung in Höhe vom 11.900 Euro.
- Das Ertragskonto **„Umsatzerlöse"** wurde im Haben gebucht; die Erträge steigen. Sie haben einen Umsatz in Höhe von 10.000 Euro gemacht.

Erkennen Sie, wie wichtig es ist, die Konten zu kennen? Was ist mit dem Konto „Umsatzsteuer"? Es ist im Haben gebucht. Ist es ein Passivkonto, liegt also ein Zugang vor? Ist es ein Aktivkonto, liegt also ein Abgang vor? Oder steigt der Ertrag? Es ist ein Passivkonto, es hatte einen Zugang.

7.3 Aufgaben zu Kapitel 7

Bevor Sie einen Geschäftsvorfall in einen Buchungssatz übersetzen können, müssen Sie den Geschäftsvorfall erst einmal einordnen. Liegt z. B. ein Aufwand vor? Oder handelt es sich um einen Zugang zum Vermögen? Ist das geklärt, wissen Sie, welche Konten betroffen sind. Dann können Sie die Kontenregeln anwenden und schon steht der Buchungssatz fest. Mit den folgenden Übungen können Sie Ihr neues Wissen testen und festigen.

→ Aufgabe 1

Was ist bei Erträgen und Aufwendungen zu beachten? Was verändert die Werte in der Bilanz, was darüber hinaus auch den Gewinn? Kreuzen Sie bitte die zutreffenden Aussagen an.

	Was trifft zu?
1. Stellt ein Unternehmen seinen Kunden Umsatzsteuer in Rechnung bzw. ist es zum Vorsteuerabzug berechtigt, ist der Nettowert der Erträge in der Gewinn- und Verlustrechnung zu erfassen und die abzuführende Umsatzsteuer in der Bilanz.	
2. Ist ein Unternehmen zum Vorsteuerabzug berechtigt, wird der Bruttobetrag der Aufwendungen in der Gewinn- und Verlustrechnung erfasst.	
3. Anzahlungen von Kunden für nicht erbrachte Lieferungen oder Leistungen zählen zu den Erträgen und sind in der Gewinn- und Verlustrechnung zu erfassen.	
4. Geleistete Anzahlungen für nicht erbrachte Lieferungen und Leistungen sind bis zum Abschluss des Auftrags in der Bilanz zu erfassen.	
5. Aufwendungen, die wirtschaftlich in Folgejahre gehören, werden in der Bilanz unter den Rechnungsabgrenzungsposten erfasst. So z. B. eine Miete für Januar, die versehentlich bereits im Dezember bezahlt wurde.	
6. Geldeingänge zählen immer zu den Erträgen.	
7. Die Zahlung der Telefonrechnung darf nur direkt in den Aufwand gebucht werden, wenn die Rechnung zuvor nicht als Verbindlichkeit erfasst wurde.	
8. Ein Kunde zahlt seine Kundenrechnung direkt. Da Sie die Rechnung zuvor nicht auf das Konto „Forderungen" gebucht haben, buchen Sie den Geldeingang auf ein Ertragskonto.	

➔ Aufgabe 2

Es gibt Konten aus den Bereichen „Anlagevermögen (AV)", „Umlaufvermögen (UV)", „Eigenkapital (EK)", „Fremdkapital (FK)" sowie „Aufwand" und „Ertrag". Diese Konten erscheinen entweder in der Bilanz oder in der Gewinn- und Verlustrechnung. Ordnen Sie bitte die Konten in der Tabelle zu.

	AV, UV, EK, FK, Aufwand, Ertrag	Bilanz oder GuV?
1. Verbindlichkeiten an Lieferanten		
2. Büroeinrichtung		
3. Kasse		
4. Löhne und Gehälter		
5. Umsatzsteuer		
6. Umsatzerlöse		
7. Mieten von Büro und Lager		
8. Forderungen an Kunden		
9. Mieterträge		
10. Materialverbrauch		

➔ Aufgabe 3

Hier sehen Sie verschiedene Konten, die jeweils durch einen Geschäftsvorfall angesprochen werden. Tragen Sie bitte in die Tabelle ein, was auf dem Konto passiert (Zugang, Abgang, Ertrag steigt, Aufwand steigt) und an welcher Stelle es im Buchungssatz genannt wird.

Geschäftsvorfälle	Was passiert? Zugang, Abgang Ertrag, Aufwand	Buchungssatz Konto an ... ... an Konto
1. Das Konto „Bank": Es wird etwas über das Bankkonto bezahlt.		
2. Das Konto „Maschinen": Es wird eine neue Maschine angeschafft.		

Geschäftsvorfälle	Was passiert? Zugang, Abgang Ertrag, Aufwand	Buchungssatz Konto an ... ... an Konto
3. Das Konto „Umsatzerlöse“: Ein Auftrag ist abgeschlossen und die Rechnung ging an den Kunden raus.		
4. Das Konto „Telefongebühren“: Die Telefonrechnung liegt vor.		
5. Das Konto „Verbindlichkeiten“: Eine offene Eingangsrechnung wird über das Bankkonto bezahlt.		
6. Das Konto „Forderungen“: Ein Auftrag ist abgeschlossen, die Kundenrechnung ist erstellt und der Kunde hat noch nicht gezahlt.		
7. Das Konto „Vorsteuer“: Ihnen liegt eine Rechnung über den Einkauf von Waren vor.		
8. Das Konto „Verbindlichkeiten“: Ihnen liegt eine Eingangsrechnung vor, die nicht sofort bezahlt wird.		

➔ Aufgabe 4

Erstellen Sie bitte die Buchungssätze für die folgenden Geschäftsvorfälle, ohne die Umsatzsteuer zu berücksichtigen.

Ihr Kontenplan verfügt über die folgenden Konten: Maschinen, Materialbestand, Bank, Kasse, Verbindlichkeiten, Materialverbrauch, Miete, Bürobedarf, Werbekosten, Abschreibungen, Umsatzerlöse, Zinserträge, Mieterträge.

1. Die Miete von 2.000 Euro für die Büroräume wird vom Bankkonto abgebucht.
2. Es wurden Papier und Patronen für den Drucker im Büro für 300 Euro gekauft und bar gezahlt.
3. Es wurde Material im Wert von 1.000 Euro verbraucht. Das Material befand sich bisher im Materialbestand.
4. Eine Maschine wird in Höhe von 2.000 Euro abgeschrieben.
5. Die Bank schreibt dem Bankkonto des Unternehmens Guthabenzinsen in Höhe von 25 Euro gut.

6. Sie zahlen eine offene Eingangsrechnung von 800 Euro über das Bankkonto. Die Rechnung wurde zuvor auf das Konto „Verbindlichkeiten" gebucht.
7. Für eine Zeitungsanzeige werden am Tag der Erscheinung 75 Euro vom Bankkonto abgebucht.
8. Das Unternehmen erhält die Miete für untervermietete Büroräume in Höhe von 600 Euro. Das Geld geht auf dem Bankkonto ein.

	Soll	an	Haben
1.		an	
2.		an	
3.		an	
4.		an	
5.		an	
6.		an	
7.		an	
8.		an	

➔ Aufgabe 5

Erstellen Sie bitte die Buchungssätze für die folgenden Geschäftsvorfälle unter Berücksichtigung der Umsatzsteuer und der Vorsteuer.
Ihr Kontenplan verfügt über die folgenden Konten: Geschäftsausstattung, Maschinen, Forderungen, Vorsteuer, Bank, Kasse, Verbindlichkeiten, Umsatzsteuer, Bürobedarf, Reparatur/Instandhaltung, Telefongebühren, Rechts-/Beratungskosten, Umsatzerlöse.

1. Das Unternehmen kauft einen Computer für 1.500 Euro zzgl. 285 Euro Umsatzsteuer gegen Rechnung.
2. Ein Auftrag ist abgeschlossen und die Kundenrechnung in Höhe von 10.000 Euro zzgl. 1.900 Euro Umsatzsteuer wurde erstellt. Der Kunde zahlt später.
3. Das Unternehmen hat die Reparatur einer Maschine bar gezahlt: 200 Euro zzgl. 38 Euro Umsatzsteuer.
4. Ein Kunde zahlt direkt nach Abschluss des Auftrags 4.000 Euro zzgl. 760 Euro Umsatzsteuer in bar.

5. Das Unternehmen kauft eine neue Maschine für die Produktion. Die Rechnung über 15.000 Euro zzgl. 2.850 Euro Umsatzsteuer liegt Ihnen vor.
6. Die Telefonrechnung über 100 Euro zzgl. 19 Euro Umsatzsteuer geht ein. Sie wird direkt vom Bankkonto abgebucht.
7. Um eine offene Forderung von einem Kunden einzutreiben, musste das Unternehmen einen Rechtsanwalt einschalten. Die Rechnung des Rechtsanwalts liegt Ihnen jetzt vor: 800 Euro zzgl. 152 Euro Umsatzsteuer.
8. Ein Kunde zahlt eine offene Rechnung über 5.950 Euro.

	Soll	an	Haben
1.		an	
2.		an	
3.		an	
4.		an	
5.		an	
6.		an	
7.		an	
8.		an	

→ Aufgabe 6

Hier sehen Sie verschiedene Buchungssätze. Was bedeuten sie bzw. um welche Geschäftsvorfälle handelt es sich?

1. Verbindlichkeiten an Bank
2. Abschreibungen an Gebäude
3. Versicherungen an Bank
4. Maschinen und Vorsteuer an Verbindlichkeiten
5. Forderungen an Umsatzerlöse und Umsatzsteuer
6. Bank an Forderungen

Tragen Sie die Antworten bitte in die folgende Tabelle ein.

1.	
2.	
3.	
4.	
5.	
6.	

Arbeitshilfen online

Arbeitsblätter mit den Aufgaben dieses Buches und die Lösungen zu sämtlichen Aufgaben finden Sie in den Arbeitshilfen online.

8 Kreislauf der Buchführung: Inventur – Bilanz – Konten

Das System der doppelten Buchführung ist ein Kreislauf, der mit der Gründung eines Unternehmens beginnt und zum ersten Mal am Ende des ersten Geschäftsjahres endet. Von da an ist es in jedem Geschäftsjahr gleich.

Ende des Geschäftsjahres (meist 31.12.)
Zum Geschäftsjahresende wird zunächst eine Inventur durchgeführt. Dann erfolgen die Jahresabschlussarbeiten, die in den letzten beiden Kapiteln beschrieben werden. Sie bewerten das Vermögen und das Kapital des Unternehmens und nehmen Abgrenzungen vor. Sind alle Geschäftsvorfälle des laufenden Jahres erfasst und alle Abschlussarbeiten erledigt, stellen Sie eine Bilanz mit Gewinn- und Verlustrechnung auf.

Beginn des nächsten Geschäftsjahres (meist 01.01.)
Zu Beginn des neuen Geschäftsjahres werden die Werte der Vorjahresbilanz in die Eröffnungsbilanz übertragen. Anschließend werden alle Bestandskonten, die in der Eröffnungsbilanz zu sehen sind, eröffnet.

Während des Geschäftsjahres
Auf den eröffneten Konten werden die Geschäftsvorfälle erfasst, die im laufenden Jahr anfallen. Kommt es zu Aufwendungen und Erträgen werden zusätzlich Aufwands- und Ertragskonten eröffnet, damit wirklich alle Geschäftsvorfälle gebucht werden können.

Ende des Geschäftsjahres
Ist das Jahr zu Ende, geht alles wieder von vorne los. Sie führen eine Inventur durch, erledigen die Abschlussarbeiten und stellen eine neue Bilanz auf.

In diesem Kapitel geht es um diesen Kreislauf, und zwar vor allem um die Inventur, die Eröffnungsbilanz und das System der Konten.

8.1 Unterschied Theorie und Praxis

Früher wurden die Geschäftsvorfälle bzw. die Buchungssätze handschriftlich in Konten auf Papier eingetragen. Es wurde anhand der Inventarliste eine Eröff-

nungsbilanz geschrieben und für jedes Konto, das in der Eröffnungsbilanz stand, wurden auf einem Papier Konten eröffnet. In Kapitel 4.3 „Belegerfassung in einer Buchführungssoftware" haben Sie erfahren, wie viel dieser Arbeit Ihnen die Software abnimmt. Das Erstellen einer Eröffnungsbilanz und das Eröffnen der Konten erfolgt ganz automatisch. Sie müssen lediglich die Buchungssätze im Programm erfassen. Dabei brauchen Sie für die Eingabe nicht einmal die Kontenbezeichnungen, sondern nur die Kontonummern.
In der Praxis geben Sie also nur noch Buchungssätze ein, und Ihre Zahlen werden auf den Konten dargestellt. Die Konten werden nach jeder Buchung abgeschlossen, und Sie erhalten auf Knopfdruck eine vorläufige Bilanz. In diesem Kapitel lernen Sie die Systematik der Konten kennen. Sie fragen sich vielleicht: Warum? Damit Sie sich auf die Praxis freuen, denn dort müssen Sie das niemals machen. Und, damit sie nachvollziehen können, was das Programm im Hintergrund für Sie erledigt.

8.2 Alles beginnt mit der Inventur

Bei der Inventur handelt es sich um eine tatsächliche Bestandsaufnahme. Sie müssen überprüfen, welches Vermögen und welche Schulden tatsächlich im Unternehmen vorhanden sind.
Bei **Vermögensgegenständen** (z. B. Büroeinrichtung, Fahrzeuge, Waren und Material) ermitteln Sie zunächst die Mengen und dann die Werte. Man spricht hier von der körperlichen Inventur. Bei **Vermögenswerten und Schulden** entnehmen Sie die Werte den Buchführungsunterlagen (Kontoauszügen, offenen Rechnungen oder Ähnlichem). Diese Art der Bestandsaufnahme nennt man Buchinventur.
Bilanzierende Unternehmen sind zur Inventur verpflichtet, und zwar gleich bei der Gründung des Unternehmens, am Schluss eines jeden Geschäftsjahres und bei der Aufgabe oder Veräußerung des Unternehmens.

8.2.1 Eine Inventur am Ende jedes Geschäftsjahres

Zum Ende des Geschäftsjahres (in der Regel zum 31.12.) verlangt das Finanzamt von Ihnen eine Bilanz – die Gegenüberstellung von Vermögen und Kapital. Für diese Bilanz ist eine Inventur zwingend erforderlich; Sie müssen also die Werte grundsätzlich zum Bilanzstichtag feststellen.
Bei der **Stichtagsinventur** muss die Bestandsaufnahme innerhalb der letzten zehn Tage vor oder in den ersten zehn Tagen nach dem 31.12. erfolgen. Allerdings müs-

sen Sie alle Veränderungen, die zwischen der Inventur und dem Stichtag erfolgen, aufzeichnen und den Wert zum 31.12. rechnerisch ermitteln bzw. fortschreiben.

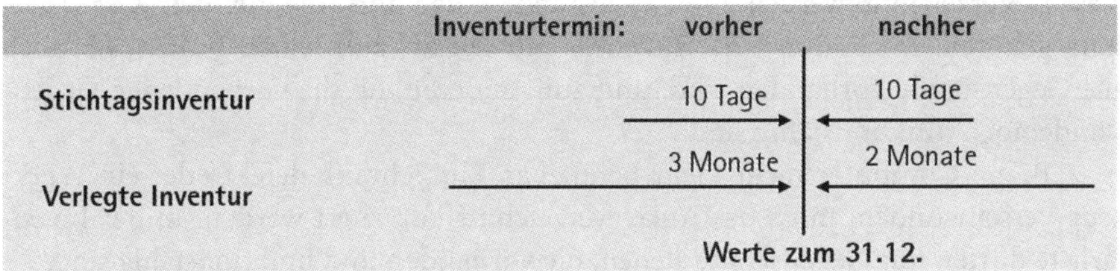

Abb. 47: Inventurtermine

So ist es auch bei der **verlegten Inventur**. Hier zählen Sie innerhalb der letzten drei Monate vor oder innerhalb der ersten zwei Monate nach dem 31.12. und führen genaue Aufzeichnungen, um dann die Werte auf den Stichtag hoch- oder zurückzurechnen.

Sehr viele Industriebetriebe (Groß- und Einzelhändler sowie Internetshops) führen heutzutage die **permanente Inventur** durch. Sie erfassen jede Lieferung und jeden Abgang per EDV. In diesem Fall liegen die tatsächlichen Werte zum 31.12. auf Knopfdruck vor. Trotzdem müssen diese Unternehmen die EDV-Werte einmal im Jahr mit den tatsächlichen Werten vergleichen, aber nicht alle auf einmal und nicht am Bilanzstichtag, sondern an irgendeinem Tag im Jahr.

Die Ergebnisse der Inventur in die Inventarliste eintragen

Nachdem Sie die Inventur durchgeführt haben, müssen Sie ihre Ergebnisse in einer Inventarliste zusammenfassen. Diese Liste besteht aus drei Bereichen: dem Vermögen, den Schulden und dem Reinvermögen bzw. Eigenkapital.

Das Vermögen ist nach der Flüssigkeit zu sortieren. Zuerst führen Sie das langfristig genutzte Anlagevermögen auf (z. B. Gebäude, Fahrzeuge, Büroeinrichtung und Ähnliches). Danach führen Sie das Umlaufvermögen auf, das nur sehr kurzfristig im Unternehmen verbleibt (z. B. Waren- und Materialbestände, Forderungen und Geld).

Die Schulden sind nach ihrer Fälligkeit zu ordnen – zuerst die langfristigen Schulden wie z. B. Darlehen und anschließend die kurzfristigen Schulden aus offenen Rechnungen oder einem kurzfristig überzogenen Girokonto.

8.2.2 Die Bestandsaufnahme des Anlagevermögens

Das Anlagevermögen wird grundsätzlich in einem Anlageverzeichnis erfasst. In diesem Verzeichnis werden alle Gegenstände aufgeführt, die zur Betriebsausstattung gehören. Im Rahmen der Inventur müssen Sie zum einen prüfen, ob noch alle Gegenstände vorhanden sind, und zum anderen, ob die vorhandenen Gegenstände noch funktionsfähig sind.
Ist z. B. ein Computer nicht mehr benutzbar, ein Schrank defekt oder ein Werkzeug verschwunden, muss das Anlageverzeichnis korrigiert werden. In der Inventarliste dürfen nur Gegenstände stehen, die vorhanden und funktionsfähig sind.

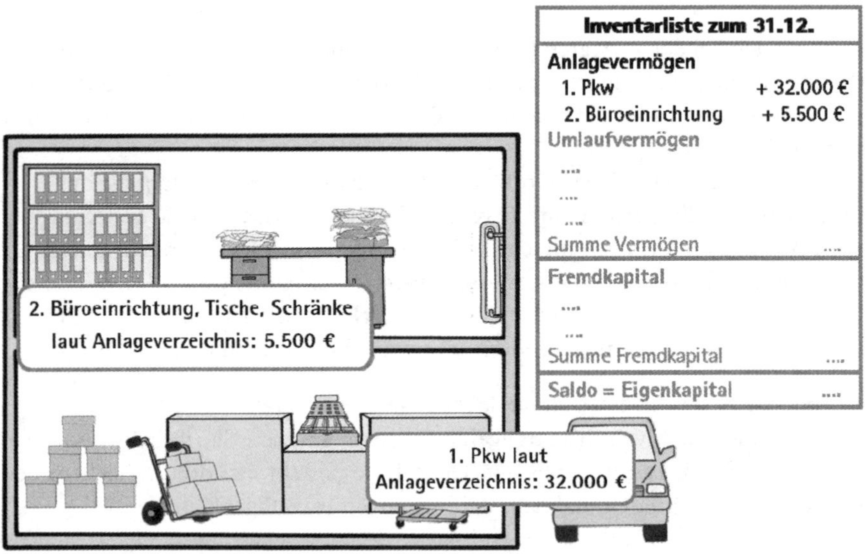

Abb. 48: Inventur des Anlagevermögens

Das Anlagevermögen des Unternehmens ist in einem Anlageverzeichnis zu erfassen. Durch die Inventur wurde festgestellt, dass es vollständig vorhanden und funktionsfähig ist. Deshalb können Sie die Werte des Pkws und der Büroeinrichtung in die Inventarliste übernehmen.
Die Werte der langfristigen Geldanlagen oder Beteiligungen des Unternehmens entnehmen Sie den Buchführungsunterlagen.

8.2.3 Die Bestandsaufnahme des Umlaufvermögens

Die Warenbestände werden durch eine körperliche Inventur ermittelt, die Forderungen und Geldbestände durch eine Buchinventur.

Waren- und Materialbestände ermitteln

Die aufwendigste Arbeit bei einer Inventur ist sicher die Ermittlung von Vorratsbeständen. Hierbei wird gezählt, gemessen oder gewogen. Bestände von Material oder Waren, die sich nur schlecht zählen, messen oder wiegen lassen, können Sie mithilfe einer **Stichprobeninventur** errechnen. Dabei werden mathematisch-statistische Verfahren genutzt.
Stehen die Mengen fest, müssen Sie deren Werte ermitteln. Dazu brauchen Sie zunächst die durchschnittlichen Anschaffungskosten. Für die Wertermittlung von unfertigen und fertigen Erzeugnissen brauchen Sie die Herstellungskosten, die vorab separat festzulegen sind.

Forderungen überprüfen

Bilanzierende müssen alle offenen Kundenrechnungen buchen. Sie könnten also die Summe der Forderungen aus den Buchführungsunterlagen übernehmen, vorausgesetzt, sie wurden bereits im Rahmen der Jahresabschlussarbeiten richtig bewertet. Das heißt: Ausgefallene Forderungen wurden ausgebucht und zweifelhafte Forderungen gesondert in der Bilanz ausgewiesen. Mehr dazu erfahren Sie in Kapitel 12.3.3 „Forderungen bewerten“. Die Geldbestände finden Sie auf den Kontoauszügen und im Kassenbericht.

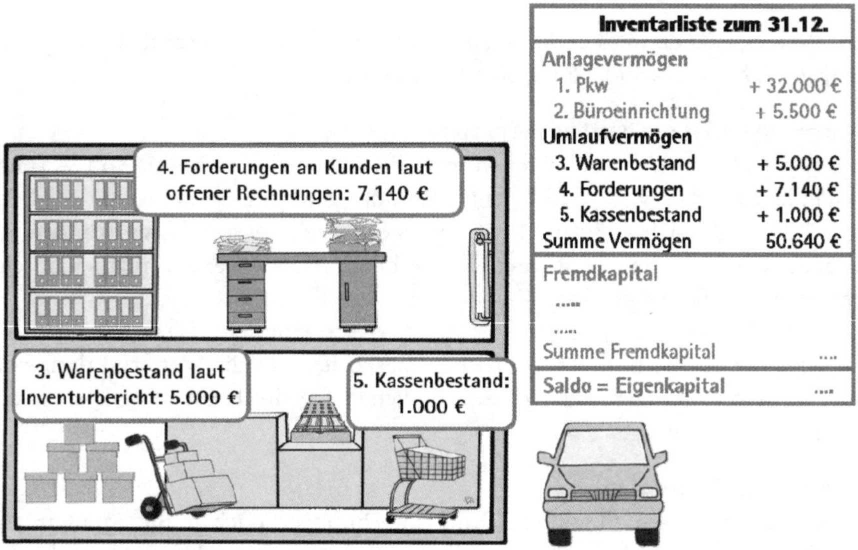

Abb. 49: Inventur Umlaufvermögen

Haben Sie das Anlage- und das Umlaufvermögen vollständig in der Inventarliste erfasst, können Sie die Summe des Vermögens ermitteln. Sie liegt bei insgesamt 50.640 Euro.
Danach sind die Schulden in der Inventarliste zu erfassen.

8.2.4 Die Bestandsaufnahme des Kapitals

Für die Ermittlung der Schulden brauchen Sie wieder die Buchführungsunterlagen. Sie überprüfen die Darlehensstände und die Höhe der offenen Verbindlichkeiten. Auch hier ist zu prüfen, ob alle offenen Eingangsrechnungen tatsächlich in dieser Höhe noch offen sind.
Ist das gesamte Fremdkapital in der Inventarliste erfasst und die Summe ermittelt, können Sie das Reinvermögen berechnen. Das Reinvermögen wird auch Eigenkapital oder Betriebsvermögen genannt.

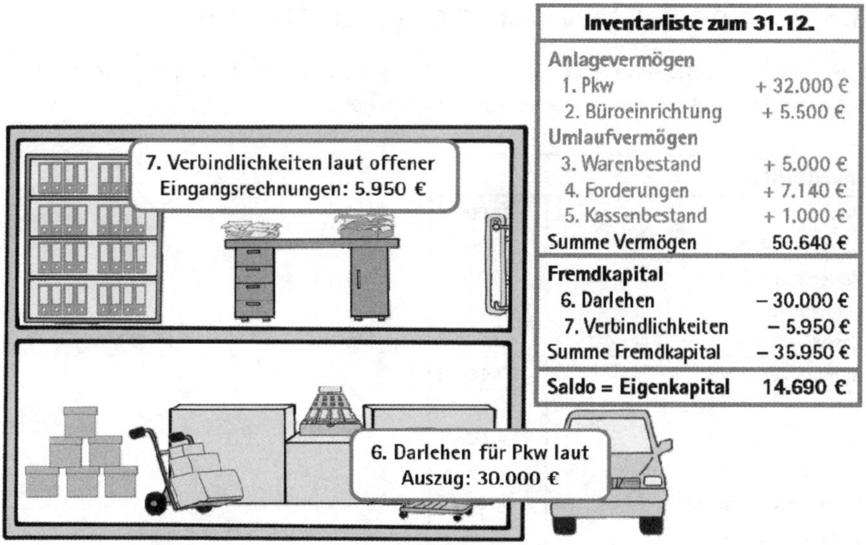

Abb. 50: Inventur Kapital

Sie übernehmen die Verbindlichkeiten aus offenen Rechnungen und das Darlehen in die Inventarliste. Das Fremdkapital beträgt insgesamt 35.950 Euro. Das Vermögen des Unternehmens abzüglich des Fremdkapitals ergibt ein Eigenkapital von 14.690 Euro.
Nun sind alle Zahlen vorhanden, die für eine Eröffnungsbilanz erforderlich sind.

8.3 Von der Inventarliste zur Eröffnungsbilanz

Das Ziel ist es, die Werte aus der Inventarliste in die Eröffnungsbilanz zu übernehmen. Hier haben wir zunächst die Inventarliste:

Inventarliste	
Pkw	32.000 €
Büroeinrichtung	5.500 €
Warenbestand	5.000 €
Forderungen	7.140 €
Kasse	1.000 €
Summe Vermögen	**50.640 €**
Darlehen	30.000 €
Verbindlichkeiten	5.950 €
Summe Fremdkapital	35.950 €
Saldo = Eigenkapital	14.690 €
Summe Kapital	**50.640 €**

Buchführungsregeln für Anfangsbestände

Anfangsbestände werden immer zusammen mit dem Eröffnungsbilanzkonto gebucht. Damit steht das erste Konto fest. Das zweite Konto ist entweder ein Vermögenskonto (Aktivkonto) oder ein Kapitalkonto (Passivkonto). Und dafür gelten bestimmte Buchführungsregeln. Die Anfangsbestände der Aktivkonten werden im Soll gebucht, die der Passivkonten im Haben. Also buchen Sie:

Soll	**an**	**Haben**
AB und **Zugänge Aktivkonten** (AV, UV) Abgänge Passivkonten und SB (EB, FK) Aufwendungen steigen, Erträge sinken		**AB** und **Zugänge Passivkonten** (EK, FK) Abgänge Aktivkonten und SB (AV, UV) Erträge steigen, Aufwendungen sinken
Aktivkonto	an	Eröffnungsbilanzkonto
Eröffnungsbilanzkonto	an	Passivkonto

Die Anfangsbestände werden auch Eröffnungsbilanzwerte (kurz: EB-Werte) genannt. Möchten Sie die Anfangsbestände in eine Buchführungssoftware eingeben, brauchen Sie für die Konten die Kontonummern. Diese finden Sie im Kontenplan der Software. In den folgenden Beispielen werden die Konten aus den Kontenplänen SKR 03 und SKR 04 gezeigt.

8.3.1 Anfangsbestände von Aktivkonten buchen

Die Anfangsbestände von Aktivkonten werden immer nach dem gleichen Schema erfasst: das Aktivkonto im Soll und das Saldenvortragskonto im Haben. Zunächst müssen Sie sich die Kontonummer aus dem Kontenplan heraussuchen.

Kontonummern

SKR 03	SKR 04	Kontenbezeichnung
0320	0520	Pkw
0420	0650	Büroeinrichtung
1000	1600	Kasse
1410	1210	Forderungen aus Lieferungen und Leistungen
7140	1140	Warenbestand
9000	9000	Saldenvortrag Sachkonten

So könnte eine Einlagevorlage aussehen: Sie tragen die Kontonummern in die Felder Soll und Haben ein und fügen den jeweiligen Betrag hinzu. Beim Erfassen von Anfangsbeständen wird kein Steuersatz gebucht.

Buchungsvorlage

Soll	Haben	Betrag	Steuersatz
0320/0520 (Pkw)	9000 (Saldenvortrag)	32.000 €	----
0420/0650 (Büroeinrichtung)	9000 (Saldenvortrag)	5.500 €	----
7140/1140 (Warenbestand)	9000 (Saldenvortrag)	5.000 €	----
1410/1210 (Forderungen)	9000 (Saldenvortrag)	7.140 €	----
1000/1600 (Kasse)	9000 (Saldenvortrag)	1.000 €	----

Nach der Eingabe erscheinen die Anfangsbestände dann wie folgt auf den Konten.

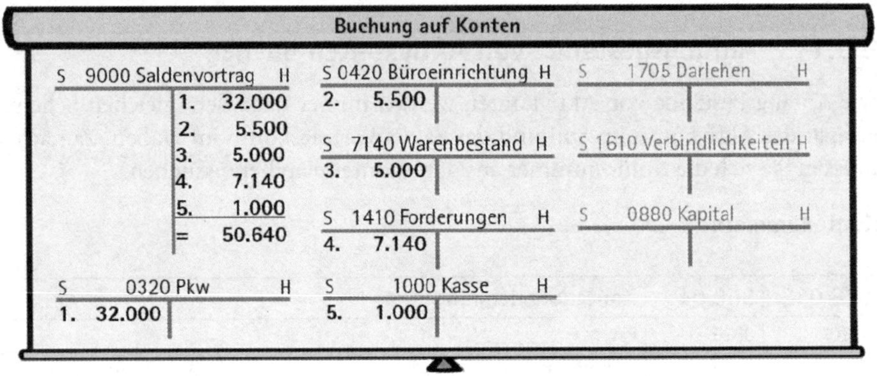

Abb. 51: Anfangsbestände der Aktivkonten auf den Konten

8.3.2 Die Anfangsbestände von Passivkonten buchen

Bei den Passivkonten ist es genau umgekehrt. Das Saldenvortragskonto wird immer im Soll gebucht, weil die verschiedenen Passivkonten jeweils im Haben gebucht werden.

Kontonummern

SKR 03	SKR 04	Kontenbezeichnung
1705	3560	Darlehen
1610	3310	Verbindlichkeiten aus Lieferungen und Leistungen
0800	2900	Gezeichnetes Kapital Kapitalgesellschaft
0880	2010	Kapital Personenfirma
9000	9000	Saldenvortrag Sachkonten

Buchungsvorlage

Soll	Haben	Betrag	Steuersatz
9000 (Saldenvortrag)	1705/3560 (Darlehen)	30.000 €	----
9000 (Saldenvortrag)	1610/3310 (Verbindlichkeiten)	5.950 €	----
9000 (Saldenvortrag)	0880/2010 (Eigenkapital)	14.690 €	----

Nach der Eingabe stehen die Anfangsbestände dann wie folgt auf den Konten.

Buchung auf Konten

S	9000 Saldenvortrag		H
6.	**30.000**	1.	32.000
7.	**5.950**	2.	5.500
8.	**14.690**	3.	5.000
		4.	7.140
		5.	1.000
=	50.640	=	50.640

S	0320 Pkw		H
1.	32.000		

S	0420 Büroeinrichtung		H
2.	5.500		

S	7140 Warenbestand		H
3.	5.000		

S	1410 Forderungen		H
4.	7.140		

S	1000 Kasse		H
5.	1.000		

S	1705 Darlehen		H
		6.	**30.000**

S	1610 Verbindlichkeiten		H
		7.	**5.950**

S	0880 Kapital		H
		8.	**14.690**

Abb. 52: Anfangsbestände der Passivkonten auf den Konten

8.3.3 Eröffnungsbilanz ansehen

Nach der Eingabe aller Buchungssätze werden nicht nur die Konten eröffnet und die entsprechenden Anfangsbestände eingetragen, es steht Ihnen gleichzeitig auch eine Eröffnungsbilanz zur Verfügung:

Eröffnungsbilanz zum 01.01.

Aktiva		Passiva	
Anlagevermögen		**Eigenkapital**	
1. 0320 Pkw	32.000 €	8. Saldo = 0880 Kapital	14.690 €
2. 0420 Büroeinrichtung	5.500 €		
Umlaufvermögen		**Fremdkapital**	
3. 7140 Warenbestand	5.000 €	6. 1705 Darlehen	30.000 €
4. 1410 Forderungen	7.140 €	7. 1610 Verbindlichkeiten	5.950 €
5. 1000 Kasse	1.000 €		
Bilanzsumme	**50.640 €**	**Bilanzsumme**	**50.640 €**

Abb. 53: Die Eröffnungsbilanz

8.3.4 Nutzung von Debitoren und Kreditoren in der Praxis

Die meisten Buchführungsprogramme bieten zusätzlich zur Buchführung auch das Zusatzmodul „Offene-Posten-Verwaltung“ (kurz: OP-Verwaltung) an. Die OP-Verwaltung hat den Vorteil, dass Sie Forderungen an Kunden nicht nur in einer Summe sehen, sondern zusätzlich auch für jeden einzelnen Kunden. Genauso ist es bei den Verbindlichkeiten. Sie sehen sie einmal in einer Summe und zusätzlich für jeden einzelnen Lieferanten. In diesem Fall führt die Software im Hintergrund eine Nebenbuchhaltung. Um sie nutzen zu können, müssen Sie für die Kunden verschiedene Debitorenkonten und für die Lieferanten Kreditorenkonten anlegen und beim Buchen verwenden.

Debitorenkonten

Debitorenkonten sind Unterkonten des Kontos „Forderungen“. Sie werden wie Aktivkonten behandelt. Verwenden Sie beim Buchen das Debitorenkonto anstelle des Forderungskontos, fasst die Software die Summe aller Debitorenkonten im Hintergrund automatisch zusammen und weist sie in der Bilanz in einer Summe auf dem Konto „Forderungen“ aus. Gleichzeitig sehen Sie aber auch die Salden der einzelnen Debitorenkonten.

Kreditorenkonten

Kreditorenkonten sind Unterkonten des Passivkontos „Verbindlichkeiten“. Möchten Sie die OP-Verwaltung nutzen, müssen Sie beim Buchen das Kreditorenkonto anstelle des Kontos „Verbindlichkeiten“ verwenden.

Anfangsbestände von Debitoren- und Kreditorenkonten

Im vorherigen Beispiel wurden alle offenen Forderungen und alle offenen Verbindlichkeiten jeweils in einer Summe erfasst. Möchten Sie die Anfangsbestände der Forderungen für jeden Kunden einzeln erfassen, müssen Sie Debitorenkonten anlegen und beim Buchen verwenden. Die Buchung lautet dann „Debitorenkonto an Saldenvortrag Debitorenkonten“. Möchten Sie die Anfangsbestände von Verbindlichkeiten für jeden Lieferant einzeln erfassen, buchen Sie „Saldenvortrag Kreditorenkonten an Kreditorenkonto“.

Beispiel

Die Anfangsbestände der Forderungen in Höhe von 7.140 Euro setzen sich aus zwei Rechnungen zusammen: 4.760 Euro Kunde X und 3.570 Euro Kunde Y. Bei den Verbindlichkeiten von 5.950 Euro handelt es sich um eine Rechnung von Lieferant X über 3.570 Euro und um eine Rechnung über 2.380 Euro von Lieferant Y. Die Debitoren- und Kreditorenkonten wurden angelegt und es kann gebucht werden.

Kontonummern

SKR 03	SKR 04	Kontenbezeichnung
10100	10100	Kunde X (angelegtes Debitorenkonto)
10200	10200	Kunde Y (angelegtes Debitorenkonto)
71000	71000	Lieferant X (angelegtes Kreditorenkonto)
72000	72000	Lieferant Y (angelegtes Kreditorenkonto)
9008	9008	Saldenvortrag Debitorenkonten
9009	9009	Saldenvortrag Kreditorenkonten

Buchungsvorlage

Soll	Haben	Betrag	Steuersatz
10100 (Kunde X)	9008 (Saldenvortrag Debitoren)	4.760	----
10200 (Kunde Y)	9008 (Saldenvortrag Debitoren)	3.570	----
9009 (Saldenvortrag Kreditoren)	71000 (Lieferant X)	3.570	----
9009 (Saldenvortrag Kreditoren)	72000 (Lieferant Y)	2.380	----

Beispiel

Die Anfangsbestände wurden jeweils auf verschiedene Debitoren- und Kreditorenkonten gebucht. So sehen Sie die offenen Posten für jeden Kunden bzw. Lieferanten.

Aktiva	**Eröffnungsbilanz zum 01.01.**		Passiva
Anlagevermögen		**Eigenkapital**	
1. 0320 Pkw	32.000 €	8. Saldo = 0880 Kapital	14.690 €
2. 0420 Büroeinrichtung	5.500 €		
Umlaufvermögen		**Fremdkapital**	
3. 7140 Warenbestand	5.000 €	6. 1705 Darlehen	30.000 €
4. 1410 Forderungen	7.140 €	7. 1610 Verbindlichkeiten	5.950 €
5. 1000 Kasse	1.000 €		
Bilanzsumme	**50.640 €**	**Bilanzsumme**	**50.640 €**

Offene-Posten-Liste Debitoren	
Kunde X	4.760 €
Kunde Y	3.570 €
Summe	**7.140 €**

Offene-Posten-Liste Kreditoren	
Lieferant X	3.570 €
Lieferant Y	2.380 €
Summe	**5.950 €**

Abb. 54: Vorteil von Debitoren- und Kreditorenkonten

Sie müssen nicht für jeden Kunden ein Debitorenkonto anlegen, das lohnt sich in der Regel nur für Kunden, mit denen Sie öfter Geschäfte machen. Rechnungen an sog. Einmalkunden können Sie auch weiterhin auf ein Forderungskonto buchen. Für die Kreditorenkonten gilt das genauso.

8.4 Systematik der Konten

Die Konten werden eröffnet und die Geschäftsvorfälle bzw. die Buchungssätze auf den Konten erfasst. Später werden die Konten nach einem bestimmten System abgeschlossen. Was also machen Buchführungsprogramme im Hintergrund?

8.4.1 Konten eröffnen

Für jede Position in der Bilanz ist ein Bestandskonto zu eröffnen. Das heißt: Der Anfangsbestand ist im Konto einzutragen. Für Erfolgskonten gibt es keine Anfangsbestände, sie beginnen in jedem Jahr bei Null. Aufwands- und Ertragskonten werden ohne Anfangsbestand eröffnet, wenn sie durch einen Geschäftsvorfall bzw. einen Buchungssatz angesprochen werden.

Beispiel

Die folgende Eröffnungsbilanz liegt vor, und die Konten können eröffnet werden.

So gehen Sie vor:

Aktiva	Eröffnungsbilanz		Passiva
Forderungen	11.900	Eigenkapital	12.000
Bank	2.000	Umsatzsteuer	1.900
Summe	13.900	Summe	13.900

Zunächst werden die Anfangsbestände in die Bestandskonten eingetragen, die Konten werden eröffnet.

Soll	Forderungen	Haben	Soll	Umsatzsteuer	Haben
AB	**11.900**			AB	**1.900**
		SB	SB		

Soll	Bank	Haben	Soll	Eigenkapital	Haben
AB	**2.000**			AB	**12.000**
		SB	SB		

8.4.2 Buchungen eintragen

Auf den Konten werden die Geschäftsvorfälle in Form von Buchungssätzen eingetragen.

Beispiel

Der erste Geschäftsvorfall liegt vor. Das Unternehmen hat einen Umsatz erzielt und die Kundenrechnung ging an den Kunden raus. Der Buchungssatz lautet „Forderungen 2.380 Euro an Umsatzerlöse 2.000 Euro und Umsatzsteuer 380 Euro".

So gehen Sie vor:

Hier wird das Ertragskonto „Umsatzerlöse“ angesprochen. Dafür muss es angelegt werden. Dann kann der Buchungssatz auf den Konten eingetragen werden. Im Buchungssatz heißt es „Forderungen 2.380 Euro an …“, deshalb werden

2.380 Euro bei Forderungen auf der Sollseite eingetragen. Die Konten, die nach dem „an“ stehen, gehören auf die Habenseite. In diesem Fall 2.000 Euro auf das Konto „Umsatzerlöse“ und 380 Euro auf das Konto „Umsatzsteuer“.

Soll	Forderungen		Haben
AB	11.900		
RG	**2.380**	SB	

Soll	Umsatzsteuer		Haben
		AB	1.900
SB		RG	**380**

Soll	Bank		Haben
AB	2.000		
		SB	

Soll	Eigenkapital		Haben
		AB	12.000
SB			

Soll	Umsatzerlöse		Haben
		RG	**2.000**

8.4.3 Konten abschließen

Möchten Sie nun das Ergebnis sehen, müssen Sie zunächst die Konten abschließen, das allerdings in einer ganz bestimmten Reihenfolge. Zuerst werden die Salden aller Ertragskonten ermittelt.

Sehen Sie sich dazu die Konten an. Auf welcher Seite sind die Werte höher? Bei Aufwandskonten in der Regel auf der Sollseite, bei Ertragskonten in der Regel auf der Habenseite.

Sie bilden die Summe der höheren Seite, übertragen diese auf die andere Kontenseite und können so den Saldo des Kontos ermitteln.

In der folgenden Abbildung wird die Vorgehensweise gezeigt. Beim Aufwandskonto wurden 600 Euro im Soll und 20 Euro im Haben gebucht. Sie tragen die Summe von 600 Euro auf der Sollseite ein und übertragen sie auch auf die Habenseite. Nun ziehen Sie die 20 Euro davon ab und tragen den Saldo von 580 Euro auf der Habenseite ein.

Beim Ertragskonto gehen Sie umgekehrt vor, denn hier wurden 1.550 Euro im Haben und nur 50 Euro im Soll gebucht. Die Summe von 1.550 Euro abzüglich der 50 Euro ergibt den Saldo von 1.500 Euro.

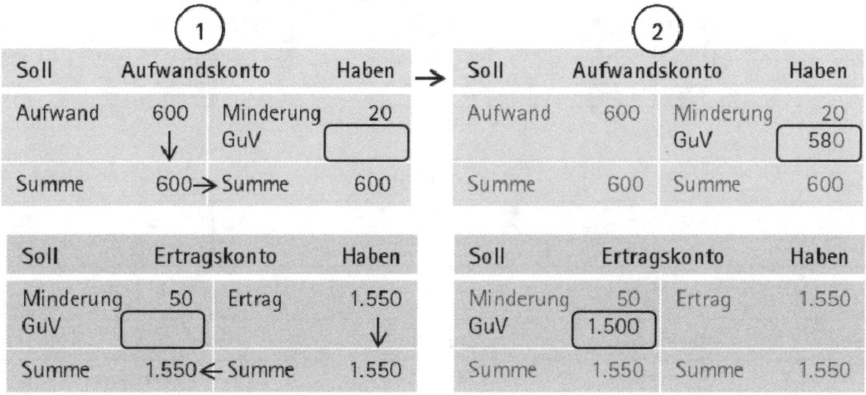

Abb. 55: Erfolgskonten abschließen

Die Summen der Erfolgskonten sind dann in die Gewinn- und Verlustrechnung einzutragen. In unserem Beispiel muss das Erfolgskonto „Umsatzerlöse" abgeschlossen und der entsprechende Wert in die Gewinn- und Verlustrechnung übertragen werden.

Soll	**Forderungen**		**Haben**	**Soll**	**Umsatzsteuer**		**Haben**
AB	11.900					AB	1.900
RG	**2.380**	SB		SB		RG	**380**

Soll	**Bank**		**Haben**	**Soll**	**Eigenkapital**		**Haben**
AB	2.000					AB	12.000
		SB		SB			

Soll	**Umsatzerlöse**		**Haben**	**Soll**	**GuV**		**Haben**
		RG	2.000			Umsatzerlöse	**2.000**
GuV	**2.000**						

Im nächsten Schritt ist das Ergebnis in der Gewinn- und Verlustrechnung zu ermitteln. Die Erträge abzüglich der Aufwendungen ergeben den Gewinn oder den Verlust. Dieses Ergebnis ist dann als Zugang oder Abgang auf dem Konto „Eigenkapital" einzutragen. In unserem Beispiel ergibt sich ein Gewinn, der als Zugang auf dem Konto „Eigenkapital" eingetragen wird.

Soll	**Forderungen**		**Haben**	**Soll**	**Umsatzsteuer**		**Haben**
AB	11.900					AB	1.900
RG	2.380	SB		SB		RG	380

Soll	**Bank**		**Haben**	**Soll**	**Eigenkapital**		**Haben**
AB	2.000					AB	12.000
		SB		SB		GuV	**2.000**

Soll	**Umsatzerlöse**		**Haben**	**Soll**	**GuV**		**Haben**
		RG	2.000			Umsatzerlöse	2.000
GuV	2.000			Gewinn	**2.000**		

Jetzt erst werden alle Bestandskonten abgeschlossen. Die folgende Abbildung zeigt die Vorgehensweise. Beim Aktivkonto beträgt der Anfangsbestand 1.000 Euro und es wurden Zugänge von 800 gebucht. Die Summe der Sollseite beträgt 1.800 Euro. Sie wird auf die Habenseite übertragen und die Abgänge von 600 Euro davon abgezogen. So ergibt sich ein Schlussbestand von 1.200 Euro. Beim Passivkonto beträgt die Summe der Habenseite 2.500 Euro. Diese abzüglich der Abgänge von der Sollseite in Höhe von 100 Euro ergibt einen Schlussbestand von 2.400 Euro.

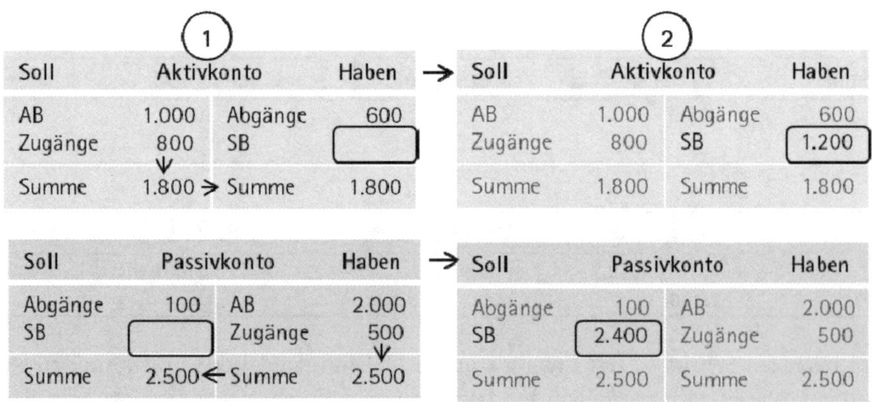

Abb. 56: Bestandskonten abschließen

Sind alle Bestandskonten abgeschlossen, werden die Schlussbestände in die neue Bilanz übernommen.

Soll	**Forderungen**		**Haben**	**Soll**	**Umsatzsteuer**		**Haben**
AB	11.900					AB	1.900
RG	2.380	SB	**14.280**	SB	**2.280**	RG	380

Soll	**Bank**		**Haben**	**Soll**	**Eigenkapital**		**Haben**
AB	2.000					AB	12.000
		SB	**2.000**	SB	**14.000**	GuV	2.000

Soll	**Umsatzerlöse**		**Haben**	**Soll**	**GuV**		**Haben**
		RG	2.000			Umsatzerlöse	2.000
GuV	2.000			Gewinn	2.000		

In diesem Beispiel hat sich der Bestand an Forderungen erhöht. Gleiches gilt für das Eigenkapital und die Umsatzsteuerverbindlichkeit gegenüber dem Finanzamt.

Aktiva	**Bilanz**		**Passiva**
Forderungen	14.280	Eigenkapital	14.000
Bank	2.000	Umsatzsteuer	2.280
Summe	16.280	Summe	16.280

Die Gewinn- und Verlustrechnung zeigt parallel dazu, wie sich der Gewinn zusammensetzt.

In Abb. 57 sehen Sie noch mal alle Schritte in einer Übersicht. Liegt die Eröffnungsbilanz vor, erfolgt die Eröffnung der Bestandskonten. Anschließend werden die Geschäftsvorfälle auf Bestands- und Erfolgskonten gebucht. Für die nächste Bilanzerstellung sind alle Konten in folgender Reihenfolge abzuschließen.

1. Die Salden der Erfolgskonten sind in die GuV zu übertragen
2. Das Ergebnis der GuV ist in das Konto Eigenkapital zu übertragen
3. Die Schlussbestände der Bestandskonten sind in die neue Bilanz einzutragen

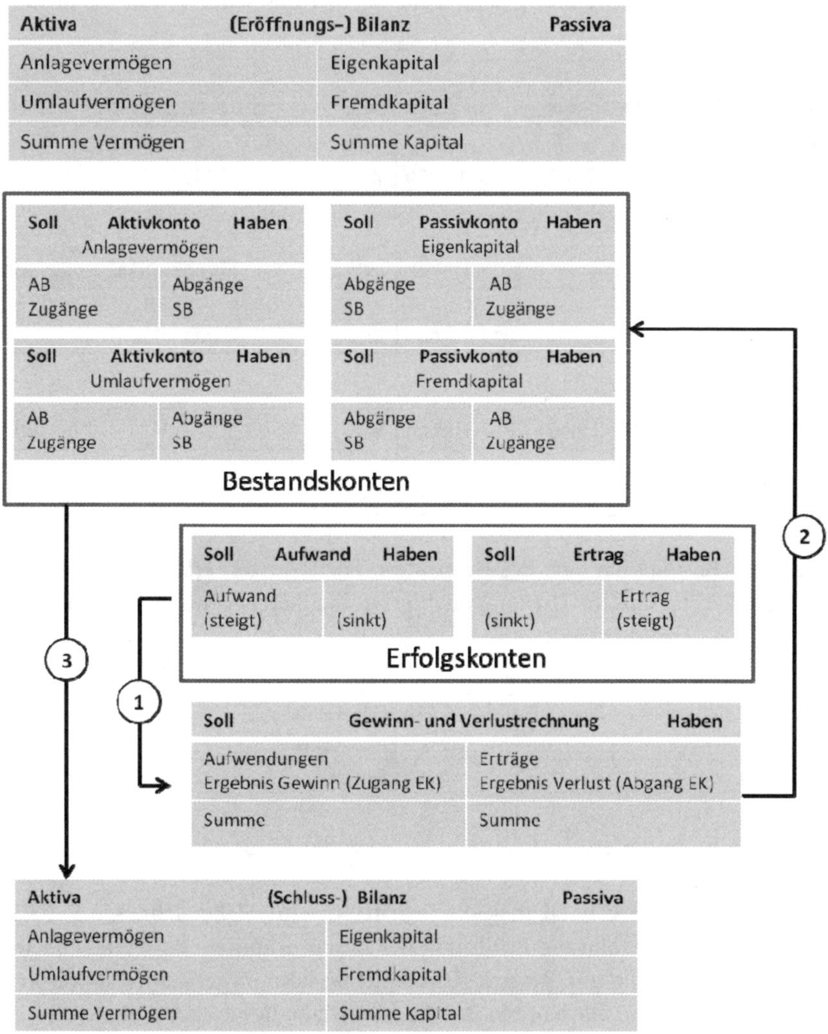

Abb. 57: Das Kontensystem und die Reihenfolge

Das ist es, was Buchführungsprogramme nach jeder Buchung automatisch erledigen. So können die Unternehmen das Ergebnis des laufenden Jahres gut im Blick behalten – vorausgesetzt, alle Buchungen sind erfasst.

8.4.4 Buchungen von den Konten ablesen

In der Praxis trägt die Software die Buchungssätze in die Konten ein. Für Kontrollzwecke sollten Sie die Buchungssätze ablesen bzw. die Eingaben kontrollieren können.

Beispiel

Hier wurden zwei Geschäftsvorfälle auf Konten gebucht. Wie lauten die Buchungssätze?

Soll	Maschinen		Haben	Soll	Bank		Haben
AB	40.000	Abgänge 2	**10.000**	AB	5.000	Abgänge	
Zugänge		SB	30.000	Zugänge 1	**20.000**	RG	25.000

Soll	Abschreibungen		Haben	Soll	Mieterträge		Haben
Aufwand 2	**10.000**	GuV	10.000	GuV	20.000	Erträge 1	**20.000**

Zuerst wird das Konto genannt, in dem der Betrag auf der Sollseite steht, und nach dem Wort „an“ das Konto, auf dem der Betrag auf der Habenseite steht. Hier lauten die Buchungssätze:

- Fall 1: Bank 20.000 Euro an Mieterträge 20.000 Euro.
- Fall 2: Abschreibungen 10.000 Euro an Maschinen 10.000 Euro.

Mit etwas Übung erkennt man Fehlbuchungen. Das zeigt das folgende Beispiel.

Beispiel

Beim Erfassen von Kundenrechnungen geht es um Erträge. Der Buchungssatz heißt in diesem Fall immer „... an Ertragskonto". Folglich sollten auf den Ertragskonten alle Buchungen im Haben stehen. Was kann passiert sein, wenn ein Betrag im Soll steht?

Steht auf dem Ertragskonto ein Betrag im Soll, handelt es sich in der Regel um Ertragsminderungen wie Retouren oder Nachlässe. Ist das der Fall, wurde richtig gebucht. Vielleicht wurde aber auch versehentlich ein Aufwand auf ein Ertragskonto gebucht, und das muss korrigiert werden.

Das kann in der Praxis durchaus passieren, denn beim Buchen werden Kontonummern verwendet. Nicht nur Tippfehler, auch die Wahl der falschen Kontonummer führt zu Fehlbuchungen.
Umgekehrt ist es bei Aufwendungen. Sie werden im Soll gebucht. Folglich sollten Sie nur Aufwandsminderungen wie Rabatte auf der Habenseite finden, aber keine Erträge. Offene Kundenrechnungen finden Sie auf der Sollseite des Kontos „Forderungen", auf der Habenseite des Kontos finden Sie die Zahlungen und ggf. gebuchte Retourenrechnungen. Wie Sie sehen, kann man die Eingaben anhand der Konten kontrollieren. Es lohnt sich also, das System zu kennen.

8.5 Aufgaben zu Kapitel 8

Inventur und Inventar sind die Ausgangspunkte für alle weiteren Tätigkeiten in der Buchhaltung. Steht die Inventarliste fest, kann die Eröffnungsbilanz erstellt werden. Damit ist die Kontoneröffnung möglich. Die Buchungssätze werden auf die Konten gebucht und das Ergebnis sehen Sie, sobald alle Konten in der richtigen Reihenfolge abgeschlossen wurden.

→ Aufgabe 1

Richtig oder falsch? Kreuzen Sie bitte an.

	Richtig?	Falsch?
1. Die Inventur muss immer am 31.12. durchgeführt werden, kein anderer Termin ist möglich.		
2. Bei der Gründung eines Unternehmens muss eine Inventur gemacht werden.		
3. Bei der verlegten Inventur können Sie den Inventurtermin verlegen, müssen aber die Werte anhand von Aufzeichnungen auf den Stichtag vor- oder zurückrechnen.		
4. Geldbestände bei den Banken und in den Kassen gehören zum Umlaufvermögen.		
5. Wer eine permanente Inventur durchführt, muss die Bestände niemals überprüfen.		
6. Das Reinvermögen (Eigenkapital) ergibt sich, indem die Summe der Schulden von der Summe des Vermögens abgezogen wird.		

→ Aufgabe 2

Ordnen Sie die folgenden durch Inventur ermittelten Vermögensgegenstände dem Anlagevermögen (AV) bzw. dem Umlaufvermögen (UV) und die Schulden den langfristigen (LS) bzw. kurzfristigen Schulden (KS) zu:

Vermögensgegenstände/Schulden	AV	UV	LS	KS
Bankguthaben				
Waren, für den Verkauf				
Ladeneinrichtung				
Forderungen aus Lieferungen und Leistungen				
Bankdarlehen, Laufzeit acht Jahre				
Schulden aus Lieferungen und Leistungen				
Kassenguthaben				
Fertige Erzeugnisse				
Technische Anlagen für die Produktion				
Verbindlichkeiten aus Steuern				

→ Aufgabe 3

Am 31.12. wurde eine Inventur durchgeführt. Die Werte wurden in einer Inventarliste erfasst. Erstellen Sie dazu eine Eröffnungsbilanz.

Pkw	20.000 €	
Warenbestand	14.000 €	
Bank	6.000 €	
+ Summe Vermögen		+ 40.000 €
Verbindlichkeiten	22.000 €	
– Summe Fremdkapital		– 22.000 €
= Eigenkapital		18.000 €

Aktiva	Bilanz Passiva
VERMÖGEN	KAPITAL
Summe	Summe

➔ Aufgabe 4

Tragen Sie bitte die folgenden Buchungssätze in die bereits eröffneten Konten ein:

- Fall 1: Abschreibung 5.000 Euro an Maschinen 5.000 Euro.
- Fall 2: Mietaufwand 2.000 Euro an Bank 2.000 Euro.

Soll	Maschinen		Haben	Soll	Bank		Haben
AB	30.000	Abgänge		AB	10.000	Abgänge	
Zugänge		SB		Zugänge		SB	

Soll	Mieten		Haben	Soll	Abschreibungen		Haben
Aufwand				Aufwand			

➔ Aufgabe 5

Die Konten wurden eröffnet und zwei Geschäftsvorfälle gebucht. Schließen Sie bitte alle Konten ab, und zwar in der folgenden Reihenfolge:

- Summen der Erfolgskonten in der Gewinn- und Verlustrechnung erfassen.
- Ergebnis der Gewinn- und Verlustrechnung ermitteln und in das Konto „Eigenkapital" eintragen.
- Bestandskonten abschließen und in die Schlussbilanz übertragen.

Soll	Maschinen		Haben	Soll	Bank		Haben
AB	50.000	Abgänge 2	10.000	AB	5.000	Abgänge	
Zugänge		SB		Zugänge 1	20.000	SB	

Soll	Eigenkapital		Haben	Soll	Verbindlichkeiten		Haben
Abgänge		AB	25.000	Abgänge		AB	30.000
SB		Zugänge		SB		Zugänge	
		GuV					

Soll	Abschreibung Sachanlagen		Haben
Aufwand 2	10.000	GuV	

Soll	Mieterträge		Haben
GuV		Erträge 1	20.000

Soll	GuV	Haben
Abschreibungen		Mieterträge
Gewinn		
Summe		Summe

Aktiva	Bilanz	Passiva
Maschinen		Eigenkapital
Bank		Verbindlichkeiten
Summe		Summe

➔ Aufgabe 6

In die nachfolgenden Konten wurden vier Geschäftsvorfälle gebucht (1, 2, 3 und 4). Erstellen Sie bitte die vier Buchungssätze, indem Sie sie von den Konten ablesen.

Soll	Grundstück		Haben
AB	0	Abgänge	
Zugänge 1	100.000	SB	100.000

Soll	Forderungen		Haben
AB	5.950	Abgänge 3	5950
Zugänge 2	17.850	SB	17.850

Soll	Bank		Haben
AB	12.000	Abgänge 4	11.900
Zugänge 3	5.950	SB	6.050

Soll	Verbindlichkeiten		Haben
Abgänge 4	11.900	AB	11.900
SB	100.000	Zugänge 1	100.000

Soll	Umsatzsteuer		Haben
Abgänge		AB	950
SB	3.800	Zugänge 2	2.850

Soll	Umsatzerlöse		Haben
GuV	15.000	Erträge 2	15.000

Buchungssätze:

1. ______________________________
2. ______________________________
3. ______________________________
4. ______________________________

Arbeitshilfen online

Arbeitsblätter mit den Aufgaben dieses Buches und die Lösungen zu sämtlichen Aufgaben finden Sie in den Arbeitshilfen online.

9 Regelmäßige Buchungen im laufenden Geschäftsjahr

Bis jetzt haben Sie viele verschiedene Geschäftsvorfälle gesehen und gelernt, wie Sie sie in Buchungssätze übersetzen. In der Praxis läuft das Buchen wesentlich geordneter ab. Sie müssen nicht ständig überlegen, wie der Buchungssatz lautet, denn die gleichen Buchungen wiederholen sich sehr häufig. Es werden gleich mehrere Kundenrechnungen auf einmal erfasst. Gleiches gilt für Eingangsrechnungen. Auch das Buchen von Zahlungen und Geldeingängen erfolgt in größeren Mengen. In großen Unternehmen gibt es sogar für jeden Bereich eigene Abteilungen. In der Debitorenbuchhaltung werden z. B. alle Kundenrechnungen erfasst und in der Kreditorenbuchhaltung die Eingangsrechnungen. Durch die vielen Wiederholungen ist das Bilden von Buchungssätzen die leichteste Übung, schwieriger wird es bei der Auswahl der Konten und Steuersätze.

Buchung mit Kontonummern

In der Praxis arbeiten Sie mit Kontonummern. Für die Eingabe in eine Buchführungssoftware müssen Sie den Buchungssatz etwas anders vorbereiten. Sie brauchen für die erforderlichen Konten die Kontonummern, den Bruttorechnungsbetrag sowie den Umsatzsteuersatz. Die Kontonummern finden Sie im Kontenplan der Software. In den folgenden Beispielen verwenden wir die Konten aus den Kontenplänen SKR 03 und SKR 04.

Beachtung der Steuersätze

Unternehmen, die in regelmäßigen Abständen eine Umsatzsteuer-Voranmeldung an das Finanzamt übermitteln, müssen bei der Wahl der Konten auch die Steuersätze beachten. Steckt in den Beträgen Umsatzsteuer oder Vorsteuer, müssen die dafür vorgesehenen Konten und Steuersätze verwendet werden. Nur so kann die Software die Formulare richtig ausfüllen.

In diesem Kapitel sehen Sie, worauf beim Erfassen von Kundenrechnungen, Eingangsrechnungen, Zahlungen und Geldeingängen zu achten ist.

9.1 Kundenrechnungen buchen

Sobald ein Auftrag abgeschlossen ist, wird die Kundenrechnung geschrieben. Das ist der Zeitpunkt, zu dem sich das Unternehmen auf Einnahmen freuen kann. Es ist aber auch der Zeitpunkt, zu dem eine Veränderung an den Werten des Unternehmens stattfindet. Ein Ertrag wurde erzielt und Geld wird kommen. Zahlt der Kunde sofort, buchen Sie den Ertrag zusammen mit dem Geldeingang in der Kasse oder auf dem Bankkonto. Zahlt der Kunde aber erst später, haben Sie bzw. das Unternehmen zunächst eine Forderung gegenüber dem Kunden, und das müssen Sie buchen.

Beispiel

Eine Kundenrechnung über 3.000 Euro zzgl. 570 Euro Umsatzsteuer liegt vor. Der Kunde zahlt erst später. Bis zum Geldeingang hat das Unternehmen eine Forderung. Wie lautet der klassische Buchungssatz?

Hier werden das Aktivkonto „Forderungen“, das Ertragskonto „Umsatzerlöse“ und das Passivkonto „Umsatzsteuer“ angesprochen. Nach einem kurzen Blick auf die Regeln, ist der Buchungssatz gebildet:

Soll	an	Haben
AB und **Zugänge Aktivkonten** (AV, UV) Abgänge Passivkonten und SB (EB, FK) Aufwendungen steigen, Erträge sinken		AB und Zugänge Passivkonten (EK, FK) Abgänge Aktivkonten und SB (AV, UV) **Erträge steigen**, Aufwendungen sinken
Forderungen 3.570 €	an	Umsatzerlöse 3.000 € Umsatzsteuer 570 €

Bei einer Korrekturrechnung durch Warenrücklieferung oder Nachlässe wird umgekehrt gebucht.

Beispiel

Es liegt eine Korrekturrechnung über 100 Euro zzgl. 19 Euro Umsatzsteuer vor.

So lautet der klassische Buchungssatz:

Soll	an	Haben
Umsatzerlöse oder Ertragsminderungen 100 € Umsatzsteuer 19 €	an	Forderungen 119 €

Möchten Sie diese Kundenrechnung in einer Software erfassen, ist die folgende Eingaberegel zu beachten.

Beispiel

Bei einer Kundenrechnung erfassen Sie die Kontonummer des Kontos „Forderungen" im Feld „Konto Soll" und die Nummer von „Erlöse 19 % Umsatzsteuer" im Feld „Konto Haben". Im Rechnungsbetrag von 3.570 Euro sind 19 Prozent Umsatzsteuer enthalten, deshalb geben Sie den Bruttobetrag ein sowie den Steuersatz 19 Prozent.

Kontonummern

SKR 03	SKR 04	Kontenbezeichnung
1410	1210	Forderungen aus Lieferungen und Leistungen
8400	4400	Erlöse 19 % Umsatzsteuer

Buchungsvorlage

Soll	Haben	Betrag	Steuersatz
1410/1210 (Forderungen)	8400/4400 (Erlöse 19 %)	3.570 €	19 % USt.

Während Sie eine Kundenrechnung nach den genannten Eingaberegeln erfassen, bucht die Software im Hintergrund automatisch auf die Konten. Sie bucht den gesamten Rechnungsbetrag auf die Sollseite des Forderungskontos, rechnet die Umsatzsteuer automatisch heraus und bucht den Nettobetrag getrennt von der Umsatzsteuer auf den Habenseiten der Konten „Erlöse" und „Umsatzsteuer". Sie können also nach der Eingabe den Buchungssatz von den Konten ablesen.

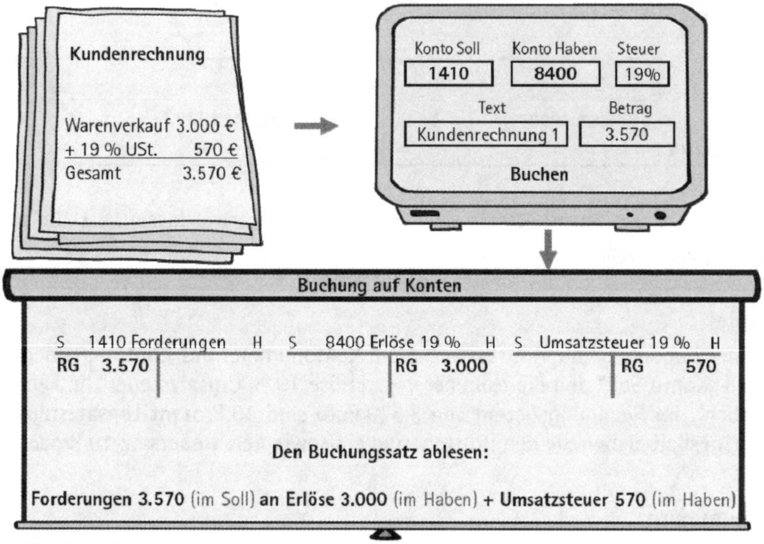

Abb. 58: Kundenrechnung eingeben

9.1.1 Von den Konten zum Bericht

Nach jeder Eingabe bucht das Programm nicht nur automatisch auf die verschiedenen Konten, es ermittelt zugleich auch die Schlussbestände der Konten. So können Sie sich jederzeit auf Knopfdruck die Gewinn- und Verlustrechnung sowie die Bilanz ansehen.

Beispiel

Die Summe des Ertragskontos wird in die Gewinn- und Verlustrechnung übertragen und der Gewinn von 3.000 Euro fließt in das Eigenkapital ein. Anschließend werden die Schlussbestände der Aktiv- und Passivkonten in die Bilanz übertragen.

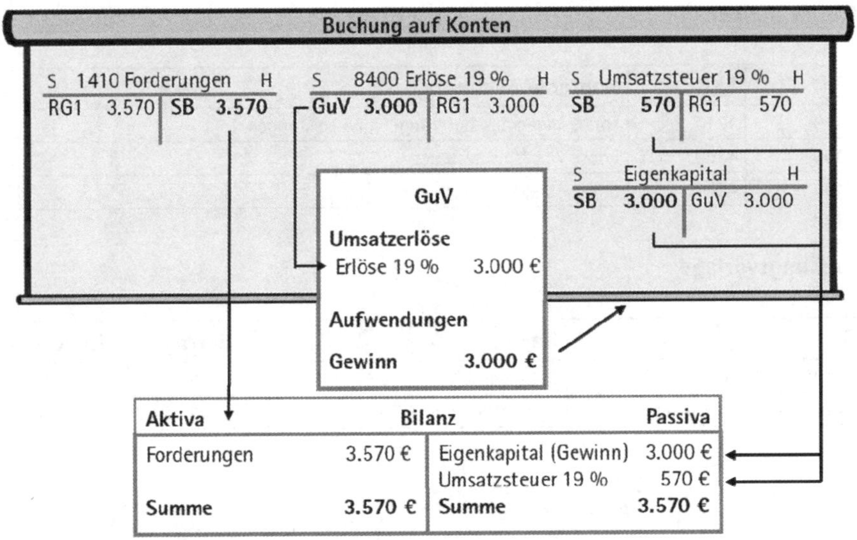

Abb. 59: Von den Konten zum Bericht

9.1.2 Buchung auf verschiedene Ertragskonten

Berechnet ein Unternehmen seinen Kunden unterschiedliche Umsatzsteuersätze, müssen Sie ein Ertragskonto mit dem passenden Steuersatz wählen. Nur so kann die Software später den Nettoerlös und die Umsatzsteuer in die entsprechenden Felder der Umsatzsteuer-Voranmeldung eintragen. Diese Angaben sind beim Ertragskonto hinterlegt, deshalb genügt es nicht, nur den richtigen Steuersatz zu erfassen.

Beispiel

Rechnung Nr. 1 über 3.570 Euro enthält 19 Prozent Umsatzsteuer und wird auf das Ertragskonto „Erlöse 19 % Umsatzsteuer" gebucht. Rechnung Nr. 2 über 2.140 Euro enthält 7 Prozent Umsatzsteuer, deshalb muss diese Rechnung auf das Konto „Erlöse 7 % Umsatzsteuer" gebucht werden. Von diesen Konten holt sich die Software die Zahlen für die Umsatzsteuer-Voranmeldung. Wie ist zu buchen?

Kontonummern

SKR 03	SKR 04	Kontenbezeichnung
1410	1210	Forderungen aus Lieferungen und Leistungen
8300	4300	Erlöse 7 % Umsatzsteuer
8400	4400	Erlöse 19 % Umsatzsteuer

Buchungsvorlage

Soll	Haben	Betrag	Steuersatz
1410/1210 (Forderungen)	8400/4400 (Erlöse 19 %)	3.570 €	19 % USt.
1410/1210 (Forderungen)	8300/4300 (Erlöse 7 %)	2.140 €	7 % USt.

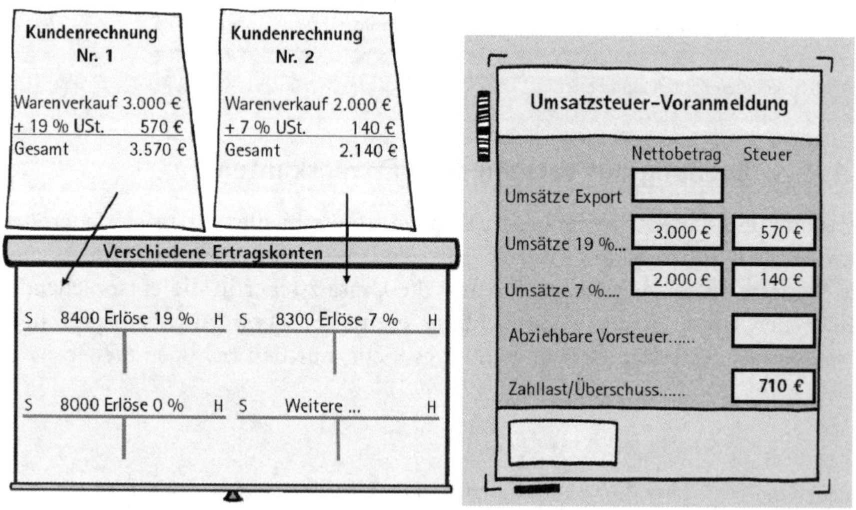

Abb. 60: Das richtige Ertragskonto für die Umsatzsteuer-Voranmeldung

Am Buchungssatz bzw. an den Eingaberegeln ändert sich nichts, Sie verwenden beim Buchen einfach nur unterschiedliche Ertragskonten. Dadurch erhalten Sie zusätzlich zur Gewinnermittlung auch richtig ausgefüllte Umsatzsteuerformulare. Mehr zu den Ertragskonten finden Sie in Kapitel 6.2.2 „Konten für Erträge“.

Zusatzinformation im Internet:
unter www.iris-thomsen.de/kontenplan/ertragskonten.

9.1.3 Kundenrechnungen auf Debitorenkonten buchen

Wurden für die Kunden eigene Debitorenkonten angelegt, geben Sie beim Buchen anstelle des Forderungskontos das entsprechende Debitorenkonto ein.

Beispiel

Die Debitorenkonten wurden angelegt und stehen jetzt im Kontenplan. Die Rechnung an den Kunden X beträgt 1.190 Euro inkl. 19 Prozent Umsatzsteuer, die Rechnung an den Kunden Y 2.380 Euro inkl. 19 Prozent Umsatzsteuer.

So werden diese Rechnungen eingegeben:

Kontonummern

SKR 03	SKR 04	Kontenbezeichnung
10100	10100	Kunde X (neu angelegtes Debitorenkonto)
10200	10200	Kunde Y (neu angelegtes Debitorenkonto)
8400	4400	Erlöse 19 % Umsatzsteuer

Buchungsvorlage

Soll	Haben	Betrag	Steuersatz
10100 (Kunde X)	8400/4400 (Erlöse 19 %)	1.190 €	19 % USt.
10200 (Kunde Y)	8400/4400 (Erlöse 19 %)	2.380 €	19 % USt.

In der OP-Liste (Offene-Posten-Liste) sehen Sie die offenen Forderungen. Vom Kunden X erwarten Sie noch 1.190 Euro, vom Kunden Y 2.380 Euro. In der Bilanz sehen Sie, dass Sie insgesamt noch 3.570 Euro von Ihren Kunden zu bekommen haben.

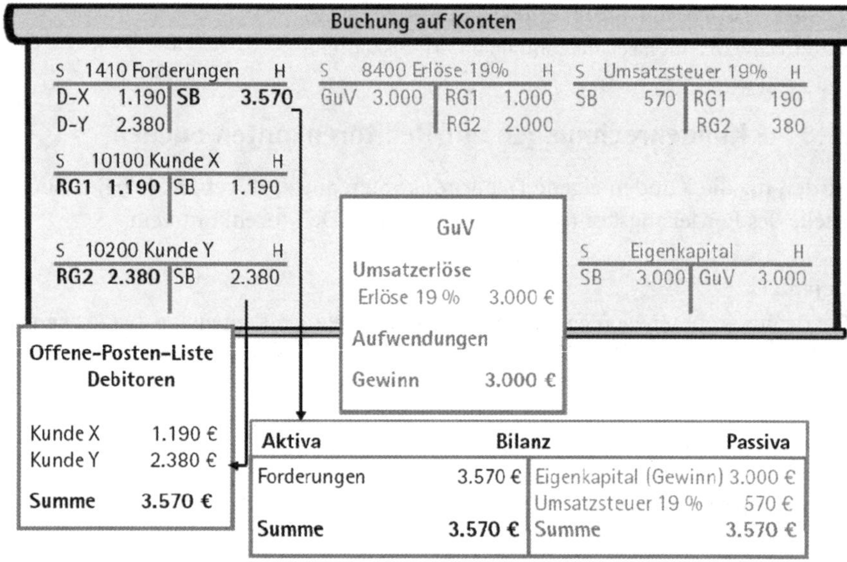

Abb. 61: Eine Offene-Posten-Liste (OP-Liste) zusätzlich zur Bilanz

9.1.4 Korrekturrechnungen buchen

In der Praxis spricht man nicht mehr von Gutschriften, sondern von Korrekturrechnungen. Für Rücklieferungen wird auch der Begriff „Retourenrechnungen" verwendet und für nachträglich gewährte Nachlässe der Begriff „Nachlassrechnungen". Bei Korrekturrechnungen an Kunden sinken die Forderungen, die Erträge und die Umsatzsteuerzahllast. In diesem Fall drehen Sie den Buchungssatz, mit dem Sie die Rechnung gebucht haben, einfach um, erfassen also im Feld „Konto Soll" das Ertragskonto und im Feld „Konto Haben" das Forderungs- oder Debitorenkonto. Möchten Sie bei einer Korrekturrechnung nicht einfach nur den Ertrag mindern, sondern z. B. die Nachlässe offen sehen, müssen Sie die entsprechenden Konten für Rabatte und sonstige Nachlässe verwenden.

Beispiel

Bei der Korrekturrechnung KR 1 an den Kunden Y handelt es sich um eine Warenrücklieferung über 238 Euro inkl. 19 Prozent Umsatzsteuer. Sie wird direkt auf das Konto „Erlöse 19 % Umsatzsteuer" gebucht. Bei der KR 2 an den Kunden X handelt es sich um nachträglich gewährte Rabatte in Höhe von 119 Euro inkl. 19 Prozent Umsatzsteuer, die Sie in der Gewinn- und Verlustrechnung gesondert ausweisen möchten. Dafür verwenden Sie das Konto „Gewährte Rabatte 19 % Umsatzsteuer".

Hier sehen Sie die Eingabevorlage:

Kontonummern

SKR 03	SKR 04	Kontenbezeichnung
10100	10100	Kunde X (neu angelegtes Debitorenkonto)
10200	10200	Kunde Y (neu angelegtes Debitorenkonto)
8400	4400	Erlöse 19 % Umsatzsteuer
8790	4790	Gewährte Rabatte 19 % Umsatzsteuer

Buchungsvorlage

Soll	Haben	Betrag	Steuersatz
8400/4400 (Erlöse 19 %)	10200 Kunde Y	238 €	19 % USt.
8790/ 4790 (Rabatte 19 %)	10100 Kunde X	119 €	19 % USt.

Buchen Sie Korrekturrechnungen direkt auf das Konto „Erlöse", sehen Sie in der Gewinn- und Verlustrechnung lediglich den geringeren Ertrag. Buchen Sie sie auf das Konto „Gewährte Rabatte", wird der Nachlass gesondert ausgewiesen.

Nachlässe gesondert ausweisen oder nicht?

Eine erteilte Korrekturrechnung mindert immer den Gewinn, ganz gleich, ob Sie sie direkt auf das Ertragskonto buchen oder auf ein entsprechendes Konto für Rabatte und sonstige Nachlässe. Das Ergebnis bleibt das Gleiche. Welches Konto Sie verwenden, hat lediglich Auswirkungen auf die Ansicht der Gewinn- und Verlustrechnung, was die Abbildung im folgenden Beispiel zeigt.

Beispiel

Die KR 1 ist nun nicht mehr sichtbar, das Konto „8400 Erlöse 19 % Umsatzsteuer" ist um 200 Euro auf 2.800 Euro gesunken. Buchen Sie die KR 2 auf das Konto „8790 Gewährte Rabatte 19 % Umsatzsteuer", bleibt der Erlös in voller Höhe stehen. Der Rabatt in Höhe von 100 Euro wird mit einem Minuszeichen gesondert ausgewiesen.

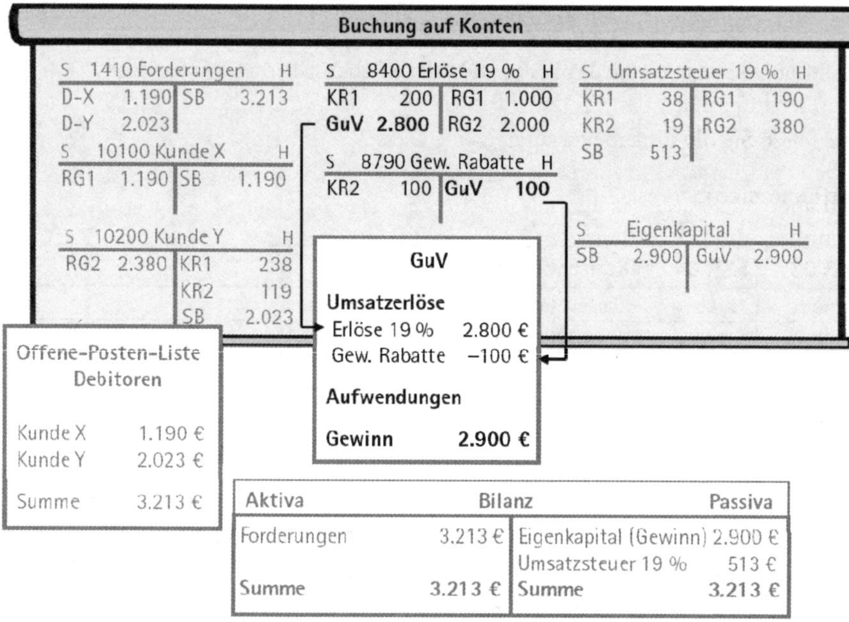

Abb. 62: Retouren und Nachlässe in der Gewinn- und Verlustrechnung ansehen

Wenn Sie einmal damit angefangen haben, die Rabatte auf eigene Konten zu buchen, sollten Sie das immer so machen, nur dann sind Ihre Berichte auch aussagekräftig.

Hinweis zu Warenwirtschaftsprogrammen

Mit Warenwirtschaftsprogrammen können Sie unter anderem mit wenigen Klicks Kundenrechnungen erstellen. Sind alle Stammdaten erfasst, vor allem die Kunden mit Adresse sowie die Artikel mit der Artikelbezeichnung und den Einzelpreisen, geht das Erstellen von Rechnungen ganz schnell. Sie wählen den entsprechenden Kunden aus, die Artikel sowie die Stückzahl und schon hat die Software alles, was sie braucht, um die Rechnung zu erstellen.

Gleichzeitig erstellen viele dieser Programme die Buchungssätze für diese Rechnungen. Dazu werden bei den Kunden „Debitorenkonten“ hinterlegt und bei den Artikeln „Ertragskonten mit Steuersätzen“. In diesem Fall werden die Buchungen nicht mehr eingegeben, sondern elektronisch in das Buchführungsprogramm übertragen.

9.2 Eingangsrechnungen buchen

Sobald ein Unternehmen Waren, Vorräte oder Büromaterial einkauft, findet eine Veränderung an seinen Werten statt. Ein Aufwand ist angefallen und Geld muss gezahlt werden. Wird die Eingangsrechnung oder der Beleg sofort gezahlt, buchen Sie den Aufwand zusammen mit der Zahlung über die Kasse oder das Bankkonto. Wird aber erst später gezahlt, hat das Unternehmen zunächst eine Verbindlichkeit gegenüber dem Lieferanten oder Handwerker, und das muss gebucht werden.

Beispiel

Es liegt eine Eingangsrechnung über 2.380 Euro inkl. 19 Prozent Umsatzsteuer vor. Sie zahlen nicht sofort, folglich haben Sie eine Verbindlichkeit. Wie lautet der klassische Buchungssatz?

Hier werden das Aufwandskonto „Wareneinkauf", das Aktivkonto „Vorsteuer" und das Passivkonto „Verbindlichkeiten" angesprochen.

Soll	an	Haben
AB und **Zugänge Aktivkonten** (AV, UV) Abgänge Passivkonten und SB (EB, FK) **Aufwendungen steigen**, Erträge sinken		AB und **Zugänge Passivkonten** (EK, FK) Abgänge Aktivkonten und SB (AV, UV) Erträge steigen, Aufwendungen sinken
Wareneinkauf 2.000 € Vorsteuer 380 €	an	Verbindlichkeiten 2.380 €

Bei einer Korrekturrechnung durch Warenrücklieferung oder Nachlässe wird umgekehrt gebucht.

Beispiel

Es geht eine Korrekturrechnung über 238 Euro inkl. 19 Prozent Umsatzsteuer ein.

So lautet der klassische Buchungssatz.

Soll	an	Haben
Verbindlichkeiten 238 €	an	Aufwand oder Aufwandsminderung 200 € Vorsteuer 38 €

Möchten Sie diese Eingangsrechnung in einer Software erfassen, ist die folgende Eingaberegel zu beachten.

Beispiel

Bei einer Eingangsrechnung erfassen Sie das Konto „Wareneingang 19 % Vorsteuer" im Feld „Konto Soll" und das Konto „Verbindlichkeiten" im Feld „Konto Haben". Im Rechnungsbetrag von 2.380 Euro sind 19 Prozent Umsatzsteuer enthalten, deshalb geben Sie den Bruttobetrag sowie den Steuersatz 19 Prozent ein.

So könnte die Eingabevorlage aussehen:

Kontonummern

SKR 03	SKR 04	Kontenbezeichnung
1610	3310	Verbindlichkeiten aus Lieferungen und Leistungen
3400	5400	Wareneingang 19 % Vorsteuer

Buchungsvorlage

Soll	Haben	Betrag	Steuersatz
3400/5400 (Wareneingang)	1610/3310 (Verbindlichkeiten)	2.380 €	19 % VSt.

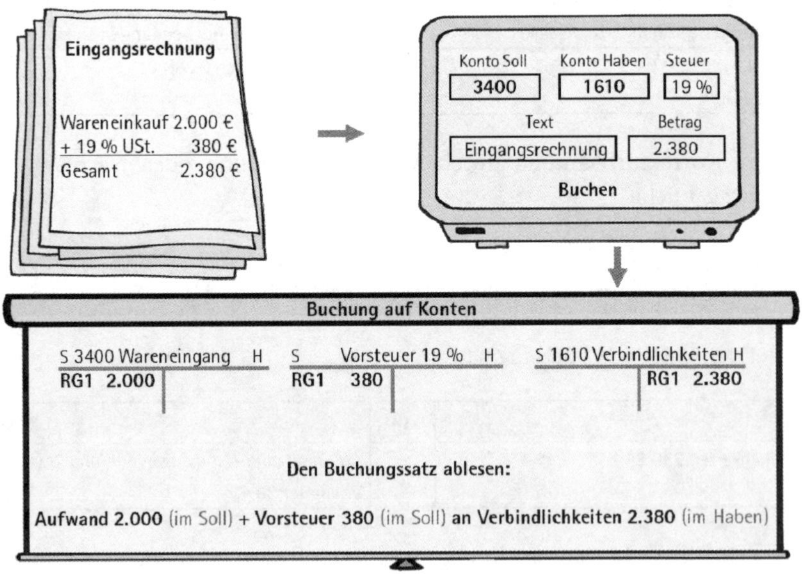

Abb. 63: Eingangsrechnung eingeben

Im Hintergrund bucht die Software den gesamten Rechnungsbetrag auf die Habenseite des Verbindlichkeitskontos, rechnet die Vorsteuer automatisch heraus und bucht den Nettobetrag getrennt von der Vorsteuer auf den Sollseiten der Konten „Wareneingang" und „Vorsteuer". Nach der Eingabe sehen Sie den Buchungssatz auf den Konten der Gewinn- und Verlustrechnung sowie der Bilanz.

Beispiel

Die Summe des Aufwandskontos wird in die Gewinn- und Verlustrechnung übertragen und der Verlust von 2.000 Euro fließt in das Eigenkapital ein. Anschließend werden die Schlussbestände der Aktiv- und Passivkonten in die Bilanz übertragen.

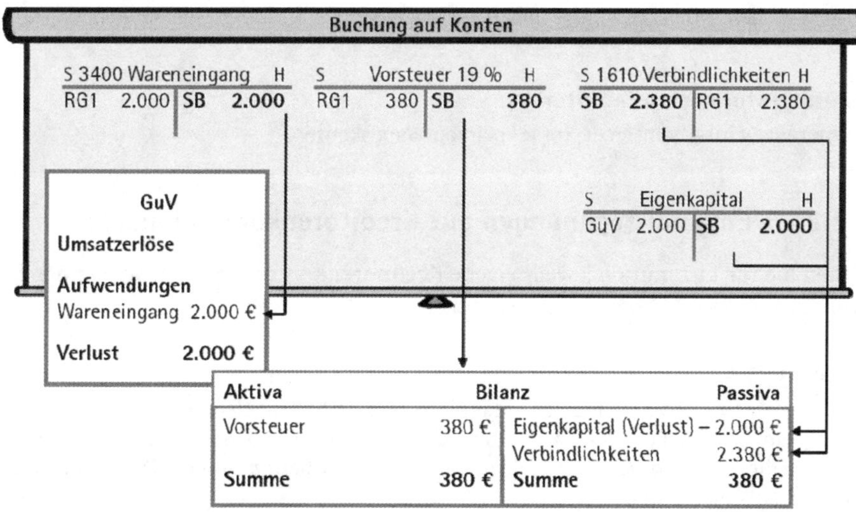

Abb. 64: Von den Konten zum Bericht

9.2.1 Die Aufwandskonten und die Steuersätze

Bei Erträgen werden der Nettoumsatz und die Umsatzsteuer in die Umsatzsteuer-Voranmeldung eingetragen. Damit die Software dieses Formular richtig ausfüllen kann, müssen Sie immer das passende Erlöskonto wählen und nicht einfach nur den Steuersatz in der Buchungsmaske ändern.

Das ist bei Aufwendungen anders, hier wird nur die Vorsteuer und nicht der Nettowert eingetragen. Deshalb genügt es, wenn Sie in der Buchungsmaske einfach nur den richtigen Steuersatz eingeben. Sie können also auf das Konto „Geschenke" mal einen Betrag inkl. 7 Prozent und mal einen Betrag inkl. 19 Prozent Umsatzsteuer eintragen. Das Programm wird die entsprechende Vorsteuer herausrechnen und auf die Vorsteuerkonten buchen. Von diesen Konten holt sich das Programm später die Zahlen für die Umsatzsteuer-Voranmeldung.

Achtung

Handelt es sich allerdings um Bauleistungen oder um einen innergemeinschaftlichen Erwerb, müssen Sie unbedingt die dafür vorgesehenen Konten verwenden. Mit diesen Konten sind nämlich im Programm besondere Funktionen verbunden. Während Sie den Nettobetrag eingeben, ermittelt das Programm den Steuerbetrag und trägt die Werte in besondere Felder der Umsatzsteuer-Voranmeldung ein.
Mehr zu den Aufwandskonten finden Sie in Kapitel 6.2.1 „Konten für Aufwendungen".

Zusatzinformation im Internet:

unter www.iris-thomsen.de/kontenplan/aufwandskonten.

9.2.2 Eingangsrechnungen auf Kreditorenkonten buchen

Haben Sie für Lieferanten jeweils eigene Kreditorenkonten angelegt, verwenden Sie diese, anstelle des Verbindlichkeitskontos.

Beispiel

Für den Lieferanten X wurde das Kreditorenkonto 71000 angelegt. Der Rechnungsbetrag liegt bei 476 Euro inkl. 19 Prozent Umsatzsteuer. Für den Lieferanten Y wurde das Kreditorenkonto 72000 angelegt. Der Rechnungsbetrag lautet 1.190 Euro inkl. 19 Prozent Umsatzsteuer.

So könnte die Eingabevorlage aussehen:

Kontonummern

SKR 03	SKR 04	Kontenbezeichnung
71000	71000	Lieferant X (angelegtes Kreditorenkonto)
72000	72000	Lieferant Y (angelegtes Kreditorenkonto)
3400	5400	Wareneingang 19 % Vorsteuer

Buchungsvorlage

Soll	Haben	Betrag	Steuersatz
3400/5400 (Wareneingang)	71000 (Lieferant X)	476 €	19 % VSt.
3400/5400 (Wareneingang)	72000 (Lieferant Y)	1.190 €	19 % VSt.

In der OP-Liste (Offene-Posten-Liste) sehen Sie die offenen Verbindlichkeiten. Dem Lieferanten X schuldet das Unternehmen, für das Sie arbeiten, 476 Euro und dem Lieferanten Y 1.190 Euro. In der Bilanz sehen Sie, dass das Unternehmen Verbindlichkeiten in Höhe von insgesamt 1.666 Euro hat.

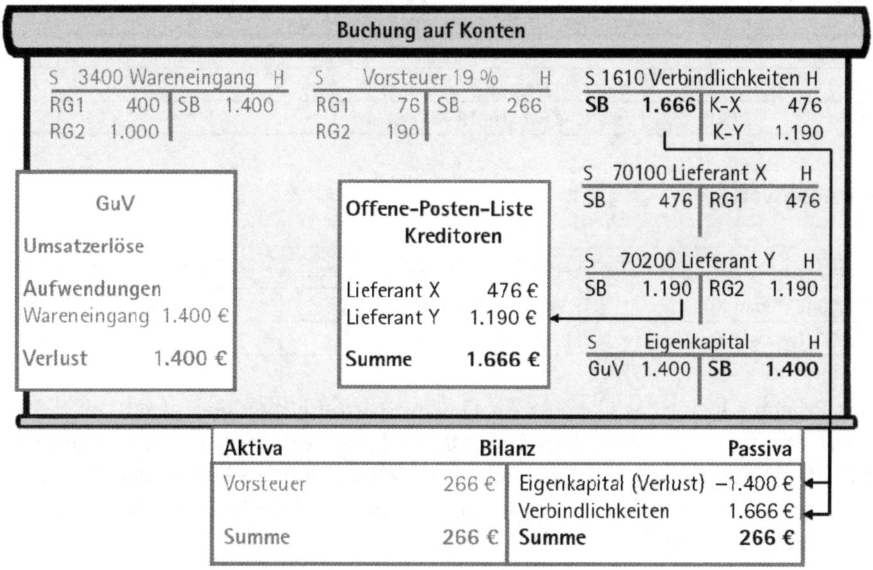

Abb. 65: Eine Offene-Posten-Liste (OP-Liste) zusätzlich zur Bilanz

9.2.3 Rechnungskorrekturen buchen

Bei Rechnungskorrekturen von Lieferanten erfassen Sie im Feld „Konto Soll" das Verbindlichkeits- oder Kreditorenkonto und im Feld „Konto Haben" das Aufwands- oder Nachlasskonto.

Beispiel

Es liegen zwei Korrekturrechnungen vor. Bei KR 1 an den Lieferanten Y handelt es sich um eine Warenrücklieferung über 238 Euro inkl. 19 Prozent Umsatzsteuer; der Ertrag soll gemindert werden. Bei KR 2 an den Kunden X handelt es sich um nachträglich erhaltene Rabatte über 119 Euro inkl. 19 Prozent Umsatzsteuer, die Sie in der Gewinn- und Verlustrechnung gesondert ausweisen möchten.

So könnte die Eingabevorlage aussehen:

Kontonummern

SKR 03	SKR 04	Kontenbezeichnung
71000	71000	Lieferant X (angelegtes Kreditorenkonto)
72000	72000	Lieferant Y (angelegtes Kreditorenkonto)
3400	5400	Wareneingang 19 % Vorsteuer
3790	5790	Erhaltene Rabatte 19 % Vorsteuer

Buchungsvorlage

Soll	Haben	Betrag	Steuersatz
71000 (Lieferant X))	3400/5400 (Wareneingang)	238 €	19 % VSt.
72000 (Lieferant Y)	3790/5790 (Rabatte)	119 €	19 % VSt.

Das Ergebnis bleibt das Gleiche: Ihr Gewinn wird erhöht. Ganz gleich, ob Sie die Korrekturen direkt auf das Aufwandskonto oder auf ein entsprechendes Konto für Rabatte und sonstige Nachlässe buchen. Welches Konto Sie verwenden, hat lediglich Auswirkungen auf die Ansicht Ihrer Gewinn- und Verlustrechnung. Das zeigt das folgende Beispiel:

Beispiel

Die KR 1 ist nun nicht mehr sichtbar, das Konto „Wareneinkauf 19 %" ist um 200 Euro auf 1.200 Euro gesunken. Buchen Sie die KR 2 auf das Konto „Gewährte Rabatte", bleibt der Aufwand in voller Höhe stehen und der Rabatt von 100 Euro wird mit einem Minuszeichen gesondert ausgewiesen.

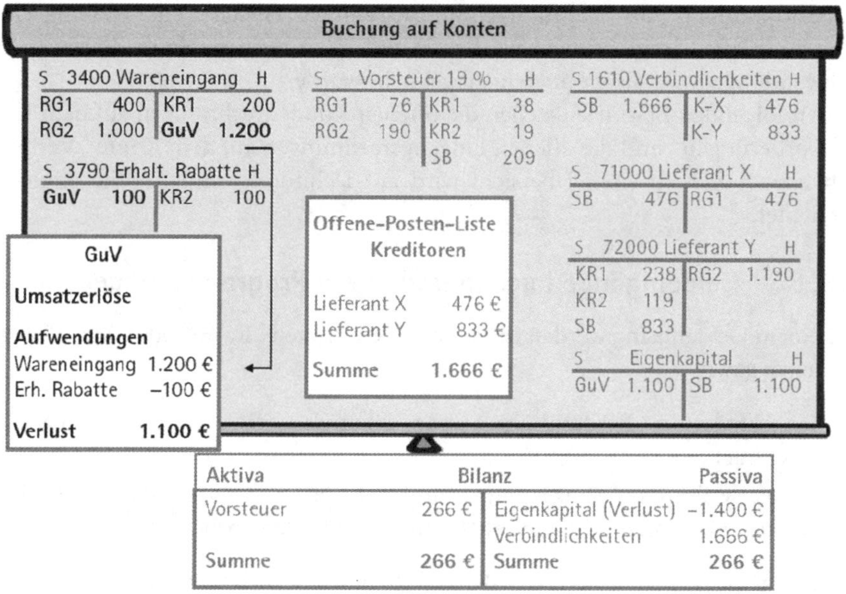

Abb. 66: Retouren und Nachlässe in der Gewinn- und Verlustrechnung ansehen

Hinweis zu Warenwirtschaftsprogrammen

Mit Warenwirtschaftsprogrammen können Sie unter anderem Ihre Wareneinkäufe verwalten. Einige dieser Programme erstellen gleichzeitig die Buchungssätze für die Eingangsrechnungen, die Sie dann in das Buchführungsprogramm übertragen können. Das ist in der Regel der Fall, wenn bei den Lieferanten „Kreditorenkonten“ und bei den Artikeln „Aufwandskonten mit Steuersätzen“ hinterlegt sind.

9.3 Geldeingänge und Zahlungen buchen

Jeder Geldeingang in der Kasse oder auf einem Bankkonto des Unternehmens muss gebucht werden, genauso wie jede Zahlung. Dabei ist Folgendes zu beachten: Bilanzierende Unternehmen müssen alle Kundenrechnungen sofort buchen, d. h., dass die meisten Erträge bereits gebucht sind. Parallel dazu stehen die offenen Forderungen in der Bilanz. Erfassen Sie nun die Geldeingänge, müssen Sie sich immer wieder fragen, ob es sich um die Begleichung einer offenen Forderung handelt oder tatsächlich um einen weiteren Ertrag, der noch nicht gebucht wurde. Es soll ja kein Ertrag doppelt gebucht werden.

Für die Zahlung von Eingangsrechnungen gilt das Gleiche. Die Zahlung einer Rechnung, die bereits gebucht wurde, ist anders zu buchen, als die Zahlung von Aufwendungen, die bisher noch nicht gebucht wurden.
In den folgenden Beispielen stehen die offenen Kundenrechnungen auf dem Konto „Forderungen" und die offenen Eingangsrechnungen auf dem Konto „Verbindlichkeiten". Zur besseren Übersicht wird auf Debitoren- und Kreditorenkonten verzichtet.

9.3.1 Geldeingänge buchen und in ein Programm eingeben

Bei einem Geldeingang werden immer die Aktivkonten „Kasse" oder „Bank" angesprochen sowie

- das Aktivkonto „Forderungen", wenn dabei eine offene Forderung beglichen wird, oder
- beispielsweise das Ertragskonto „Umsatzerlöse" sowie das Passivkonto „Umsatzsteuer", wenn der Kunde eine Rechnung zahlt, die noch nicht erfasst wurde.

Bei einem Geldeingang steigt der Banksaldo, und das geschieht im Falle des Aktivkontos Bank im Soll. Das bedeutet: Der Buchungssatz beginnt immer mit „Bank an …". Das Konto „Forderungen" beispielsweise wird dann im Haben gebucht. Hier sehen Sie die Buchführungsregeln für Geldeingänge:

Soll	an	Haben
Bank oder Kasse, wenn der Stand steigt	an	**Forderungen**, wenn sie sinken
		Debitoren, wenn offene Rechnungen sinken
		Erträge, wenn sie steigen
		Umsatzsteuer, wenn sie steigt
		Darlehen, wenn es steigt

9.3.2 Begleichung einer offenen Forderung buchen

Wird eine offene Forderung beglichen, bucht die Software den Betrag einmal auf die Sollseite des Bankkontos und einmal auf die Habenseite des Forderungskontos. Das Konto „Umsatzsteuer" bleibt unberührt, weil die Steuer bereits beim Buchen der Kundenrechnung erfasst wurde.

Beispiel

Der Kunde zahlt die offene Rechnung Nr. 1 über 1.190 Euro, die bereits auf dem Konto „Forderungen" steht. Beim Geldeingang erfassen Sie das Konto „Bank" im Feld „Konto Soll" und das Konto „Forderungen" im Feld „Konto Haben". Im Feld „Steuer" geben Sie keinen Steuersatz ein.

So könnte die Eingabevorlage aussehen:

Kontonummern

SKR 03	SKR 04	Kontenbezeichnung
1410	1210	Forderungen aus Lieferungen und Leistungen
1200	1800	Bank

Buchungsvorlage

Soll	Haben	Betrag	Steuersatz
1200/1800 (Bank)	1410/1210 (Forderungen)	1.190 €	----

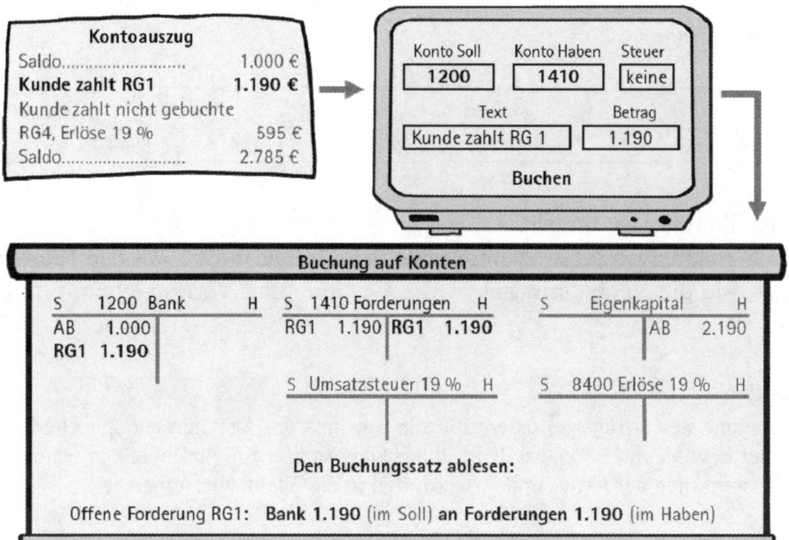

Abb. 67: Begleichung einer Forderung

9.3.3 Sonstige Geldeingänge buchen

Erfassen Sie einen weiteren Ertrag, bucht die Software den gesamten Rechnungsbetrag auf die Sollseite des Bankkontos, rechnet die Umsatzsteuer automatisch heraus und bucht den Nettobetrag getrennt von der Umsatzsteuer auf den Habenseiten der Konten „Erlöse 19 % Umsatzsteuer" und „Umsatzsteuer".

Beispiel

Der Kunde zahlt die offene Rechnung Nr. 4 über 595 Euro. Hierbei handelt es sich um einen Warenverkauf, für den die Rechnung noch nicht gebucht wurde. Im Rechnungsbetrag von 595 Euro sind 19 Prozent Umsatzsteuer enthalten.

Für diese Rechnung könnte die Eingabevorlage folgendermaßen aussehen:

Kontonummern

SKR 03	SKR 04	Kontenbezeichnung
1200	1800	Bank
8400	4400	Erlöse 19 % Umsatzsteuer

Buchungsvorlage

Soll	Haben	Betrag	Steuersatz
1200/1800 (Bank)	8400/4400 (Erlöse 19 %)	595 €	19 % USt.

Von den Konten zum Bericht

Sind alle Buchungen erfasst, können Sie sich die Buchungen auf den Konten ansehen sowie die Veränderungen in der Gewinn- und Verlustrechnung und der Bilanz.

Beispiel

Die Summe des Ertragskontos wird in die Gewinn- und Verlustrechnung übertragen und der Gewinn von 500 Euro fließt in das Eigenkapital ein. Anschließend werden die Schlussbestände der Aktiv- und Passivkonten in die Bilanz übertragen.

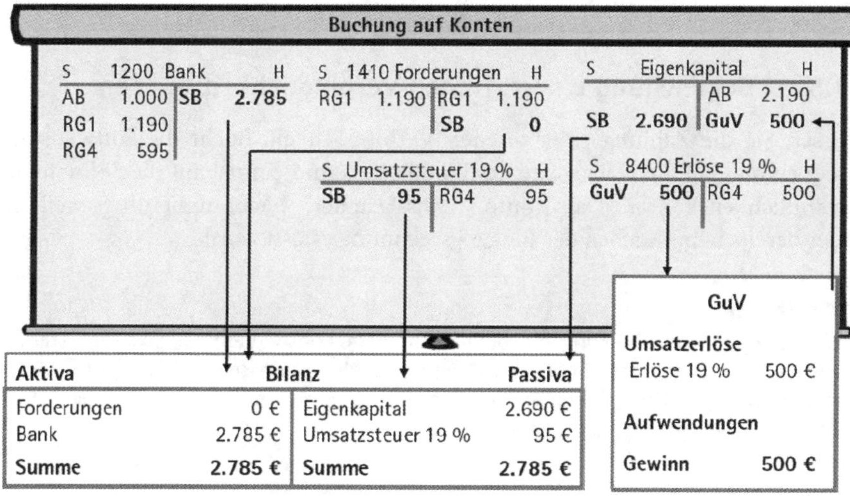

Abb. 68: Von den Konten zum Bericht

9.3.4 Zahlungen buchen und im Programm erfassen

Bei einer Zahlung werden immer die Aktivkonten „Kasse“ oder „Bank“ angesprochen.

- Wird mit der Zahlung eine offene Verbindlichkeit beglichen, wird zusätzlich das Passivkonto „Verbindlichkeiten“ angesprochen.
- Zahlen Sie eine Rechnung, die noch nicht erfasst wurde, werden zusätzlich z. B. das Aufwandskonto „Wareneinkauf“ und das Aktivkonto „Vorsteuer“ angesprochen.

Der Banksaldo sinkt beim Aktivkonto „Bank“ im Haben. Der Buchungssatz lautet also immer: „… an Bank“. Dann wird z. B. das Konto „Verbindlichkeiten“ im Soll gebucht. Hier noch einmal die Buchführungsregeln für Zahlungen:

Soll	an	Haben
Forderungen, wenn sie sinken	an	**Bank oder Kasse**, wenn der Stand sinkt
Debitoren, wenn offene Rechnungen sinken		
Erträge, wenn sie steigen		
Umsatzsteuer, wenn sie steigt		

Darlehen, wenn es steigt		

9.3.5 Begleichung einer offenen Verbindlichkeit buchen

Erfassen Sie die Zahlung einer offenen Verbindlichkeit, bucht die Software den Betrag einmal auf die Habenseite des Bankkontos und einmal auf die Sollseite des Verbindlichkeitskontos. Das Konto „Umsatzsteuer" bleibt unberührt, weil die Steuer bereits beim Buchen der Eingangsrechnung erfasst wurde.

Beispiel

RG 1 in Höhe von 476 Euro, die bereits auf dem Konto „Verbindlichkeiten" steht, wurde an den Lieferanten überwiesen. Bei der Zahlung erfassen Sie das Konto „Verbindlichkeiten" im Feld „Konto Soll" und das Konto „Bank" im Feld „Konto Haben". Im Feld „Steuer" geben Sie keinen Steuersatz ein.

Hier die Eingabevorlage:

Kontonummern

	SKR 04	Kontenbezeichnung
1200	1800	Bank
1610	3310	Verbindlichkeiten aus Lieferungen und Leistungen

Buchungsvorlage

Soll	Haben	Betrag	Steuersatz
1610/3310 (Verbindlichkeiten)	1200/1800 (Bank)	476 €	----

9.3.6 Sonstige Zahlungen buchen

Erfassen Sie die Zahlung von einem weiteren Aufwand, bucht die Software den gesamten Rechnungsbetrag auf die Habenseite des Bankkontos, rechnet die Umsatzsteuer automatisch heraus und bucht den Nettobetrag getrennt von der Umsatzsteuer auf den Sollseiten der Konten „Wareneingang 19 % Vorsteuer" und „Vorsteuer".

Beispiel

Sie haben die offene Rechnung Nr. 3 über 238 Euro gezahlt. Diese Rechnung über einen Wareneinkauf wurde bisher noch nicht gebucht. Im Rechnungsbetrag sind 19 Prozent Umsatzsteuer enthalten.

So könnte die Eingabevorlage aussehen:

Kontonummern

SKR 03	SKR 04	Kontenbezeichnung
1200	1800	Bank
3400	5400	Wareneingang 19 % Vorsteuer

Buchungsvorlage

Soll	Haben	Betrag	Steuersatz
3400/5400 (Wareneingang)	1200/1800 (Bank)	238 €	VSt. 19 %

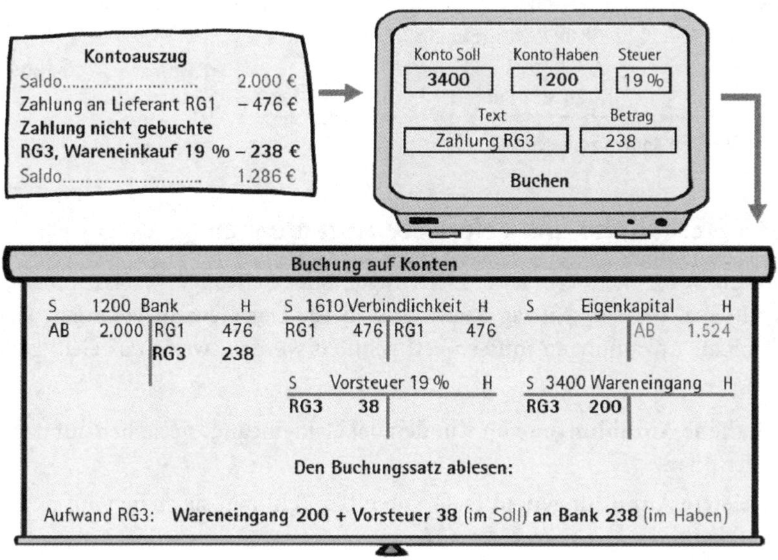

Abb. 69: Einen weiteren Aufwand buchen

Nach der Buchung können Sie sich die Gewinn- und Verlustrechnung sowie die Bilanz ansehen.

Beispiel

Die Summe des Aufwandskontos wird in die Gewinn- und Verlustrechnung übertragen. Der Verlust von 200 Euro fließt in das Eigenkapital ein. Anschließend werden die Schlussbestände der Aktiv- und Passivkonten in die Bilanz übertragen.

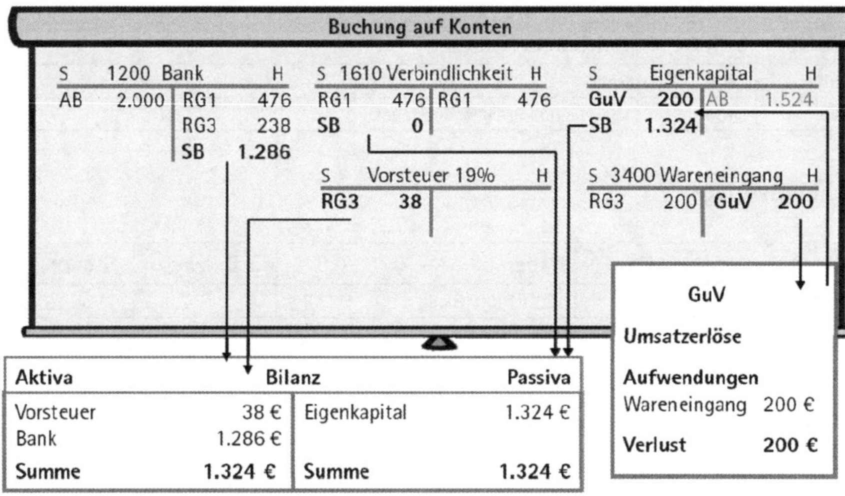

Abb. 70: Von den Konten zum Bericht

9.3.7 Erhaltene und geleistete Anzahlungen

Anzahlungen für nicht erbrachte Lieferungen oder Leistungen erfassen Sie solange in der Bilanz, bis der Auftrag abgeschlossen ist. Der Gewinn verändert sich dadurch nicht. Anzahlungen müssen erst gebucht werden, wenn das Geld geflossen ist.

- **Erhaltene Anzahlungen** von Kunden bei Geldeingang, sie stehen auf der Passiva der Bilanz.
- **Geleistete Anzahlungen** an Lieferanten bei Zahlung, sie stehen auf der Aktiva der Bilanz.

Erst, wenn der Auftrag abgeschlossen ist, wird die Schlussrechnung gebucht. Zu diesem Zeitpunkt sind die Anzahlungen umzubuchen.

Beispiel

Vor Abschluss eines Auftrags wurde mit dem Kunden eine Anzahlung in Höhe von 4.760 Euro inkl. Umsatzsteuer vereinbart. Das Geld ist auf dem Bankkonto eingegangen. Eine Woche später war es soweit, die Schlussrechnung in Höhe von 23.800 Euro inkl. Umsatzsteuer wurde erstellt. Wie ist zu buchen?

Kontonummern

SKR 03	SKR 04	Kontenbezeichnung
1200	1800	Bank
1410	1210	Forderungen
1718	3272	Erhaltene Anzahlungen 19 % Umsatzsteuer
8400	4400	Erlöse 19 % Umsatzsteuer

Buchungsvorlage

Soll	Haben	Betrag	Steuersatz
Geldeingang der Anzahlung			
1200/1800 (Bank)	1718/3272 (Anzahlungen)	4.760 €	19 % USt.
Schlussrechnung und Umbuchung der Anzahlung			
1410/1210 (Forderungen)	8400/4400 (Erlöse)	23.800 €	19 % USt.
1718/3272 (Anzahlungen)	1410/1210 (Forderungen)	4.760 €	19 % USt.

9.4 Aufgaben zu Kapitel 9

Kundenrechnungen, Eingangsrechnungen, Geldeingänge und Zahlungen gehören zu den regelmäßigen Geschäftsvorfällen. Es werden immer die gleichen Buchungssätze wiederholt. Für die Eingabe sind Kontonummern erforderlich, die Sie aus einem Kontenplan aussuchen müssen. Unternehmen, die Umsatzsteuer berechnen bzw. zum Vorsteuerabzug berechtigt sind, müssen zusätzlich die Steuersätze der Konten beachten, denn nur so kann die Software die Umsatzsteuerformulare richtig ausfüllen. Hier können Sie Ihr Wissen testen. Für die folgenden Aufgaben steht Ihnen ein Auszug aus dem Kontenplan SKR 03 zur Verfügung.

Konto-Nr.	Kontenbezeichnung
Anlagevermögen	
0320	Pkw
0420	Büroeinrichtung
Umlaufvermögen	
1200	Bank (UV)
1410	Forderungen
1576	Vorsteuer 19 %
Eigenkapital	
1800	Privatentnahmen Unternehmer/innen Personenfirma
0800	Kapital Kapitalgesellschaften
Fremdkapital	
1705	Darlehen
1610	Verbindlichkeiten
1776	Umsatzsteuer 19 %
1780	Umsatzsteuervorauszahlung
Ertragskonten	
8300	Erlöse 7 % Umsatzsteuer
8400	Erlöse 19 % Umsatzsteuer
Aufwandskonten	
3400	Wareneinkauf 19 % Umsatzsteuer
3736	Erhaltene Skonti 19 % Umsatzsteuer
4210	Miete
4240	Strom, Gas, Wasser
4360	Versicherungen
4520	Kfz-Versicherungen
4530	Laufende Kfz-Kosten

Konto-Nr.	Kontenbezeichnung
4920	Telefon
4930	Bürobedarf
4970	Nebenkosten des Geldverkehrs
Debitoren (Forderungen pro Kunde)	
10100	Kunde Wagner
10200	Kunde Friedrich
Kreditoren (Verbindlichkeiten pro Lieferant)	
70200	Lieferant Hoffmann
70500	Lieferant Schelling

➔ Aufgabe 1

Für die Eingabe von Kunden- und Eingangsrechnungen in einer Buchführungssoftware brauchen Sie Kontonummern. Diese Kontennummern finden Sie im vorher gezeigten Kontenplan. In den Tabellen sehen Sie verschiedene Rechnungen, bitte tragen Sie die fehlenden Kontonummern in die folgenden Eingabevorlagen ein.

Eingabevorlage für Kundenrechnungen

Kundenrechnungen	Debitorenkonto Soll (Konto-Nr.)	Ertragskonto. Haben (Konto-Nr.)	Betrag	Steuersatz
Kunde Friedrich, Rg 100, Erlöse 19 %		8400	722 €	19 %
Kunde Wagner, Rg 124, Erlöse 7 %	10100		12.872 €	
Kunde Friedrich, Rg 125, Erlöse 19 %			433 €	

Eingabevorlage Lieferantenrechnungen

Lieferantenrechnungen (Kreditoren)	Aufwandskonto Soll (Konto-Nr.)	Kreditorenkonto. Haben (Konto-Nr.)	Betrag	Steuersatz
Lieferant Hoffmann, Rg 122, Wareneinkauf 7 %			7.732 €	
Lieferant Hoffmann, Rg 081, Wareneinkauf 19 %		8400	3.988 €	19 %
Lieferant Schelling, Rg 29, Wareneinkauf 19 %	70500		4.339 €	

➔ Aufgabe 2

In der Tabelle sehen Sie verschiedene Geldeingänge und Zahlungen. Das Konto „1200 Bank“ ist bereits auf den entsprechenden Kontenseiten eingetragen. Tragen Sie bitte die fehlenden Kontonummern und Steuersätze ein. Beachten Sie bei der Kontenwahl, ob es sich um den Ausgleich einer offenen Forderung bzw. Verbindlichkeit handelt oder ob der Aufwand bzw. Ertrag noch inkl. Steuer zu erfassen ist.

Eingabevorlage für Kontoauszüge

Text	Betrag	Soll (Konto-Nr.)	Haben (Konto-Nr.)	Steuersatz
Abbuchung Miete Laden inkl. 19 % USt. (nicht gebucht)	- 1.190 €		1200	19 %
Zahlung an Lieferant Hoffmann (gebuchte Rg 999)	- 2.918 €		1200	
Abbuchung Betriebshaftpflicht-versicherung ohne USt.	- 278 €		1200	
Kunde Wagner zahlt (gebuchte Rg 124)	+ 27.991 €	1200		----
Kunde Friedrich zahlt (Teil der gebuchten Rg 100)	+ 428 €	1200		
Kunde Friedrich zahlt (Rest der gebuchten Rg 100 und Rg 125)	+ 3.912 €	1200		
Abbuchung Kfz-Versicherung ohne USt. (nicht gebucht)	- 600 €		1200	
Abbuchung Stadtwerke Strom inkl. 19 % USt. (nicht gebucht)	- 357 €		1200	

Text	Betrag	Soll (Konto-Nr.)	Haben (Konto-Nr.)	Steuersatz
Abbuchung Telefongebühren Betrieb inkl. 19 % USt. (nicht gebucht)	- 108 €		1200	19 %
Zahlung an Lieferant Hoffmann (gebuchte Rg 151)	-3.443 €		1200	
Zahlung mit EC-Karte, Büromaterial inkl. 19 % USt. (nicht gebucht)	- 112 €		1200	
Bankgebühren ohne USt. (nicht gebucht)	- 91 €	4970	1200	----

➔ Aufgabe 3

Was ist beim Erfassen von Rechnungen, Geldeingängen und Zahlungen zu beachten? Kreuzen Sie bitte die richtigen Aussagen an.

Aussage	Richtig?
1. Gewährt ein Unternehmen seinen Kunden Nachlässe können Sie sie auf dem Ertragskonto „Umsatzerlöse" ins Soll oder auf ein gesondertes Ertragsminderungskonto „Gewährte Rabatte" buchen.	
2. Debitorenkonten verwenden Sie, wenn die Forderungskonten im Kontenplan nicht ausreichen.	
3. Kreditorenkonten verwenden Sie, wenn Sie die Verbindlichkeiten für jeden einzelnen Lieferanten erfassen möchten.	
4. Einen Geldeingang auf dem Girokonto buchen Sie grundsätzlich auf ein Ertragskonto zusammen mit einem Steuersatz.	
5. Bei einem Geldeingang müssen Sie aufpassen. Wenn die Kundenrechnung zuvor schon erfasst wurde, wird nur eine offene Forderung ausgeglichen. Sie geben keinen Steuerschlüssel ein.	
6. Gutschriften werden in der Praxis Korrekturrechnungen genannt. Die folgenden Begriffe können ebenfalls verwendet werden: Retourenrechnungen bei Warenrücklieferungen und Nachlassrechnungen bei nachträglichen Rabatten.	

→ Aufgabe 4

Ein Auftrag ist abgeschlossen und die Kundenrechnung in Höhe von 20.000 Euro zzgl. 19 Prozent Umsatzsteuer liegt vor. Der Kunde zahlt später. So wirkt sich dieser Geschäftsvorfall in der Bilanz und in der Gewinn- und Verlustrechnung aus:

Aktiva	**Bilanz**		**Passiva**
Umlaufvermögen		Eigenkapital	
- Forderungen	23.800	- GuV	20.000
		Fremdkapital	
		- Umsatzsteuer	3.800
Summe	23.800	Summe	23.800

Soll	**GuV**		**Haben**
Aufwendungen	0	Erträge	
		- Erlöse 19 %	20.000
Gewinn	20.000		
Summe	20.000	Summe	20.000

Wie sieht die Umsatzsteuerabrechnung aus?

Umsatzsteuerabrechnung	
Zahllast vorher	0 €
Umsatzsteuer	
– Vorsteuer	
Zahllast nachher	

→ Aufgabe 5

Sie erhalten eine Eingangsrechnung über Fremdleistungen in Höhe von 5.000 Euro zzgl. 19 Prozent Umsatzsteuer. Diese Fremdleistung erfassen Sie direkt als Aufwand, aber Sie zahlen die Rechnung erst später. So wirkt sich dieser Geschäftsvorfall auf die Umsatzsteuerabrechnung aus:

Umsatzsteuerabrechnung	
Zahllast vorher	2.000 €
Umsatzsteuer	
- Vorsteuer	- 950 €
Zahllast nachher	1.050 €

Wie wirkt er sich auf die Bilanz aus? In der Gewinn- und Verlustrechnung sind die Werte bereits eingetragen.

Aktiva	**Bilanz**	**Passiva**
Umlaufvermögen	Eigenkapital	
- Vorsteuer	- GuV	
	Fremdkapital	
	- Verbindlichkeiten	
Summe	Summe	

Soll		**GuV**	**Haben**
Aufwendungen		Erträge	0
- Fremdleistung	5.000		
		Verlust	5.000
Summe	5.000	Summe	5.000

➔ Aufgabe 6

Ein Kunde zahlt seine offene Kundenrechnung in Höhe von 23.800 Euro inkl. 19 Prozent Umsatzsteuer. Das Geld geht auf dem Bankkonto ein. Die Rechnung wurde bereits gebucht und steht unter „Forderungen". Wie verändert sich das Vermögen des Unternehmens?

Vermögen	
Forderungen vorher	23.800 €
Bank vorher	10.000 €
Summe vorher	
Forderungen nachher	
Bank nachher	
Summe nachher	

Ein Unternehmen schafft neue Büromöbel in Höhe von 3.000 Euro zzgl. 19 Prozent Umsatzsteuer an. Es zahlt die Rechnung sofort über sein Bankkonto. Wie verändert sich die Umsatzsteuerabrechnung?

Umsatzsteuerabrechnung	
Zahllast vorher	2.000 €
Umsatzsteuer	
- Vorsteuer	
Zahllast nachher	

Arbeitshilfen online

Die Lösungen zu sämtlichen Aufgaben dieses Buches finden Sie in den Arbeitshilfen online.

10 Weitere Geschäftsvorfälle im laufenden Jahr

Hier lernen Sie weitere Geschäftsvorfälle kennen, die in Unternehmen vorkommen. Wir zeigen Ihnen, wie Sie mit Warenkonten umgehen und Steuerzahlungen oder -erstattungen buchen. Interne Umbuchungen müssen vorgenommen werden und Personalkosten, Ausgaben für private Zwecke, Bewirtungskosten, Geschenke, Reisekosten und Zinsen fallen an und müssen ebenfalls gebucht werden. In diesem Kapitel lernen Sie also viele neue Konten kennen, die Sie in der Praxis sicher brauchen.

10.1 Wareneinkauf – Vermögen oder Aufwand?

In diesem Kapitel geht es um Material- und Warenbestände, die zur Verarbeitung oder zur Veräußerung bestimmt sind.

- Wird der Wareneinkauf zunächst ins Umlaufvermögen gebucht und nur der Verbrauch in den Aufwand?
- Oder wird der Wareneinkauf im laufenden Jahr direkt in den Aufwand gebucht und die Überprüfung der Bestände erfolgt erst am Jahresende?

Wie die Antworten auf diese Fragen ausfallen, hängt ganz vom Unternehmen ab, denn es hat in diesem Fall die Wahl. Es gibt nämlich zwei Verfahren, eine Gewinn- und Verlustrechnung darzustellen: das Umsatzkostenverfahren und das Gesamtkostenverfahren.

Gesamtkostenverfahren		Umsatzkostenverfahren	
Umsatzerlöse	20.000	Umsatzerlöse	20.000
- Bestandsveränderung	- 500	- Wareneinsatz	- 6.500
- Materialaufwand	- 4.000		
- Personalkosten	- 2.000		
= Betriebsergebnis	13.500	= Betriebsergebnis	13.500

Bei diesen Verfahren handelt es sich um reine Darstellungsalternativen. Die Höhe des Jahresergebnisses ist bei beiden gleich. Die meisten Unternehmen nutzen das

Gesamtkostenverfahren. Einige große Konzerne wenden das Umsatzkostenverfahren an.

10.1.1 Umsatzkostenverfahren

Beim Umsatzkostenverfahren wird in der Gewinn- und Verlustrechnung der Wareneinsatz dem Ertrag gegenübergestellt. Handelt das Unternehmen mit Waren, wird der Wareneinkauf zunächst ins Umlaufvermögen auf das Konto „Warenbestand“ gebucht. Die Anschaffung erhöht zunächst das Vermögen, mindert aber noch nicht den Gewinn. Erst zum Zeitpunkt der Veräußerung werden die Anschaffungskosten vom Konto „Warenbestand“ auf das Aufwandskonto „Wareneinsatz“ bzw. „Verbrauch“ umgebucht.
Handelt es sich um ein produzierendes Unternehmen, ist zusätzlich zur Buchführung eine aussagekräftige Kostenträgerrechnung erforderlich. Hier erfassen Sie die Kosten für den Wareneinkauf, den Materialeinkauf, das Personal etc. zunächst im Umlaufvermögen zusammen mit einer Kostenstelle bzw. einem Kostenträger. Erst zum Zeitpunkt der Veräußerung ermitteln Sie mithilfe der Kostenrechnungsauswertungen die Herstellungskosten und buchen sie in einer Summe vom Umlaufvermögen auf das Aufwandskonto „Wareneinsatz“ bzw. „Herstellungskosten“.

Beispiel

Es liegen zwei Rechnungen vor, die bereits über das Bankkonto beglichen wurden:

- eine Eingangsrechnung über Wareneinkauf in Höhe von 5.950 Euro inkl. 19 Prozent Umsatzsteuer und
- eine Kundenrechnung über Warenverkauf in Höhe von 6.545 Euro inkl. 19 Prozent Umsatzsteuer

Wie ist zu buchen?

Kontonummern

SKR 03	SKR 04	Kontenbezeichnung
1200	1800	Bank
3000	5000	Verbrauch Material und Waren
8400	4400	Erlöse 19 % Umsatzsteuer
7140	1140	Warenbestand

Buchungsvorlage

Soll	Haben	Betrag	Steuersatz
7140/1140 (Warenbestand)	1200/1800 (Bank)	5.950 €	VSt. 19 %
1200/1800 (Bank)	8400/4400 (Erlöse)	6.545 €	USt. 19 %
3000/5000 (Verbrauch)	7140/1140 (Warenbestand)	5.000 €	----

Nach dem Umsatzkostenverfahren werden die Waren zunächst in den Bestand gebucht. Erst nach dem Verkauf sind die Anschaffungskosten in den Aufwand zu buchen. Das gilt auch für Materialien und den Materialverbrauch.

10.1.2 Gesamtkostenverfahren

Beim Gesamtkostenverfahren, das die meisten Unternehmen anwenden, werden alle Vorräte im laufenden Jahr auf Aufwandskonten erfasst. Erst durch die nächste Inventur am Monats- oder Jahresende wird festgestellt, ob eine Bestandsmehrung oder -minderung vorliegt. Differenzen werden über das Konto „Bestandsveränderungen" korrigiert.

Beispiel

Es liegen zwei Rechnungen vor, die bereits über das Bankkonto beglichen wurden:

- eine Eingangsrechnung über Wareneinkauf in Höhe von 5.950 Euro inkl. 19 Prozent Umsatzsteuer und
- eine Kundenrechnung über Warenverkauf in Höhe von 6.545 Euro inkl. 19 Prozent Umsatzsteuer.

Wie ist zu buchen?

Kontonummern

SKR 03	SKR 04	Kontenbezeichnung
1200	1800	Bank
3400	5400	Wareneingang 19 % Umsatzsteuer
8400	4400	Erlöse 19 % Umsatzsteuer

Buchungsvorlage

Soll	Haben	Betrag	Steuersatz
3400/5400 (Wareneingang)	1200/1800 (Bank)	5.950 €	VSt. 19 %
1200/1800 (Bank)	8400/4400 (Erlöse)	6.545 €	USt. 19 %

Bei diesem Verfahren bleibt der Warenbestand zunächst unberührt. Er ist allerdings regelmäßig durch eine Inventur zu ermitteln und zu prüfen. Liegt der gebuchte Wert auf dem Warenbestandskonto unter oder über dem Wert der Inventur? Liegen Bestandsveränderungen vor, müssen Umbuchungen erfolgen, die in Kapitel 12.3.1 „Vorratsvermögen buchen“ gezeigt werden. Bei einer Bestandsmehrung wird der Gewinn erhöht, bei einer Bestandsminderung gemindert.

10.2 Umsatzsteuer und andere Steuern

Für Zahlungen und Erstattungen von Steuern gibt es viele Konten zur Auswahl. Welches Konto Sie für welche Geschäftsvorfälle brauchen, sehen Sie hier. Es wird unterschieden, ob es sich um Umsatzsteuer oder um Ertragsteuern handelt.

10.2.1 Umsatzsteuerzahlungen und -erstattungen

Beim Erfassen von Rechnungen geben Sie den Bruttobetrag und den entsprechenden Steuersatz ein. Die Software rechnet die Steuerbeträge heraus und erfasst sie jeweils auf den Umsatzsteuer- und Vorsteuerkonten. Anhand dieser Werte füllt die Software die Umsatzsteuerformulare automatisch aus. Sie reichen die Umsatzsteuer-Voranmeldung vierteljährlich oder monatlich beim Finanzamt ein. Gleichzeitig wird die Zahlung oder Erstattung fällig. Ist das Jahr zu Ende, reichen Sie die Umsatzsteuererklärung ein und vier Wochen nach der Abgabe wird die Zahlung oder Erstattung fällig. Für das Erfassen dieser Zahlungen bzw. Erstattungen verwenden Sie die in der folgenden Tabelle aufgeführten Bestandskonten. Es handelt sich um Forderungs- und Verbindlichkeitskonten gegenüber dem Finanzamt.

Kontonummern

SKR 03	SKR 04	Kontenbezeichnung
1200	1800	Bank
1545	1420	Umsatzsteuerforderungen

SKR 03	SKR 04	Kontenbezeichnung
1780	3820	Umsatzsteuervorauszahlungen (Forderungen)
1781	3830	Umsatzsteuervorauszahlungen 1/11, Sondervorauszahlung (Forderungen)
1789	3840	Umsatzsteuer laufendes Jahr (Verbindlichkeiten)
1790	3841	Umsatzsteuer Vorjahr (Verbindlichkeiten)

- Zahlungen oder Erstattungen laut Umsatzsteuer-Voranmeldung des laufenden Jahres werden auf das Konto „Umsatzsteuervorauszahlungen“ gebucht.
- Haben Sie eine Fristverlängerung beantragt und fällt zusätzlich eine Sondervorauszahlung an, buchen Sie diese auf das Konto „Umsatzsteuervorauszahlung 1/11 oder Sondervorauszahlung“.
- Zahlungen oder Erstattungen laut Umsatzsteuer-Voranmeldung oder Umsatzsteuererklärung des Vorjahres buchen Sie auf das Konto „Umsatzsteuer Vorjahr“.

Beispiel

Die folgenden Beträge, die vom Bankkonto des Unternehmens abgebucht wurden, sind zu buchen:

- Im Januar: die Zahllast laut Umsatzsteuer-Voranmeldung des Monats Dezember in Höhe von 1.000 Euro.
- Im Mai: die Zahllast laut Umsatzsteuer-Voranmeldung des Monats April in Höhe von 500 Euro sowie die Zahllast laut Umsatzsteuererklärung des Vorjahres in Höhe von 300 Euro.

Buchungsvorlage

Soll	Haben	Betrag	Steuersatz
1790/3841 (USt. Vorjahr)	1200/1800 (Bank)	1.000 €	----
1780/3820 (USt.-Vorauszahlung)	1200/1800 (Bank)	500 €	----
1790/3841 (USt. Vorjahr)	1200/1800 (Bank)	300 €	----

In der Umsatzsteuererklärung erfolgt die Abrechnung des laufenden Jahres.

Umsatzsteuererklärung	
Jahressumme abzuführende Umsatzsteuer	10.000 €
– Jahressumme abziehbare Vorsteuer	– 500 €
– Umsatzsteuervorauszahlungen Januar bis Dezember	– 9.300 €
Zahllast laut Umsatzsteuererklärung	200 €

Manche Buchführungsprogramme können auch die Umsatzsteuererklärung automatisch ausfüllen, wenn Sie alle Umsatzsteuervorauszahlungen des laufenden Jahres auf das richtige Konto gebucht haben.

Beispiel

Die Umsatzsteuer-Voranmeldung vom Dezember in Höhe von 800 Euro müssen Sie erst am 10. Januar des Folgejahres an das Finanzamt übermitteln. Gleichzeitig erfolgt die Zahlung über das Bankkonto.

Diese Vorauszahlung ist zweimal zu buchen: einmal im Dezember des Vorjahres, um die Vorauszahlung für die Umsatzsteuererklärung zu erfassen, und einmal im Januar bei der Zahlung.

Buchungsvorlage

Soll	Haben	Betrag	Steuersatz
Buchung im Dezember			
1780/3820 (USt.-Vorauszahlung)	1789/3840 (USt. laufendes Jahr)	800 €	----
Buchung im Januar, bei der Zahlung			
1790/3841 (USt. Vorjahr)	1200/1800 (Bank)	800 €	----

Beim Erstellen des Jahresabschlusses werden alle Umsatzsteuerkonten zusammengefasst. Übrig bleibt entweder eine Forderung oder eine Verbindlichkeit gegenüber dem Finanzamt. In der Schlussbilanz wird eine Verbindlichkeit von der Software automatisch auf dem Konto „Umsatzsteuer laufendes Jahr“ erfasst. Gleichzeitig wird dieser Betrag in der Eröffnungsbilanz des Folgejahres auf dem Konto „Umsatzsteuer Vorjahr“ eröffnet. Eine Forderung wird auf dem Konto „Umsatzsteuerforderungen“ erfasst.

10.2.2 Ertragsteuern und andere Steuern

Sind Steuern zu buchen, müssen Sie unterscheiden, ob es sich um betriebliche oder um private Steuern handelt. Zu den **betrieblichen Steuern** zählen auf jeden Fall:

- Die Lohnsteuer, die vom Bruttogehalt der Arbeitnehmer einbehalten und an das Finanzamt abführt wird; sie gehört zum Personalaufwand.
- Die Grundsteuer, wenn Grundstücke oder Gebäude zum Betriebsvermögen des Unternehmens gehören.
- Die Kfz-Steuern, wenn das entsprechende Fahrzeug zum Betriebsvermögen gehört.

Diese Steuern zählen zu den Aufwendungen und werden auf den folgenden Aufwandskonten erfasst.

Kontonummern

SKR 03	SKR 04	Kontenbezeichnung
4120	6020	Gehälter
2375	7680	Grundsteuer
4510	7685	Kfz-Steuern

Zu den **privaten Steuern** zählen in jedem Fall:

- Die Einkommensteuer und der Solidaritätszuschlag der Unternehmer/innen von Personenfirmen.
- Die Grundsteuer von Grundstücken und Gebäuden, die zum Privatvermögen eines Firmeninhabers zählen.

Kontonummern

SKR 03	SKR 04	Kontenbezeichnung
1810	2150	Privatsteuern
1860	2300	Grundstücksaufwendungen (Privat) Personenfirma
1507	1330	Forderungen an Gesellschafter (Kapitalgesellschaft)

Gewerbesteuer

Die Gewerbesteuer ist zwar eine betriebliche Steuer, mindert aber nicht den Gewinn. Sie wird zunächst als Aufwand gebucht und außerhalb der Bilanz dem zu versteuernden Gewinn wieder hinzugerechnet. Die Vorauszahlungen des laufenden Jahres buchen Sie auf das Konto „Gewerbesteuervorauszahlungen".
Im Rahmen der Jahresabschlussarbeiten wird die Erstattung oder Nachzahlung der Gewerbesteuer vorab berechnet und gebucht. Nachzahlungen für Vorjahre buchen Sie zum Zeitpunkt der Zahlung auf das Konto „Gewerbesteuerrückstellungen". Mehr zu den Rückstellungen erfahren Sie im letzten Kapitel. Den Geldeingang einer Erstattung buchen Sie auf das Konto „Steuerüberzahlungen".

Beispiel

Die folgenden Gewerbesteuerzahlungen sind über das Bankkonto erfolgt und müssen gebucht werden. Die Gewerbesteuervorauszahlung für das laufende Jahr in Höhe von 1.100 Euro und die Nachzahlung für das Vorjahr in Höhe von 600 Euro.

Kontonummern

SKR 03	SKR 04	Kontenbezeichnung
4320	7610	Gewerbesteuervorauszahlungen
1540	1435	Steuerüberzahlungen
0956	3035	Gewerbesteuerrückstellungen

Buchungsvorlage

Soll	Haben	Betrag	Steuersatz
4320/7610 (GewSt.-Vorauszahlung)	1200/1800 (Bank)	1.100 €	----
0956/3035 (GewSt.-Rückstellung)	1200/1800 (Bank)	600 €	----

Körperschaftsteuer und Solidaritätszuschlag

Die Körperschaftsteuer ist die Ertragsteuer von Kapitalgesellschaften. Hier buchen Sie die Vorauszahlungen des laufenden Jahres auf die Konten „Körperschaftsteuer" und „Solidaritätszuschlag".
Im Rahmen der Jahresabschlussarbeiten wird die Erstattung oder Nachzahlung der Körperschaftsteuer inkl. Solidaritätszuschlag vorab berechnet und gebucht. Nach-

zahlungen für Vorjahre buchen Sie zum Zeitpunkt der Zahlung auf das Konto „Körperschaftsteuerrückstellungen". Den Geldeingang einer Erstattung buchen Sie auf das Konto „Steuerüberzahlungen".

Beispiel

Die folgenden Körperschaftsteuerzahlungen sind über das Bankkonto eines Unternehmens erfolgt und müssen gebucht werden. Die Vorauszahlung für das laufende Jahr in Höhe von 5.000 Euro zzgl. 275 Euro Solidaritätszuschlag sowie die Nachzahlung für das Vorjahr in Höhe von 1.055 Euro inkl. Solidaritätszuschlag.

Kontonummern

SKR 03	SKR 04	Kontenbezeichnung
2200	7600	Körperschaftsteuer
2208	7608	Solidaritätszuschlag
1540	1435	Steuerüberzahlungen
0963	3040	Körperschaftsteuerrückstellungen

Buchungsvorlage

Soll	Haben	Betrag	Steuersatz
2200/7600 (Körperschaftsteuer)	1200/1800 (Bank)	5.000 €	----
2208/7608 (Solidaritätszuschlag)	1200/1800 (Bank)	275 €	----
0963/3040 (KöSt.-Rückstellung)	1200/1800 (Bank)	1.055 €	----

Kapitalertragsteuer

Hat ein Unternehmen Geld angelegt und erhält es dafür Erträge wie Zinsen oder Dividenden bzw. Gewinnausschüttungen, wird ihm in der Regel nicht der volle Ertrag ausgezahlt. Von den Erträgen werden Kapitalertragsteuern einbehalten. Diese Steuern stellen für das Unternehmen Vorauszahlungen für Ertragsteuern dar und können direkt auf die dafür vorgesehenen Konten gebucht werden.

Beispiel

Auf dem Bankkonto gehen 736,25 Euro ein. Es handelt sich um einen Zinsertrag von 1.000 Euro abzüglich 250 Euro Kapitalertragsteuer sowie 13,75 Euro Solidaritätszuschlag. Wie ist zu buchen?

Kontonummern

SKR 03	SKR 04	Kontenbezeichnung
2212	7632	Kapitalertragsteuer
2214	7634	Solidaritätszuschlag zu Kapitalertragsteuer
2650	7100	Sonstige Zinserträge und ähnliche Erträge

Buchungsvorlage

Soll	Haben	Betrag	Steuersatz
1200/1800 (Bank)	2650/7100 (Sonstige Zinserträge)	1.000,00 €	----
2212/7632 (Kapitalertragsteuer)	1200/1800 (Bank)	250,00 €	----
2214/7634 (Solidaritätszuschlag)	1200/1800 (Bank)	13,75 €	----

Im Rahmen der Jahresabschlussarbeiten werden diese Steuerbeträge in die Steuererklärungen eingetragen.

10.3 Interne Umbuchungen

Unternehmen verfügen oft über mehrere Bankkonten und über eine oder mehrere Barkassen. Wird nun Geld von einem Bankkonto auf ein anderes überwiesen, findet auf dem einen Konto ein Abgang und auf dem anderen ein Zugang statt. Der klassische Buchungssatz lautet:

Soll	an	Haben
Bank oder Kasse, wenn der Stand steigt		**Bank oder Kasse**, wenn der Stand sinkt

Arbeiten Sie mit einem Buchführungsprogramm, wird in der Regel das Konto „Geldtransit“ für solche internen Umbuchungen verwendet.

Beispiel

500 Euro werden vom Bankkonto abgehoben und in die Kasse eingelegt. Diesen Vorgang buchen Sie zweimal: einmal beim Erfassen der Kassenbelege und einmal beim Erfassen der Kontoauszüge.

So gehen Sie vor:

Kontonummern

SKR 03	SKR 04	Kontenbezeichnung
1000	1600	Kasse
1200	1800	Bank
1360	1460	Geldtransit

Buchungsvorlage

Soll	Haben	Betrag	Steuersatz
Geldabgang vom Bankkonto			
1360/1460 (Geldtransit)	1200/1800 (Bank)	500 €	----
Geldeingang in der Kasse			
1000/1600 (Kasse)	1360/1460 (Geldtransit)	500 €	----

Diese Buchungsweise dient vor allem Kontrollzwecken. Sind alle Bankkonten und die Kassen gebucht, sollte der Saldo des Kontos „Geldtransit" 0,00 Euro betragen. Ist das nicht der Fall, kann das die folgenden Gründe haben:

- Nicht alle Auszüge wurden gebucht.
- Ein Abgang oder Zugang wurde versehentlich als Privatentnahme oder als Privateinlage gebucht.
- Ein Geldabgang oder Geldeingang wurde erst im nächsten Jahr auf dem Bankkonto erfasst. In diesem Fall, ist die Differenz in Ordnung.

10.4 Personalkosten

Gehälter, Löhne und sämtliche Nebenkosten, die für die Arbeitnehmer anfallen, zählen, soweit sie angemessen sind, zu den Aufwendungen. In einer Kapitalgesellschaft gehören auch die mitarbeitenden Gesellschafter zu den Arbeitnehmern.

Allerdings müssen Sie bei mitarbeitenden Inhabern und bei beschäftigten Familienangehörigen überprüfen lassen, ob es sich um unternehmerähnliche oder um echte Arbeitnehmer handelt. Unternehmerähnliche Arbeitnehmer werden in verschiedenen Bereichen besonders behandelt, ggf. besteht z. B. keine Sozialversicherungspflicht.

10.4.1 Die Lohn- und Gehaltsbuchhaltung

Lohn- und Gehaltsabrechnungen sowie alle anderen Arbeiten in diesem Zusammenhang werden von der Lohnbuchhaltung des Unternehmens erledigt. Hier erhalten Sie lediglich einen groben Überblick über die Pflichten von Lohnbuchhaltern/innen.

Die verschiedenen Beschäftigungsarten

- Voll- und Teilzeitbeschäftigte, die länger als 50 Tage im Jahr in einem Unternehmen arbeiten und mehr als 850,01 Euro im Monat verdienen,
- Teilzeitbeschäftigte, die länger als 50 Tage oder zwei Monate im Jahr in einem Unternehmen arbeiten und zwischen 450,01 Euro und 850,00 Euro verdienen,
- Auszubildende,
- geringfügig Beschäftigte, die bis zu 450 Euro im Monat verdienen (Minijobber),
- kurzfristig Beschäftigte, die höchstens 50 Tage oder zwei Monate im Jahr in einem Unternehmen arbeiten.

Vorbereitung der Gehaltsabrechnung

Für jede Art der Beschäftigung müssen Arbeitgeber Lohn- oder Gehaltsabrechnungen erstellen lassen. Jede Gehaltsabrechnung sieht anders aus. Nicht einmal die Abrechnungen innerhalb einer Beschäftigungsart sind gleich, sie ähneln sich nur. Das liegt daran, dass in die Berechnung von Lohnsteuer und Sozialversicherung sehr viele persönliche Gegebenheiten des Arbeitnehmers einfließen. Deshalb brauchen Sie vor der ersten Gehaltsabrechnung Antworten vom Arbeitnehmer auf die folgenden Fragen:

- Ist er verheiratet oder ledig?
- Hat er Kinder, wenn ja, wie viele?
- Ist er in der Kirche, wenn ja, in welcher?
- Wie ist er versichert (gesetzlich oder privat)?

- Wie alt ist er?
- Hat er noch weitere Beschäftigungen?
- Etc.

Bei einer Vollzeitbeschäftigung zahlt in der Regel der Arbeitnehmer die Lohnsteuer und teilt sich mit dem Arbeitgeber die Sozialversicherung. Bei einem Minijob zahlt in der Regel der Arbeitgeber alle Nebenkosten. Aber auch hier gibt es weitere Varianten. Sie sehen, Lohnbuchhaltern/innen wird es nie langweilig.

Die Gehaltsabrechnung – vom Bruttolohn zum Nettolohn

Arbeitnehmer und Arbeitgeber einigen sich auf ein Bruttogehalt. Sind alle Stammdaten vorhanden, kann die Arbeit beginnen:

- Die Sozialversicherungsbeiträge ermitteln,
- die Höhe der Lohnsteuer ermitteln,
- vom Bruttolohn ggf. den Arbeitnehmeranteil zur Sozialversicherung und die Lohnsteuer abziehen,
- den Nettolohn an den Mitarbeiter überweisen,
- zusätzlich Umlagen an die Krankenkasse oder Bundesknappschaft (Minijobber) zahlen und
- Beiträge an die gesetzliche Unfallversicherung leisten.

Durch Steuern und viele Versicherungen wird aus einem vereinbarten Bruttogehalt von 2.000 Euro ein Nettogehalt von 1.350 Euro. Die Kosten für den Arbeitgeber belaufen sich auf 2.440 Euro.

Verdienst Arbeitnehmer und Abzüge		Kosten Arbeitgeber	
Bruttogehalt	2.000	Bruttogehalt	2.000
- AN-Anteil Sozialversicherung	- 408	+ AG-Anteil Sozialversicherung	+ 385
- Lohnsteuer	- 242	+ Umlagen	+ 5
		+ gesetzliche Unfallversicherung	+ 50
= Nettogehalt	1.350	Kosten Arbeitgeber	2.440

Abzüge beim Arbeitnehmer: Der Arbeitnehmer erhält zwar nur ein Nettogehalt, hat aber seine Steuern und einen großen Teil seiner gesetzlich vorgeschriebenen Vorsorge bezahlt.

Kosten des Arbeitgebers: Der Arbeitgeber zahlt nicht nur das Gehalt, er muss sich laut Gesetz auch an der Vorsorge des Arbeitnehmers beteiligen. Das ist der Arbeitgeberanteil zur Sozialversicherung. Bei Krankheit, Mutterschutz und Arbeitsunfall ist der Arbeitgeber verpflichtet, Löhne und Gehälter weiterzuzahlen. Dafür gibt es Versicherungen, die bestimmte Arbeitgeber abschließen und alleine bezahlen müssen (z. B. Umlagen und die gesetzliche Unfallversicherung).

10.4.2 Aufgaben der Buchhaltung

Sind alle Gehaltsabrechnungen erstellt, wird zusätzlich eine Buchungsliste erzeugt, die nun in der Buchhaltung zu erfassen ist. In der Praxis wird diese Liste in der Regel automatisch erzeugt, an das Buchführungsprogramm übertragen und kann so auf Knopfdruck gebucht werden.
Alle Aufwendungen werden zunächst auf ein Verrechnungskonto gebucht, genauso wie die Verbindlichkeitskonten. Bei den verschiedenen Zahlungen ist darauf zu achten, dass die entsprechenden Verbindlichkeitskonten ausgeglichen werden.

Beispiel

Bei einem Bruttogehalt von 3.000 Euro beträgt der Auszahlungsbetrag an den Mitarbeiter 1.860 Euro, die Summe der Lohnsteuer beträgt 528 Euro und die Beiträge zur Sozialversicherung liegen bei 1.194 Euro.

So könnte die Lohnbuchungsliste aussehen.

Kontonummern

SKR 03	SKR 04	Kontenbezeichnung
1200	1800	Bank
4120	6020	Gehälter
1740	3720	Verbindlichkeiten aus Lohn und Gehalt
1741	3730	Verbindlichkeiten aus Lohn- und Kirchensteuer
1742	3740	Verbindlichkeiten aus Sozialversicherung
1755	3790	Lohn und Gehalt Verrechnungskonto

Buchungsvorlage

Soll	Haben	Betrag	Steuersatz
Buchungsliste Lohn und Gehalt			
4120/6020 (Gehälter)	1755/3790 (Verrechnungskonto)	3.582 €	----
1755/3790 (Verrechnungskonto)	1740/3720 (Verb. Lohn u. Gehalt)	1.860 €	----
1755/3790 (Verrechnungskonto)	1741/3730 (Verb. Lohnsteuer)	528 €	----
1755/3790 (Verrechnungskonto)	1742/3740 (Verb. Sozialvers.)	1.194 €	----

Beispiel

Die Zahlungen sind über das Bankkonto erfolgt und müssen nun gebucht werden. Die Zahlung an den Mitarbeiter beträgt 1.860 Euro, die abzuführende Lohnsteuer an das Finanzamt 528 Euro und die Sozialversicherungsbeiträge an die Krankenkasse 1.194 Euro.

Buchungsvorlage

Soll	Haben	Betrag	Steuersatz
Geldabgang vom Bankkonto			
1740/3720 (Verb. Lohn u. Gehalt)	1200/1800 (Bank)	1.860 €	----
1741/3730 (Verb. Lohnsteuer)	1200/1800 (Bank)	528 €	----
1742/3740 (Verb. Sozialvers.)	1200/1800 (Bank)	1.194 €	----

10.4.3 Sachbezüge Arbeitnehmer

Erhalten Arbeitnehmer zusätzlich zum Lohn und Gehalt Sachwerte (z. B. einen Firmenwagen oder ein Geschenk), spricht man von Sachbezügen. Hier sehen Sie, welche Sachbezüge steuer- und betragsfrei sind und welche nicht.

Sachbezüge umsatzsteuerfrei sowie lohnsteuer- und sozialversicherungsfrei

- Gewährte Rabatte für Waren bis 1.080 Euro inkl. Umsatzsteuer pro Jahr.
- Zuwendungen vom Arbeitgeber – Freigrenze 44 Euro inkl. Umsatzsteuer pro Person und Monat (Bewirtung, Geschenke, Jobticket, Beitrag Fitnessstudio und Warengutscheine unter bestimmten Voraussetzungen).
- Aufmerksamkeiten für besondere Anlässe bis 40 Euro inkl. Umsatzsteuer pro Person.

- Maßnahmen zur betrieblichen Gesundheitsförderung bis 500 Euro im Jahr pro Person; gemäß Leitfaden der Krankenkassen.
- Betriebsveranstaltungen inkl. Geschenken mit einem Anteil von 110 Euro inkl. Umsatzsteuer pro Person (max. zwei Veranstaltungen pro Jahr).

Sachbezüge umsatzsteuerfrei, aber lohnsteuer- und sozialversicherungspflichtig

- freie Unterkunft in einer Wohnung oder langfristig im Hotel (ohne Vorsteuerabzug).

Sachbezüge umsatzsteuerpflichtig, lohnsteuer- und sozialversicherungspflichtig

- freie Verpflegung,
- freie Unterkunft im Hotel,
- gewährte Rabatte für Waren über 1.080 Euro inkl. Umsatzsteuer pro Jahr,
- Privatnutzung Kfz.

Sachbezüge, die lohnsteuer- und sozialversicherungspflichtig sind, müssen der Lohnbuchhaltung gemeldet und in der Gehaltsabrechnung berücksichtigt werden. Über die Lohnbuchungsliste werden die Buchungen in die Buchhaltung übertragen. Aus den umsatzsteuerpflichtigen Sachbezügen ist die Umsatzsteuer abzuführen. Mehr dazu in Kapitel 11.2 „Entnahmen für private Zwecke".

10.5 Ausgaben für private Zwecke

Bezüglich der Ausgaben für private Zwecke ist es wichtig, zu unterscheiden, ob Sie die Buchführung für eine Personenfirma oder für eine Kapitalgesellschaft erledigen.

10.5.1 Private Ausgaben bei Personenfirmen

In Personenfirmen kommt es öfters vor, dass private Kosten der Inhaber/innen über das Geschäftskonto bezahlt werden. Genauso kommt es vor, dass Geld vom privaten Konto auf das Geschäftskonto überwiesen wird. Solche Geldtransfers sind auf Konten im Bereich „Eigenkapital" zu buchen. Solche Buchungen verändern das Eigenkapital, aber nicht den Gewinn.

Beispiel

Der Inhaber einer Personenfirma überweist 1.000 Euro vom Geschäftskonto auf das private Girokonto. Außerdem wurde der Beitrag für die private Lebensversicherung in Höhe von 120 Euro vom Geschäftskonto abgebucht. Wie ist zu buchen?

Kontonummern

SKR 03	SKR 04	Kontenbezeichnung
1200	1800	Bank
1800	2100	Privatentnahmen
1810	2150	Privatsteuern
1820	2200	Sonderausgaben (private Versicherungen)
1860	2300	Grundstücksaufwand (privat)
1870	2350	Grundstücksertrag (privat)
1890	2180	Privateinlagen

Buchungsvorlage

Soll	Haben	Betrag	Steuersatz
1800/2100 (Privatentnahmen)	1200/1800 (Bank)	1.000 €	----
1820/2200 (Sonderausgaben)	1200/1800 (Bank)	120 €	----

10.5.2 Private Ausgaben bei Kapitalgesellschaften

Bei Beteiligten bzw. Gesellschaftern von Kapitalgesellschaften kommen Zahlungen für Privates eher selten vor, denn alles, was entnommen wird, muss wieder zurückgezahlt werden. Diese Zahlungen werden auf das Konto „Forderungen an den Gesellschafter" gebucht, Geldeingänge an „Verbindlichkeiten gegenüber Gesellschafter". Diese Buchungen verändern weder das Eigenkapital noch den Gewinn.

Beispiel

Der Geschäftsführer ist auf einer Geschäftsreise und braucht Bargeld. Er hat nur die Firmen-EC-Karte dabei und hebt am Geldautomaten 200 Euro für private Zwecke ab. Ein paar Tage später überweist er den Betrag zurück auf das Geschäftskonto. Wie ist zu buchen?

Kontonummern

SKR 03	SKR 04	Kontenbezeichnung
1200	1800	Bank
1507	1330	Forderungen an Gesellschafter
0730	3510	Verbindlichkeiten gegenüber Gesellschaftern
0860	2970	Gewinnvortrag

Buchungsvorlage

Soll	Haben	Betrag	Steuersatz
Geldabgang Geldautomat			
1507/1330 (Forderungen)	1200/1800 (Bank)	200 €	----
Rücküberweisung auf Geschäftskonto			
1200/1800 (Bank)	1507/1330 (Forderungen)	200 €	----

Wie in Kapitel 1.1.1 „Ist das Unternehmen eine Personenfirma oder eine Kapitalgesellschaft?“ beschrieben wurde, erhalten Gesellschafter von Kapitalgesellschaften Gewinnausschüttungen, wenn nach Abzug der Ertragsteuern genug Gewinn verblieben ist. Diese Zahlung mindert das Eigenkapital, sie wird auf das Konto „Gewinnvortrag“ gebucht. Die Gehaltszahlungen an mitarbeitende Gesellschafter werden genauso erfasst wie von allen anderen Arbeitnehmern auch. Mehr dazu in Kapitel 10.4 „Personalkosten“.

10.6 Bewirtungskosten, Geschenke, Reisekosten, Zinsen

Dergleichen Aufwendungen fallen für das Unternehmen an, sind aber nur begrenzt abziehbar. In diesem Bereich ist es besonders wichtig, auf die Belege zu achten; nicht alle werden anerkannt.

10.6.1 Bewirtungskosten

Bewirtungskosten müssen angemessen sein, der Bewirtungsbeleg muss richtig und vollständig ausgefüllt sein und es ist zu überprüfen, ob es sich um einen betrieblichen oder um einen geschäftlichen Anlass handelt. Denn Bewirtungskosten aus geschäftlichem Anlass sind nur zu 70 Prozent als Betriebsausgabe abzugsfähig. Der Vorsteuerabzug ist zu 100 Prozent möglich.

Betrieblicher Anlass 100 %	Geschäftlicher Anlass 70 %
• Unternehmer/innen bewirten ihre Kunden während einer Veranstaltung, Konferenz. • Arbeitsessen, Veranstaltungen mit Arbeitnehmern.	• Bewirtung von Geschäftspartnern im Büro oder im Restaurant zur Geschäftserhaltung, Geschäftsanbahnung und Öffentlichkeitsarbeit.
Bewirtung ist Nebensache	Bewirtung ist Hauptsache

Bei kleineren Aufmerksamkeiten (Kaffee, Gebäck) und der Bewirtung im Rahmen eines Auftrags handelt es sich nicht um Bewirtungskosten (R 4.10 Einkommensteuerrichtlinien). Bietet das Unternehmen z. B. ein Seminar inkl. Mittagessen an und zahlen die Kunden dafür, zählt das Essen zum Wareneinkauf.

Beispiel

Die folgenden Belege wurden über die Kasse bezahlt und müssen gebucht werden: Bewirtung von Mitarbeitern in Höhe von 59,50 Euro inkl. 19 Prozent Umsatzsteuer, Gebäck für das Büro für 21,40 Euro inkl. 7 Prozent Vorsteuer sowie die Bewirtung von Kunden im Restaurant in Höhe von 119 Euro inkl. 19 Prozent Umsatzsteuer. Davon sind 30 Prozent (35,70 Euro) nicht abzugsfähig.

Kontonummern

SKR 03	SKR 04	Kontenbezeichnung
4140	6130	freiwillige soziale Aufwendungen an Arbeitnehmer, lohnsteuerfrei
4650	6640	Bewirtungskosten 70 %
4653	6643	Aufmerksamkeiten
4654	6644	nicht abzugsfähige Bewirtungskosten 30 %

Buchungsvorlage

Soll	Haben	Betrag	Steuersatz
Bewirtung Mitarbeiter			
4140/6130 (soziale Aufwendungen)	1000/1600 (Kasse)	59,50 €	19 % VSt.

Soll	Haben	Betrag	Steuersatz
Gebäck für Büro			
4653/6643 (Aufmerksamkeiten)	1000/1600 (Kasse)	21,40 €	7 % VSt.
Bewirtung Kunde			
4650/6640 (Bewirtung 70 %)	1000/1600 (Kasse)	83,30 €	19 % VSt.
4654/6644 (Bewirtung 30 %)	1000/1600 (Kasse)	35,70 €	19 % VSt.

Haben Sie im laufenden Jahr alle Bewirtungsbelege in voller Höhe erfasst, müssen Sie am Jahresende die 30 Prozent auf das Konto „Nicht abzugsfähige Bewirtungskosten" umbuchen.
Ein Bewirtungsbeleg muss die folgenden Voraussetzungen erfüllen:

- Der Beleg muss maschinell ausgedruckt und registriert sein,
- die Regeln der „einwandfreien Rechnung" sind für den Vorsteuerabzug zu beachten,
- die Speisen und Getränke müssen im Einzelnen aufgeführt werden (ein Gesamtbetrag reicht nicht aus),

Sie erfassen zusätzlich die folgenden Angaben:

- das Datum und den Ort der Bewirtung,
- den Anlass der Bewirtung,
- die Namen aller Teilnehmer.

Liegt der Rechnungsbetrag über 150 Euro, muss die Adresse des Unternehmens auf der Rechnung stehen.

10.6.2 Geschenke an Geschäftspartner

Geschenke über 35 Euro pro Person im Jahr sind nicht als Aufwendungen abzugsfähig, außerdem ist kein Vorsteuerabzug möglich. Sind die Erträge des Unternehmens umsatzsteuerfrei, und ist das Unternehmen nicht zum Vorsteuerabzug berechtigt, darf das Geschenk nicht teurer als 35 Euro inklusive Umsatzsteuer sein! Werbegeschenke, die nicht mehr als 10 Euro pro Stück kosten, zählen zum Werbeaufwand und sind in voller Höhe abziehbar.

Beispiel

Die folgenden Geschenke an Kunden wurden über die Kasse bezahlt und müssen gebucht werden. Blumen in Höhe von 12,84 Euro inkl. 7 Prozent Umsatzsteuer, eine Aktenmappe für 47,60 Euro inkl. 19 Prozent Vorsteuer sowie 100 Kugelschreiber mit Firmenlogo für 59,50 Euro.

Kontonummern

SKR 03	SKR 04	Kontenbezeichnung
4630	6610	Geschenke bis 35 Euro
4605	6605	Streuartikel
4635	6620	Geschenke über 35 Euro

Buchungsvorlage

Soll	Haben	Betrag	Steuersatz
Blumen			
4630/6610 (Geschenke bis 35 €)	1000/1600 (Kasse)	12,84 €	7 % VSt.
Aktenmappe			
4635/6620 (Geschenke über 35 €)	1000/1600 (Kasse)	47,60 €	7 % VSt.
Kugelschreiber			
4605/6605 (Streuartikel)	1000/1600 (Kasse)	59,50 €	19 % VSt.

Die 35-Euro-Grenze gilt für den Betriebsausgabenabzug des Unternehmens. Allerdings muss die beschenkte Person für das Geschenk geldwerte Vorteile versteuern, wenn der Wert des Geschenks über 10 Euro liegt. Das können Sie umgehen, indem Sie die Sachzuwendungen pauschal versteuern.

Pauschalversteuerung von Sachzuwendungen

Größere Geschenke an Arbeitnehmer und Geschäftspartner können pauschal mit 30 Prozent versteuert werden. Der Höchstbetrag liegt bei 10.000 Euro inkl. Umsatzsteuer pro Person im Jahr. Gleichzeitig darf die einzelne Zuwendung diesen Wert nicht übersteigen, Zuzahlungen sind jedoch möglich.

- Sachzuwendungen an Arbeitnehmer (bis zur Höchstgrenze) sowie die pauschale Steuer werden in voller Höhe als Betriebsausgaben anerkannt.

- Sachzuwendungen an Geschäftspartner (bis zur Höchstgrenze) werden als Betriebsausgaben anerkannt, die pauschalen Steuern nicht.
- Nur bei Geschenken bis zu 35 Euro, die pauschal versteuert werden, ist auch die pauschale Steuer eine Betriebsausgabe.

Durch die Pauschalversteuerung fallen bei den beschenkten Personen keine weiteren Steuern an. Bei Arbeitnehmern allerdings fällt Sozialversicherung an, weil diese Sachzuwendungen nicht von der Sozialversicherung befreit sind. Wenn Sie ein Geschenk pauschal versteuern, müssen Sie in diesem Jahr alle Geschenke an diesen Personenkreis pauschal versteuern. Das heißt: Alle Sachzuwendungen an Arbeitnehmer oder alle Geschenke an Geschäftspartner müssen in dem entsprechenden Jahr pauschal versteuert werden. Sie können diese Pauschalversteuerung auch erst am Jahresende vornehmen. Besprechen Sie mit dem Steuerberater, ob die Pauschalversteuerung im Falle des Unternehmens sinnvoll ist.

10.6.3 Reisekosten

Kundenbesuche, Lieferantenbesuche, Messen, Seminare, Kongresse, Konferenzen sind Anlässe für Reisen. Dabei können die folgenden Kosten anfallen:

- Fahrtkosten,
- Verpflegungskosten,
- Übernachtungskosten,
- sonstige Kosten wie Parkgebühren, Telefonkosten, Maut etc.

Reisekosten, die von Arbeitnehmern verursachen werden, sind in voller Höhe abzugsfähig, soweit sie angemessen sind. Reisekosten, die Unternehmer/innen von Personenfirmen verursachen, sind bis zu bestimmten Höchstgrenzen abzugsfähig. Aber Achtung! Für Arbeitnehmer gelten diese Grenzen auch. Erstattet ein Unternehmen seinen Arbeitnehmern höhere Reisekosten als das Finanzamt zulässt, werden die übersteigenden Beträge (wie Arbeitslohn) lohnsteuer- und sozialversicherungspflichtig. In diesem Fall müssen Sie die Lohnbuchhaltung informieren.

Fahrtkosten

Fahrten mit Verkehrsmitteln wie Bahn, Taxi, Flugzeug und Mietwagen werden in voller Höhe anerkannt. Wird der Geschäftswagen genutzt, werden die anfallenden Kosten auf die Aufwandskonten für Kfz-Kosten gebucht. Wird der Privatwagen für die Reise genutzt, können pauschal 0,30 Euro pro gefahrenem Kilometer als Aufwand geltend gemacht werden. Allerdings ist ein Vorsteuerabzug aus Pauschalen nicht möglich. Alternativ können Sie die anteiligen tatsächlichen Kosten des Privatwagens ermitteln und als Betriebsausgaben abziehen. Dazu ist eine genaue Aufzeichnung zu führen und die Belege sind aufzubewahren. Aus diesem Anteil (außer den Anschaffungskosten) ist ein Vorsteuerabzug möglich, soweit Ihnen die Rechnungen vorliegen (Abschnitt 15.6. (1) UStAE).

Verpflegungskosten

Unternehmer/innen von Personenfirmen können höchstens die folgenden Pauschalen pro Tag absetzen, unabhängig davon, wie hoch ihre tatsächlichen Kosten waren. Man spricht hier von Verpflegungsmehraufwendungen. Es kommt darauf an, wie lange Sie unterwegs waren. Jeder Reisetag beginnt um 0.00 Uhr.

ab 2014		bis 2013	
Reise ohne Übernachtung über 8 bis unter 24 Stunden	12 €	8 bis unter 14 Stunden	6 €
Reise mit Übernachtung An- und Abreisetag (ab der ersten Stunde)	12 €	14 bis unter 24 Stunden	12 €
24 Stunden	24 €	24 Stunden	24 €

Die Belege über die tatsächlichen Verpflegungskosten sollten Sie trotzdem aufbewahren, weil für sie ein Vorsteuerabzug möglich ist (Abschnitt 15.6. (1) UStAE). Bei Auslandsreisen verwenden Sie die Pauschalen des jeweiligen Landes.

Arbeitshilfen online

Die Pauschalen des jeweiligen Landes finden Sie unter „Auslandsreisekosten" auf den Arbeitshilfen online.

Übernachtungskosten

Unternehmer/innen können für Inlands- und Auslandsreisen nur noch die tatsächlichen Übernachtungskosten und keine Pauschalen mehr ansetzen. Der Abzug der deutschen Vorsteuer ist und bleibt möglich.

Pauschale Kürzung von Übernachtungsrechnungen

Grundsätzlich werden nur die reinen Übernachtungskosten anerkannt. Sind diese Kosten in der Rechnung nicht gesondert ausgewiesen, muss pauschal gekürzt werden. Die pauschale Kürzung erfolgt pro Mahlzeit und Tag jeweils vom höchsten Satz der Verpflegungsmehraufwendungen. Dieser Satz beträgt zurzeit im Inland 24 Euro.

Frühstück:	20 % von 24 €	= 4,80 €
Mittagessen:	40 % von 24 €	= 9,60 €
Abendessen:	40 % von 24 €	= 9,60 €

Reisenebenkosten

Reisenebenkosten sind – soweit sie angemessen sind – ebenfalls in voller Höhe Betriebsausgaben, ebenso wie der Vorsteuerabzug. Zu den Nebenkosten gehören z. B. Parkgebühren, Telefonkosten, Reiseversicherungen, Maut, Impfungen, Flughafengebühren und Reservierungsgebühren.

Beispiel

Die folgende Reisekostenabrechnung liegt Ihnen vor. Der Inhaber einer Personenfirma hat eine Messe besucht. Die Kosten werden über die Kasse ausgezahlt. Das Bahnticket kostete 119 Euro inkl. 19 Prozent Umsatzsteuer. Die Reise dauerte zwei Tage. Am An- und Abreisetag war er jeweils über acht Stunden unterwegs, der pauschale Verpflegungsmehraufwand beträgt 24 Euro. Die Kosten für die Übernachtung ohne Frühstück lagen bei 160,50 Euro inkl. 7 Prozent Umsatzsteuer.

So wird gebucht:

Kontonummern

SKR 03	SKR 04	Kontenbezeichnung
1000	1600	Kasse
4670	6670	Reisekosten Unternehmer
4673	6673	Reisekosten UN, Fahrtkosten
4674	6674	Reisekosten UN, Verpflegungsmehraufwand
4676	6680	Reisekosten UN, Übernachtung

Buchungsvorlage

Soll	Haben	Betrag	Steuersatz
4673/6673 (Fahrtkosten)	1000/1600 (Kasse)	119,00 €	19 % VSt.
4674/6674 (Verpflegung)	1000/1600 (Kasse)	24,00 €	----
4676/6680 (Übernachtung)	1000/1600 (Kasse)	160,50 €	7 % VSt.

Ist in der Hotelrechnung das Frühstück enthalten, sind diese Kosten vom Rechnungsbetrag abzuziehen. Nur die reinen Übernachtungskosten zählen zu den Aufwendungen. Ist der Frühstücksbetrag nicht erkennbar, weil er z. B. in der Businesspauschale steckt, müssen Sie die Rechnung pauschal um 4,80 Euro kürzen und nur den verbleibenden Betrag auf Übernachtungskosten buchen.

Höhere Erstattungen von Reisekosten an Arbeitnehmer

Die vorher beschriebenen Höchstgrenzen gelten auch für Arbeitnehmer. Erstatten Sie höhere Kosten und sind diese angemessen, zählen sie zu den Aufwendungen und mindern den Gewinn des Unternehmen. Wie sieht es aber mit der Gehaltsabrechnung des Arbeitnehmers aus? Die Erstattung der pauschalen Verpflegungsmehraufwendungen ist – je nach länge der Reise – für den Arbeitnehmer steuer- und sozialversicherungsfrei. Ebenso wie die Erstattung einer Übernachtungspauschale von 20 Euro pro Nacht im Inland, wenn keine Übernachtungsrechnung vorliegt. Alles, was das Unternehmen darüber hinaus erstattet, muss die Lohnbuchhaltung wissen.

Beispiel

Die folgende Reisekostenabrechnung liegt Ihnen vor. Ein Arbeitnehmer hat ein Seminar besucht. Die Kosten werden über die Kasse ausgezahlt. Das Bahnticket kostete 95,20 Euro inkl. 19 Prozent Umsatzsteuer. Die Reise dauerte drei Tage. Am An- und Abreisetag war der Arbeitnehmer jeweils über acht Stunden unterwegs, der pauschale Verpflegungsmehraufwand beträgt 48 Euro. Die Kosten für die Übernachtung ohne Frühstück lagen bei 214 Euro inkl. 7 Prozent Umsatzsteuer.

So wird gebucht:

Kontonummern

SKR 03	SKR 04	Kontenbezeichnung
1000	1600	Kasse
4660	6650	Reisekosten Arbeitnehmer
4663	6663	Reisekosten AN, Fahrtkosten
4664	6664	Reisekosten AN, Verpflegungsmehraufwand
4666	6660	Reisekosten AN, Übernachtung

Buchungsvorlage

Soll	Haben	Betrag	Steuersatz
4663/6663 (Fahrtkosten)	1000/1600 (Kasse)	95,20 €	19 % VSt.
4664/6664 (Verpflegung)	1000/1600 (Kasse)	48,00 €	----
4666/6660 (Übernachtung)	1000/1600 (Kasse)	214,00 €	7 % VSt.

10.6.4 Zinsaufwendungen bei Personenfirmen

Zinsaufwendungen werden unbegrenzt anerkannt, wenn Sie mit einer betrieblichen Investition zusammenhängen. Das gilt auch für Kontokorrentzinsen, wenn sie für eine Investition angefallen sind. Sonstige Zinsen und Kontoführungsgebühren, die mit keiner Investition zusammenhängen, werden ohne jede weitere Prüfung bis zu einer Höhe von 2.050 Euro im Jahr anerkannt. Hat eine Personenfirma höhere sonstige Schuldzinsen, die sie ansetzen möchte, muss sie nachweisen, dass diese Zinsen durch Verluste und nicht durch private Überentnahmen entstanden sind.
Diese Prüfung erfolgt im Rahmen der Jahresabschlussarbeiten. Im laufenden Jahr sollten Sie bei der Erfassung von Zinsaufwendungen auf die richtige Kontenwahl achten.

Beispiel

Die folgenden Zinsen werden vom Bankkonto abgebucht: 200 Euro Zinsen für das Girokonto und die Zinsen für die Finanzierung eines Betriebsgebäudes in Höhe von 800 Euro.

So wird gebucht:

Kontonummern

SKR 03	SKR 04	Kontenbezeichnung
1200	1800	Bank
2110	7310	Zinsaufwand kurzfristige Verbindlichkeiten
2120	7320	Zinsaufwand langfristige Verbindlichkeiten
2126	7326	Zinsaufwand Finanzierung Anlagevermögen

Buchungsvorlage

Soll	Haben	Betrag	Steuersatz
2110/7310 (Zinsaufwand kurzfr.)	1200/1800 (Bank)	200 €	----
2126/7326 (Zinsaufwand AV)	1200/1800 (Bank)	800 €	----

Tilgungszahlungen für ein Darlehen buchen Sie direkt auf das Passivkonto „Darlehen". In diesem Fall sinkt das Darlehen, es findet eine Vermögensumschichtung statt.

10.7 Kosten aus dem Privatbereich

In diesem Kapitel geht es um Kosten, die eigentlich im Privatbereich des Unternehmers oder Arbeitnehmers anfallen, aber teilweise für das Unternehmen genutzt werden. Dazu gehören:

- Fahrten mit dem Privatwagen,
- Telefonkosten vom Privatanschluss,
- häusliches Arbeitszimmer, Homeoffice.

Diese Kosten sind nicht immer in der Buchhaltung des Unternehmens zu erfassen. In diesem Zusammenhang gibt es Unterschiede zwischen Inhabern von Personenfirmen und Arbeitnehmern, zu denen auch mitarbeitende Inhaber von Kapitalgesellschaften zählen.

10.7.1 Kosten für Fahrten mit dem privaten Fahrzeug

Die Fahrten zur regelmäßigen Arbeitsstätte zählen zu den Privatfahrten; sie sind nur begrenzt abziehbar. Fahrten zu Geschäftspartnern, Fortbildungen, Messen und viele andere Fahrten, die für das Unternehmen erforderlich sind, sind in voller Höhe abziehbar, soweit sie angemessen sind.

Fahrtenkosten Wohnung – Arbeitsstätte

Hier werden die Kosten für öffentliche Verkehrsmittel anerkannt, soweit die Belege vorliegen. Für die Fahrten mit dem eigenen Fahrzeug werden 0,30 Euro pro Entfernungskilometer (einfache Strecke) anerkannt, ganz gleich, wie hoch die Kosten tatsächlich waren. Unternehmer/innen von Personenfirmen erfassen diese Kosten in der Gewinnermittlung. Arbeitnehmer geben diese Kosten in der privaten

Steuererklärung an. Die Kosten zählen in der Steuererklärung zu den Werbungskosten unter „Einkünfte aus nicht selbstständiger Arbeit".

Geschäftsfahrten

Wird für betriebliche Fahrten ein Privatwagen verwendet, können – ohne Nachweis der tatsächlichen Kfz-Kosten – 0,30 Euro pro gefahrenem Kilometer als Aufwand geltend gemacht werden. Dafür müssen lediglich die betrieblich gefahrenen Kilometer aufgezeichnet werden.

Sollen die tatsächlichen Kosten angesetzt werden, ist es notwendig, den Anteil nachzuweisen, zu dem das Fahrzeug betrieblich genutzt wird. Außerdem müssen die Belege aller Kfz-Kosten des Privatwagens gesammelt werden. Als Aufwendungen werden die anteiligen Kfz-Kosten anerkannt, soweit sie nachgewiesen werden. Ist in den tatsächlichen Belegen Vorsteuer enthalten, kann sie anteilig abgezogen werden (Abschnitt 15.6. (1) UStAE). Ein anteiliger Vorsteuerabzug aus den Anschaffungskosten ist nicht möglich.

Beispiel

Es liegen zwei Reisekostenabrechnungen vor:

1. Ein Arbeitnehmer hat einen Kunden besucht und ist mit seinem Privatwagen 48 Kilometer gefahren. Das Unternehmen erstatten ihm 14,40 Euro (48 km x 0,30 Euro) und zahlt das Geld über die Kasse aus.
2. Der Inhaber der Personenfirma nutzte laut seinen Aufzeichnungen seinen Privatwagen zu 6 Prozent für betriebliche Zwecke. Die tatsächlichen laufenden Kfz-Kosten lagen bei 6.000 Euro. 360 Euro (6 Prozent von 6.000 Euro) zählen zu den Aufwendungen. Er entnimmt den Betrag aus der Kasse.

So ist zu buchen:

Kontonummern

SKR 03	SKR 04	Kontenbezeichnung
1000	1600	Kasse
1890	2180	Privateinlagen
4595	6595	Fremdfahrzeuge

Buchungsvorlage

Soll	Haben	Betrag	Steuersatz
4595/6595 (Fremdfahrzeuge)	1000/1600 (Kasse)	14,40 €	----
4595/6595 (Fremdfahrzeuge)	1000/1600 (Kasse)	360,00 €	----

Entnimmt der Inhaber der Personenfirma das Geld nicht, buchen Sie nicht auf das Konto „Kasse", sondern auf das Konto „Privateinlagen".

10.7.2 Telefonkosten Privatanschluss

Wird vom privaten Telefonanschluss für das Unternehmen telefoniert, können diese Kosten laut Einzelgesprächsnachweis ermittelt oder pauschal geltend gemacht werden. Pauschal lassen sich 20 bis 30 Prozent der privaten Telefonkosten als Aufwand geltend machen.

Beispiel

Der Inhaber einer Personenfirma nutzt des Öfteren den Privatanschluss für geschäftliche Gespräche. Seine privaten Telefonkosten betragen 700 Euro und laut seinen Aufzeichnungen entfallen 20 Prozent davon auf betriebliche Gespräche. Als Aufwand sind 140 Euro geltend zu machen; er lässt das Geld aber in der Kasse. Wie ist zu buchen?

Kontonummern

SKR 03	SKR 04	Kontenbezeichnung
1000	1600	Kasse
1890	2180	Privateinlagen
4920	6805	Telefon

Buchungsvorlage

Soll	Haben	Betrag	Steuersatz
4920/6805 (Telefon)	1890/2180 (Privateinlagen)	140 €	----

Auf das Konto „Telefon" buchen Sie übrigens auch die Kosten für den Geschäftsanschluss.

10.7.3 Privaträume betrieblich genutzt

Kosten für ein häusliches Arbeitszimmer bzw. ein Homeoffice werden nur unter bestimmten Voraussetzungen anerkannt. Soweit diese erfüllt sind, können Unternehmer/innen diese Kosten in der Gewinnermittlung erfassen. Sie mindern den Gewinn des Unternehmens. Arbeitnehmer geben diese Kosten in der privaten Steuererklärung an unter „Einkünfte aus nicht selbstständiger Arbeit". Diese Kosten mindern das zu versteuernde Gehalt. Kosten, die der Arbeitgeber übernimmt, sind für das Unternehmen Aufwendungen und für den Arbeitnehmer zu versteuernde Einnahmen.

Häusliches Arbeitszimmer

Das „häusliche Arbeitszimmer" ist ein Raum, der sich innerhalb einer Privatwohnung oder eines Privathauses befindet und betrieblich genutzt wird, und zwar vorwiegend für Büroarbeiten. Die Kosten für diesen Raum dürfen Sie nur als Aufwendungen abziehen, wenn strenge Voraussetzungen erfüllt sind:

- Der Raum muss von den übrigen Privaträumen getrennt und für die betriebliche Nutzung geeignet sein.
- Er muss fast ausschließlich betrieblich bzw. beruflich genutzt werden; die Privatnutzung muss unter zehn Prozent liegen.
- Außerdem muss genug privater Wohnraum verbleiben.

Bildet das häusliche Arbeitszimmer den Mittelpunkt einer beruflichen und betrieblichen Tätigkeit, werden die Kosten in voller Höhe anerkannt. Mit Mittelpunkt ist nicht nur die zeitliche Einteilung gemeint, sondern auch die Art der Arbeit. Finden die prägenden Arbeiten im Arbeitszimmer statt, kann es sich auch um den Mittelpunkt handeln. Welche Arbeiten und welcher Anteil der gesamten beruflichen und betrieblichen Tätigkeit finden im häuslichen Arbeitszimmer statt?

Mittelpunkt der gesamten beruflichen und betrieblichen Tätigkeit	Vollabzug der Aufwendungen
Betriebliche/berufliche Nutzung, wenn kein anderer Arbeitsplatz vorhanden ist	Beschränkter Abzug bis max. 1.250 Euro

Der beschränkte Abzug ist nur möglich, wenn tatsächlich kein anderer Arbeitsplatz zur Verfügung steht, der zur Erledigung büromäßiger Arbeiten geeignet ist. Ein Arbeitsplatz in einem Großraumbüro ist geeignet, ein Klassenzimmer oder ein Lehrerzimmer dagegen nicht.
Findet der Mittelpunkt der Tätigkeit nicht im Arbeitszimmer statt, steht aber für Büroarbeiten kein geeigneter Arbeitsplatz zur Verfügung, können die Kosten für das Arbeitszimmer bis max. 1.250 Euro als Betriebsausgaben geltend gemacht werden.

Andere private Räume

Hierzu zählen Räume im Privatbereich, die zu anderen Zwecken genutzt werden (z. B. als Arztpraxis mit Publikumsverkehr, als Notfallpraxis, als Lager, als Werkstatt etc.). Kosten für solche Räume können in voller Höhe als Aufwendungen abgezogen werden. Das gilt auch für eigene oder gemietete außerhäusliche Arbeitszimmer (nicht unmittelbar an den Privatbereich angrenzend), die überwiegend für Büroarbeiten genutzt werden.

Einrichtungsgegenstände

Arbeitsmittel, die in einem solchen Raum ausschließlich betrieblich genutzt werden, sind abzugsfähig (Schreibtisch, Computer, Lampen etc.), unabhängig davon, ob das Arbeitszimmer selbst abzugsfähig ist.

Beispiel

Der Inhaber eines Handwerksbetriebs (Personenfirma) erledigt seine Bürotätigkeiten ausschließlich im häuslichen Arbeitszimmer. Die Kosten für das Privathaus liegen bei 20.000 Euro. Die gesamte Wohnfläche beträgt 140 qm und das Arbeitszimmer hat eine Fläche von 14 qm.

So werden die Kosten für das Arbeitszimmer ermittelt und gebucht.

- Wohnfläche 140 qm = 100 Prozent
- Arbeitszimmer 14 qm = 10 Prozent

Sie können 2.000 Euro (10 Prozent von 20.000 Euro) als Aufwand für das Arbeitszimmer erfassen.

Kontonummern

SKR 03	SKR 04	Kontenbezeichnung
1890	2180	Privateinlagen
4280	6345	Sonstige Raumkosten
4288	6348	Kosten für häusliches Arbeitszimmer

Buchungsvorlage

Soll	Haben	Betrag	Steuersatz
4288/6348 (Arbeitszimmer)	1890/2180 (Privateinlagen)	2.000 €	----

10.8 Verschiedene Kosten

In diesem Kapitel geht es um Kfz-Kosten, Mieten und Mietnebenkosten, Versicherungen, Beiträge, sonstige Abgaben und vieles mehr. Auch für diese Kosten gibt es eigene Konten.

10.8.1 Kfz-Kosten

Zu den Kfz-Kosten zählen alle Kosten für Fahrzeuge, die zum Betriebsvermögen gehören oder vom Unternehmen gemietet oder geleast wurden. Dazu gehören: Versicherung, Steuer, Reparaturen, Benzin, Leasingraten, Garagenmiete. Diese Kosten zählen zunächst in voller Höhe zu den Aufwendungen und werden auf die folgenden Konten gebucht.

Kontonummern

SKR 03	SKR 04	Kontenbezeichnung
4510	7885	Kfz-Steuern
4520	6520	Kfz-Versicherungen
4530	6530	Laufende Kfz-Kosten
4540	6540	Kfz-Reparaturen
45..	65..	Weitere Kfz-Kosten

Die Privatnutzung durch Unternehmer/innen von Personenfirmen wird spätestens im Rahmen der Jahresabschlussarbeiten berechnet und als Ertrag erfasst. Dadurch werden die abziehbaren Kfz-Kosten indirekt gekürzt. Mehr dazu in Kapitel 11.2.2 „Privatnutzung Kfz".

Die Privatnutzung durch Arbeitnehmer/innen heißt „Sachbezüge Kfz". Sie wird von der Lohnbuchhaltung berechnet. Diese Sachbezüge sind wie das Gehalt lohnsteuer- und sozialversicherungspflichtig und werden in der monatlichen Gehaltsabrechnung berücksichtigt. Die erforderlichen Buchungen werden ebenfalls von der Lohnbuchhaltung erstellt und an die Buchhaltung übertragen. Mehr dazu in Kapitel 11.2.3 „Sachbezüge Kfz".

10.8.2 Mieten und Nebenkosten

Kosten für Räume, die ein Unternehmen mietet, zählen in voller Höhe zu den Aufwendungen.

Kontonummern

SKR 03	SKR 04	Kontenbezeichnung
4200	6305	Raumkosten
4210	6310	Miete
4240	6325	Strom, Gas, Wasser
42..	63..	Weitere Raumkosten

10.8.3 Versicherungen, Beiträge und Gebühren

Betriebliche Versicherungen, Beiträge an Berufsverbände und Kammern (z. B. Anwaltskammer, IHK) sowie Rundfunk- und Kabelgebühren buchen Sie auf die folgenden Aufwandskonten:

Kontonummern

SKR 03	SKR 04	Kontenbezeichnung
4360	6400	Versicherungen
4380	6420	Beiträge
4390	6430	Sonstige Abgaben

10.8.4 Telefonkosten

Telefonkosten vom Geschäftsanschluss und von allen Mobiltelefonen werden zunächst auf das Aufwandskonto „4920/6805 Telefon“ gebucht. Nur die Privatnutzung durch Unternehmer/innen von Personenfirmen wird im Rahmen der Jahresabschlussarbeiten berechnet und als Ertrag erfasst. Die Privatnutzung durch Arbeitnehmer/innen muss nicht erfasst werden.

10.8.5 Darlehensrückzahlungen

Regelmäßige Darlehensrückzahlungen setzen sich fast immer aus einem Zins- und einem Tilgungsanteil zusammen. Entweder sehen Sie die Einzelbeträge bereits auf dem Kontoauszug oder Sie müssen den Zins- und Tilgungsplan zur Hand nehmen.

Beispiel

Für die Finanzierung eines Fahrzeugs hat ein Unternehmen ein Darlehen in Höhe von 30.000 Euro aufgenommen. Das Geld wurde auf das Girokonto ausgezahlt. Die Rückzahlung in Höhe von 3.600 Euro setzt sich zusammen aus 1.100 Euro Zinsen und 2.500 Euro Tilgung. In der Regel erfolgt die Rückzahlung monatlich; in diesem Beispiel erfolgt die Rückzahlung einmal jährlich. Der Darlehensstand beträgt 27.500 Euro.

So wird gebucht:

Kontonummern

SKR 03	SKR 04	Kontenbezeichnung
1200	1800	Bank
1705	3560	Darlehen
2126	7326	Zinsen zur Finanzierung des Anlagevermögens

Buchungsvorlage

Soll	Haben	Betrag	Steuersatz
1200/1800 (Bank)	1705/3560 (Darlehen)	30.000 €	----
2126/7326 (Zinsen)	1200/1800 (Bank)	1.100 €	----
1705/3560 (Darlehen)	1200/1800 (Bank)	2.500 €	----

10.9 Aufgaben zu Kapitel 10

Jetzt haben Sie viele verschiedene Konten bzw. Kontonummern kennengelernt. Sie haben gesehen, dass nicht alle Ausgaben direkt auf Aufwandskonten erfasst werden, sondern auch auf Bestandskonten, weil sie eine Verbindlichkeit ausgleichen. Außerdem macht es in manchen Bereichen einen Unterschied, ob Sie die Buchhaltung für eine Personenfirma oder für eine Kapitalgesellschaft erledigen. Testen Sie hier Ihr Wissen.

➔ Aufgabe 1

Es gibt zwei Darstellungsformen der Gewinn- und Verlustrechnung. Unternehmen können entweder das Umsatzkostenverfahren oder das Gesamtkostenverfahren anwenden. Kreuzen Sie bitte die richtigen Aussagen an.

Aussage	Richtig?
1. Beim Gesamtkostenverfahren werden die Wareneinkäufe direkt auf Aufwandskonten gebucht.	
2. Beim Gesamtkostenverfahren müssen die buchmäßigen Bestände regelmäßig durch eine Inventur überprüft werden. Kommt es zu Bestandsveränderungen sind Umbuchungen erforderlich.	
3. Das Umsatzkostenverfahren wird von den meisten Unternehmen angewendet.	
4. Wendet ein produzierendes Unternehmen das Umsatzkostenverfahren an, ist eine aussagekräftige Kostenträgerrechnung erforderlich. Nur so kann der Wareneinsatz ermittelt werden.	
5. Bei beiden Verfahren werden die Erträge gleich behandelt. Sie werden direkt in der Gewinn- und Verlustrechnung erfasst.	

➔ Aufgabe 2

Die folgenden Umsatzsteuerzahlungen sind über das Bankkonto gelaufen: Im April die Zahllast laut Umsatzsteuer-Voranmeldung des Monats März in Höhe von 1.000 Euro. Im Mai die Erstattung laut Umsatzsteuererklärung des Vorjahres über 200 Euro. Tragen Sie bitte die erforderlichen Kontonummern in der richtigen Reihenfolge in die Buchungsvorlage ein.

Kontonummern

SKR 03	SKR 04	Kontenbezeichnung
1200	1800	Bank
1545	1420	Umsatzsteuerforderungen
1780	3820	Umsatzsteuervorauszahlungen (Forderungen)
1789	3840	Umsatzsteuer laufendes Jahr (Verbindlichkeiten)
1790	3841	Umsatzsteuer Vorjahr (Verbindlichkeiten)

Buchungsvorlage

Soll	Haben	Betrag	Steuersatz

➔ Aufgabe 3

Die Buchungsliste der Gehaltsabrechnung für den Monat September wurde von der Lohnbuchhaltung erstellt und in die Buchhaltung übertragen. Die Gehaltsaufwendungen für den September wurden also im September gebucht. Die verschiedenen Zahlungen erfolgten über das Bankkonto und müssen jetzt gebucht werden. Die Zahlung an den Mitarbeiter beträgt 2.500 Euro, die an das Finanzamt 500 Euro und die an die Krankenkasse 1.500 Euro. Tragen Sie bitte die erforderlichen Kontonummern in die Buchungsvorlage ein.

Kontonummern

SKR 03	SKR 04	Kontenbezeichnung
1200	1800	Bank
4120	6020	Gehälter
1740	3720	Verbindlichkeiten aus Lohn und Gehalt
1741	3730	Verbindlichkeiten aus Lohn- und Kirchensteuer
1742	3740	Verbindlichkeiten aus Sozialversicherung

Buchungsvorlage

Soll	Haben	Betrag	Steuersatz

➔ Aufgabe 4

Für Reisekosten gelten Höchstgrenzen. Es gibt Unterschiede zwischen Arbeitnehmern und Unternehmern von Personenfirmen. Was ist zu beachten? Kreuzen Sie bitte die richtigen Aussagen an.

Aussage	Richtig?
1. Ein Arbeitnehmer hat übernachtet. Die Rechnung beinhaltet auch das Frühstück. Erstattet das Unternehmen den vollen Rechnungsbetrag, muss die Lohnbuchhaltung informiert werden.	
2. Ein Unternehmer war zwei Tage auf Geschäftsreise. Insgesamt liegen Essensbelege über 100 Euro vor. Sie können bedenkenlos erstattet und auf die Reisekosten gebucht werden.	
3. Ein Unternehmer hat übernachtet. In der Rechnung sind 15 Euro für das Frühstück ausgewiesen. Wurde der gesamte Rechnungsbetrag vom Unternehmen gezahlt, buchen Sie diese 15 Euro auf das Konto „Privatentnahmen" und nur die reinen Übernachtungskosten auf das Konto „Reisekosten".	
4. Ein Unternehmen erstattet einem Arbeitnehmer nicht die tatsächlichen Verpflegungskosten. In diesem Fall können Sie die pauschalen Verpflegungsmehraufwendungen entsprechend der Länge der Reise steuer- und beitragsfrei erstatten.	
5. Ein Arbeitnehmer musste mit seinem Privatwagen zu einer Messe fahren. Insgesamt ist er 100 km gefahren. Sie dürfen ihm nur die einfache Strecke erstatten, also 50 km x 0,30 Euro.	

➔ Aufgabe 5

Angenommen, Sie erledigen die Buchführung für eine Personenfirma. Was ist zu beachten? Kreuzen Sie bitte die richtigen Aussagen an.

Aussage	Richtig?
1. Die Abbuchung einer privaten Ausgabe vom Geschäftskonto buchen Sie auf das Konto „Privatentnahmen" im Bereich „Eigenkapital".	
2. Die Aufwendungen für Fahrten von der Wohnung zur regelmäßigen Arbeitsstätte zählen nicht zu den Aufwendungen des Unternehmens. Sie werden in der privaten Steuererklärung angegeben.	
3. Die Buchung einer Privateinlage erhöht das Eigenkapital und den Gewinn.	
4. Die Privatnutzung des Firmenwagens zählt zu den Erträgen des Unternehmens. Die Kfz-Kosten von Fahrzeugen, die auch privat genutzt werden, sind also doch nicht in voller Höhe abziehbar.	
5. Der Inhaber einer Personenfirma zahlt sich einen Unternehmerlohn in Höhe von 2.000 Euro. Dieser Unternehmerlohn mindert das Eigenkapital, nicht den Gewinn.	
6. Für die Anerkennung des Arbeitszimmers sind alle Voraussetzungen erfüllt. Diese Kosten mindern den Gewinn des Unternehmens.	

➔ Aufgabe 6

Angenommen, Sie erledigen die Buchführung für eine Kapitalgesellschaft. Es gibt also nur Arbeitnehmer, zu denen auch die mitarbeitenden Beteiligten bzw. Gesellschafter zählen. Was ist zu beachten? Kreuzen Sie bitte die richtigen Aussagen an.

Aussage	Richtig?
1. Der Gesellschafter leiht seinem Unternehmen Geld, er überweist 2.500 Euro auf das Geschäftskonto. Diesen Geldeingang buchen Sie auf das Konto „Privateinlagen".	
2. Die Aufwendungen für Fahrten von der Wohnung zur regelmäßigen Arbeitsstätte zählen nicht zu den Aufwendungen des Unternehmens. Sie werden in der privaten Steuererklärung des Arbeitnehmers angegeben.	
3. Die Privatnutzung des Firmenwagens stellt für Arbeitnehmer einen Sachbezug dar. Er ist wie das Gehalt steuer- und sozialversicherungspflichtig.	
4. Die Privatnutzung des Firmenwagens ist nicht zu berücksichtigen.	

Aussage	Richtig?
5. Der mitarbeitende Gesellschafter erhält ein Gehalt in Höhe von 5.000 Euro. Dieses Gehalt mindert den Gewinn des Unternehmens. Der Gesellschafter bzw. Arbeitnehmer muss diese Einnahme in seiner privaten Steuererklärung angeben.	
6. Für die Anerkennung des Arbeitszimmers sind alle Voraussetzungen erfüllt, aber das Unternehmen trägt die Kosten nicht. In diesem Fall sind die Kosten für das Arbeitszimmer in der privaten Steuererklärung anzugeben.	

Arbeitshilfen online

Arbeitsblätter mit den Aufgaben dieses Buches und die Lösungen zu sämtlichen Aufgaben finden Sie in den Arbeitshilfen online.

11 Jahresabschlussvorbereitung: Privatnutzung und Abgrenzung

In der Buchführung werden alle Belege und Geschäftsvorfälle gebucht, die im aktuellen Jahr anfallen. Dazu gehören Kundenrechnungen, Lieferantenrechnungen, Kontoauszüge, Kassenbücher. Nach der Kontrolle der laufenden Buchführung kann die Vorbereitung des Jahresabschlusses beginnen. Es ist zu prüfen, ob private Warenentnahmen sowie eine private Nutzung von Kfz und Telefon vorlagen. Weiterhin ist zu prüfen, ob alle Aufwendungen und Erträge im richtigen Jahr gebucht wurden, also in dem Jahr, in das sie wirtschaftlich gehören, unabhängig vom Zeitpunkt der Rechnungsstellung und Zahlung. Für die Erstellung des endgültigen Jahresabschlusses ist sehr viel Fachwissen aus den Bereichen „Bilanzierung“ und „Steuerrecht“ erforderlich. Hier und im nächsten Kapitel erfahren Sie, welche Arbeiten beim Erstellen des Jahresabschlusses anfallen und welche Arbeiten Sie vorab bereits vorbereiten können. Außerdem sehen Sie, wie sich die entsprechenden Buchungen auf das Ergebnis auswirken.

11.1 Kontrolle der laufenden Buchführung

Bevor Sie mit der eigentlichen Abschlussvorbereitung beginnen können, müssen Sie einige Punkte in Ihrer laufenden Buchführung kontrollieren. Überprüfen Sie zuerst die Aufwandskonten, sehen Sie sich dabei die Konten nacheinander an. Die folgende Checkliste soll Sie dabei unterstützen.

Checkliste	✓
• Sehen Sie sich bei großen Beträgen zur Sicherheit die Rechnungen an?	
• Sind Mieten und Nebenkosten zwölfmal gebucht?	
• Sind Telefon, Handy und Internet zwölfmal gebucht?	
• Sind Löhne und Gehälter zwölfmal gebucht?	
• Grundsteuern viermal?	
• Kontoführungsgebühren viermal oder zwölfmal?	
• Kontokorrentzinsen viermal oder zwölfmal?	
• Darlehenszinsen von allen Darlehen?	
• Sind betriebliche Versicherungen einmal, viermal oder zwölfmal gebucht?	

Checkliste	✓
• Sind alle Bewirtungsbelege vorhanden und richtig ausgestellt?	
• Sind die Rechnungen für Geschenke vorhabend und richtig ausgestellt?	
• Sind alle Reisekostenabrechnungen vorhanden?	

Kontrolle der Bestände von Banken, Kassen und Darlehen
Stimmen die Banksalden auf den Konten mit den Originalkontoauszügen überein? Bitte prüfen Sie jedes Bankkonto. Ist der Anfangsbestand gebucht und der Saldo stimmt noch nicht, müssen Sie leider suchen, d. h., dass Sie Ihre Eingaben überprüfen müssen. Das gilt ebenfalls für die Barkassen und alle Darlehenskonten.

11.2 Entnahmen für private Zwecke

Entnehmen Arbeitnehmer oder Unternehmer von Personenfirmen Waren des Unternehmens für private Zwecke, werden sie zu Kunden. Zahlen sie dafür, erfassen Sie diese Erträge genauso wie die Erträge von Kunden, und alles ist erledigt. Zahlen sie aber nicht dafür, sind zusätzliche Arbeiten erforderlich. Sie müssen alle Entnahmen aufzeichnen und die Erträge auf besonderen Konten erfassen. Allerdings müssen Sie hierbei beachten, dass Arbeitnehmer und Unternehmer unterschiedlich behandelt werden.

11.2.1 Unterschiede Unternehmer – Arbeitnehmer

Entnahmen von Waren für private Zwecke durch Unternehmer von Personenfirmen heißen „unentgeltliche Wertabgaben“, Entnahmen durch Arbeitnehmer „Sachbezüge“.

Unentgeltliche Wertabgaben bei Unternehmern
In diesem Fall handelt es sich um Erträge, die den Gewinn erhöhen. Die entnommenen Waren bleiben in voller Höhe im Aufwand stehen. Ist das Unternehmen zum Vorsteuerabzug berechtigt, müssen Sie die enthaltene Umsatzsteuer abführen.

Sachbezüge bei Arbeitnehmern
Ein Sachbezug ist für einen Arbeitnehmer eine Einnahme und diese Einnahme ist i. d. R. lohnsteuer- und sozialversicherungspflichtig. Sie müssen Sachbezüge monatlich im Rahmen der Lohn- und Gehaltsabrechnung versteuern. Hier handelt es sich nicht um Erträge des Unternehmens. Im Gegenteil: Das Unternehmen hat

dadurch mehr Aufwendungen. Der Arbeitgeber zahlt dem Arbeitnehmer Gehalt und z. B. das Essen oder den Firmenwagen. Der Arbeitnehmer versteuert die Einnahme inkl. Umsatzsteuer, und Sie müssen die enthaltene Umsatzsteuer abführen.

Beispiel

Aus dem Warensortiment einer Personenfirma haben sich der Inhaber und sein Arbeitnehmer Waren für jeweils 595 Euro inkl. 19 Prozent Umsatzsteuer entnommen. Beide haben kein Geld dafür bezahlt.

In diesem Fall sind folgenden Buchungen erforderlich:

Kontonummern

SKR 03	SKR 04	Kontenbezeichnung
1880	2130	Unentgeltliche Wertabgabe
4120	6020	Gehälter
8915	4610	Warenentnahme Unternehmer 7 % Umsatzsteuer
8910	4620	Warenentnahme Unternehmer 19 % Umsatzsteuer
8591	4941	Sachbezüge Waren 7 % Umsatzsteuer
8595	4945	Sachbezüge Waren 19 % Umsatzsteuer

Buchungsvorlage

Soll	Haben	Betrag	Steuersatz
1880/2130 (Wertabgabe)	8910/4620 (Warenentnahme 19 %)	595 €	19 % USt.
4120/6020 (Gehälter)	8595/4941 (Sachbezüge 19 %)	595 €	19 % USt.

Unentgeltliche Wertabgaben werden ausschließlich in der Buchhaltung erfasst. Diese Buchungen erhöhen den Gewinn und die abzuführende Umsatzsteuer wird erfasst. Für **Sachbezüge** ist in der Regel die Lohnbuchhaltung zuständig, soweit die Sachbezugsgrenzen überschritten sind (siehe Kapitel 10.4.3 „Sachbezüge Arbeitnehmer"). In der Buchhaltung ist der Sachbezug zu buchen, damit die enthaltene Umsatzsteuer abgeführt werden kann. Diese Buchungen werden dann zusammen mit der Lohnbuchungsliste übertragen.

11.2.2 Privatnutzung Kfz

Das Finanzamt geht davon aus, dass der Geschäftswagen auch für private Fahrten genutzt wird. Somit verkauft das Unternehmen dem Unternehmer die Kfz-Nutzung. Er ist in diesem Fall ein Kunde des Unternehmens. Diese indirekte Einnahme nennt man „unentgeltliche Wertabgabe“ oder „Privatnutzung Kfz“.
Für Unternehmer/innen einer Personenfirma gibt es die folgenden Methoden, diese Privatnutzung Kfz zu berechnen:

- Pauschale Abrechnung bzw. 1-%-Regelung, wenn das Fahrzeug zu über 50 Prozent betrieblich genutzt wird.
- Berechnung der tatsächlichen Privatfahrten lt. sonstigen Aufzeichnungen, wenn das Fahrzeug unter 50 Prozent betrieblich genutzt wird und kein Fahrtenbuch geführt wurde.
- Berechnung der tatsächlichen Privatfahrten lt. Fahrtenbuch.

Hier sehen Sie die Berechnung nach der 1-%-Regelung sowie nach der Fahrtenbuchmethode für das gleiche Fahrzeug.

Beispiel

Es handelt sich um einen Pkw mit einem Brutto-Listen-Neupreis von 35.700 Euro. Im laufenden Jahr fallen die folgenden Kosten an: Kfz-Steuer und Versicherung 1.000 Euro, Abschreibung 2.500 Euro, Benzin und Reparaturen 2.000 Euro. Die einfache Entfernung zwischen Wohnung und Arbeitsstätte beträgt 10 km, die Zahl der Arbeitstage 110.

So erfolgt die Berechnung nach beiden Methoden für sechs Monate:

1-%-Methode

In der folgenden Tabelle sehen Sie die erforderlichen Zahlen für die Berechnung:

Vorbereitung der Zahlen	
Brutto-Listen-Neupreis	35.700 Euro
Privatnutzung, Anzahl der Monate	6 Monate
einfache Strecke Wohnung – Arbeitsstätte, Entfernungskilometer	10 km
Arbeitstage im Jahr (6 Monate)	110 Tage
Kfz-Kosten gesamt	5.500 Euro

Die Berechnung erfolgt in mehreren Schritten. Zuerst wird der private Nutzungsanteil für die reinen Privatfahrten ermittelt. Dieser Wert ist nur zum Teil umsatzsteuerpflichtig.

Berechnung reine Privatfahrten (Wochenende, Urlaub)	
Brutto-Listen-Neupreis x 1 % x Anzahl der Monate 35.700 x 1 % x 6	
= unentgeltliche Wertabgabe netto (Privatnutzung Kfz)	2.142,00 €

20 Prozent des Nettobetrags sind umsatzsteuerfrei, 80 Prozent umsatzsteuerpflichtig.

Aufteilung für die Umsatzsteuerberechnung	
Privatnutzung Kfz ohne USt. (2.142,00 x 20 %)	428,40 €
Privatnutzung Kfz mit USt. (2.142,00 x 80 % + USt.) Nettobetrag 1.713,60 € + 19 % Umsatzsteuer 325,58 €	2.039,18 €

Im nächsten Schritt erfolgt die Berechnung der Privatnutzung für die Fahrten zwischen Wohnung und Arbeitsstätte; auch dieser Betrag erhöht den Gewinn, er ist allerdings umsatzsteuerfrei.

Berechnung Privatanteil Fahrten Wohnung – Arbeitsstätte		
	Brutto-Listen-Neupreis x Entfernungskilometer x 0,03 % x Monate 35.700 x 10 x 0,03 % x 6	
=	Fahrten Wohnung – Arbeitsstätte nicht abziehbarer Anteil	642,60 €

Im letzten Schritt werden die Aufwendungen berechnet, die abziehbar sind.

Berechnung Aufwendungen Fahrten Wohnung – Arbeitsstätte		
–	0,30 € x Entfernungskilometer (einfach) x Arbeitstage 0,30 x 10 x 110	
=	Fahrten Wohnung – Arbeitsstätte abziehbarer Anteil	330,00 €

Fahrtenbuchmethode

Ein Fahrtenbuch macht viel Arbeit, doch in manchen Fällen lohnt sich der Aufwand. Es muss zeitnah, fortlaufend und in geschlossener Form geführt werden. Eine Loseblattsammlung wird nicht anerkannt und elektronisch geführte Fahrtenbücher werden nur akzeptiert, wenn das Programm keine Änderungen zulässt bzw. alle nachträglichen Änderungen anzeigt.

Für die Berechnung brauchen Sie die folgenden Werte:

Vorbereitung der Zahlen	
Gesamtkilometer laut Fahrtenbuch = 100 %	28.000 km = 100 %
Kilometeranteil für reine Privatfahrten laut Fahrtenbuch = x %	7.000 km = 25 %
Kilometeranteil für Fahrten Wohnung Arbeitsstätte laut Fahrtenbuch	2.200 km
einfache Strecke Wohnung – Arbeitsstätte, Entfernungskilometer	10 km
Arbeitstage im Jahr	110 Tage
Kfz Kosten ohne Vorsteuerabzug Kfz-Steuer und Versicherung	 1.000,00 €
Kfz Kosten mit Vorsteuerabzug Abschreibung netto, Benzin, Reparaturen netto	 2.500,00 € 2.000,00 €
Kfz Kosten gesamt	5.500,00 €

Den privaten Nutzungsanteil für reine Privatfahrten ermitteln Sie anteilig von den tatsächlichen Kfz-Kosten. Er beträgt in diesem Fall 25 Prozent (7.000 km von 28.000 km). Allerdings ist – wie die folgende Berechnung zeigt – nicht der gesamte Betrag umsatzsteuerpflichtig.

Berechnung reine Privatfahrten (Wochenende, Urlaub)	
tatsächliche Kfz-Kosten ohne Vorsteuerabzug 1.000 € x 25% Anteil Privatfahrten	
= unentgeltliche Wertabgabe (Privatnutzung Kfz) ohne USt.	**250,00 €**
tatsächliche Kfz-Kosten mit Vorsteuerabzug 4.500 € x 25 % Anteil Privatfahrten Nettobetrag 1.125 € + 19% Umsatzsteuer 213,75 €	
= unentgeltliche Wertabgabe (Privatnutzung Kfz) inkl. USt.	**1.338,75 €**

Nun erfolgt die Berechnung der Privatnutzung für die Fahrten zwischen Wohnung und Arbeitsstätte. Dazu benötigen Sie die Kosten pro Kilometer. Sie betragen hier 0,20 Euro (5.500 Euro : 28.000 km).

Berechnung Privatanteil Fahrten Wohnung – Arbeitsstätte		
	Kilometer Wohnung Arbeitsstätte x tatsächliche Kfz-Kosten pro km 2.200 km x 0,20 €	
=	Fahrten Wohnung Arbeitsstätte nicht abziehbarer Anteil	440,00 €

Im letzten Schritt werden die Aufwendungen berechnet, die abziehbar sind.

Berechnung Aufwendungen Fahrten Wohnung – Arbeitsstätte		
	0,30 € x Entfernungskilometer Wohnung Arbeitsstätte (einfach) x Arbeitstage 0,30 € x 10 km x 110	
=	Fahrten Wohnung Arbeitsstätte abziehbarer Anteil	330,00 €

Buchung der Privatnutzung Kfz

Die Berechnung nach der 1-%-Methode hat folgende Werte ergeben, die nun zu buchen sind:

- Privatnutzung Kfz ohne Umsatzsteuer: 428,40 Euro
- Privatnutzung Kfz inkl. 19 Prozent Umsatzsteuer: 2.039,18 Euro
- Fahrten Wohnung – Arbeit (nicht abziehbar): 642,60 Euro
- Fahrten Wohnung – Arbeit (abziehbar) 330,00 Euro

Kontonummern

SKR 03	SKR 04	Kontenbezeichnung
1880	2130	Unentgeltliche Wertabgabe
1800	2100	Privatentnahmen
1890	2180	Privateinlagen
8939	4639	Privatnutzung Kfz umsatzsteuerfrei
8920	4645	Privatnutzung Kfz 19 % Umsatzsteuer
4680	6690	Fahrten Wohnung Arbeitsstätte, nicht abziehbarer Anteil
4678	6688	Fahrten Wohnung Arbeitsstätte, abziehbarer Anteil

Buchungsvorlage

Soll	Haben	Betrag	Steuersatz
1880/2130 (Wertabgabe)	8939/4639 (Privatnutzung o %)	428,40 €	----
1880/2130 (Wertabgabe)	8939/4639 (Privatnutzung o %)	2.039,18 €	19 % USt.
1800/2100 (Privatentnahme)	4680/6690 (Fahrtk. n. abziehbar)	642,60 €	----
4678/6688 (Fahrtk. abziehbar)	1890/2180 (Privateinlagen)	330,00 €	----

11.2.3 Sachbezüge Kfz

Überlassen Sie einem Arbeitnehmer ein Fahrzeug und nutzt er es auch für Privatfahrten, muss er die private Nutzung im Rahmen der Gehaltsabrechnung versteuern. Diese Sachbezüge Kfz werden in der monatlichen Gehaltsabrechnung berücksichtigt. Die erforderlichen Buchungen werden ebenfalls von der Lohnbuchhaltung erstellt und an die Buchhaltung übertragen. Hier sehen Sie die Berechnung der 1-%-Methode für Arbeitnehmer, die von der Berechnung unentgeltlicher Wertabgaben abweicht.

1-%-Methode

Die folgenden Zahlen sind für die Berechnung erforderlich:

Vorbereitung der Zahlen	
Brutto-Listen-Neupreis	35.700 €
Privatnutzung, Anzahl der Monate	6
einfache Strecke Wohnung – Arbeitsstätte, Entfernungskilometer	10 km
Kfz-Kosten gesamt	5.500 €

Berechnen Sie den Sachbezug für „reine Privatfahrten" nach der 1-%-Methode, ist dieser Betrag bereits der Bruttobetrag, aus dem die enthaltene Umsatzsteuer abzuführen ist.

Berechnung reine Privatfahrten (Wochenende, Urlaub)		
	Brutto-Listen-Neupreis x 1 % x Anzahl der Monate 35.700 x 1 % x 6	
=	Sachbezug Kfz inkl. 19 % USt. in diesem Betrag sind 342 € Umsatzsteuer enthalten	2.142,00 €

Auch der Sachbezug für „Fahrten Wohnung – Arbeitsstätte“ ist ein Bruttobetrag, und die enthaltene Umsatzsteuer ist herauszurechen.

Berechnung Fahrten Wohnung – Arbeitsstätte		
	Brutto-Listen-Neupreis x Entfernungskilometer x 0,03 % x Monate 35.700 x 10 x 0,03 % x 6	
=	Sachbezug Kfz inkl. 19 % USt. in diesem Betrag sind 102,60 € Umsatzsteuer enthalten	642,60 €

Buchung Sachbezug Kfz

Insgesamt hat die Berechnung einen Sachbezug in Höhe von 2.784,60 Euro ergeben; 2.142,00 Euro für reine Privatfahrten und 642,60 Euro für Fahrten Wohnung – Arbeitsstätte. So müsste die Lohnbuchungsliste dazu aussehen:

Kontonummern

SKR 03	SKR 04	Kontenbezeichnung
1755	3790	Verrechnungskonto Lohn und Gehalt
4120	6020	Gehälter
8611	4947	Sachbezüge Kfz 19 % Umsatzsteuer

Buchungsvorlage

Soll	Haben	Betrag	Steuersatz
4120/6020 (Gehälter)	1755/3790 (Verrechnungskonto)	2.784,60 €	----
1755/3790 (Verrechnungskonto)	8611/4947 (Sachbezüge Kfz)	2.784,60 €	19 % USt.

11.2.4 Privatnutzung Telefon

Das Finanzamt geht davon aus, dass über den geschäftlichen Telefonanschluss auch Privatgespräche geführt werden. Diese Privatnutzung Telefon gehört zu den unentgeltlichen Wertabgaben. Sie ist umsatzsteuerpflichtig, es sei denn, das Unternehmen ist nicht zum Vorsteuerabzug berechtigt, dann ist auch die Privatnutzung umsatzsteuerfrei.

Es gibt drei Berechnungsmöglichkeiten, zwischen denen gewählt werden kann, je nachdem, was günstiger ist:

- 360 Euro pauschal + 19 Prozent Umsatzsteuer,
- 30 Prozent der Telefonkosten + 19 Prozent Umsatzsteuer,
- Nachweis über tatsächliche Privatgespräche.

Beispiel

Liegen die Telefonkosten bei 1.200 Euro ist die Pauschale von 360 Euro günstiger, denn 30 Prozent von 1.200 Euro ergeben 400 Euro. Insgesamt beträgt die Privatnutzung Telefon 428,40 Euro (360 Euro zzgl. 68,40 Euro Umsatzsteuer). Wie ist zu buchen?

Kontonummern

SKR 03	SKR 04	Kontenbezeichnung
1880	2130	Unentgeltliche Wertabgabe
8922	4646	Privatnutzung Telefon 19 % Umsatzsteuer

Buchungsvorlage

Soll	Haben	Betrag	Steuersatz
1880/2130 (Wertabgabe)	8922/4646 (Privatnutzung)	428,40 €	19 % USt.

Bei Arbeitnehmern wird über die private Telefonnutzung hinweggesehen, soweit nur gelegentlich Privatgespräche geführt werden.

11.3 Rechnungsabgrenzung am Jahresende

Für bilanzierende Unternehmen besteht die Pflicht, den Gewinn oder Verlust periodengerecht zu ermitteln. Alle Aufwendungen und Erträge sind in dem Jahr zu erfassen, in das sie wirtschaftlich gehören – unabhängig vom Zeitpunkt der tatsächlichen Ausgabe oder Einnahme (§ 252 (1) 5 HGB). Am Bilanzstichtag, in der Regel am 31.12., ist Folgendes zu prüfen:

- Gehören Aufwendungen ins alte Jahr, die erst im neuen Jahr gezahlt wurden?
- Wurden Aufwendungen im alten Jahr gezahlt, obwohl sie ins neue Jahr gehören?

Das Gleiche gilt für die Erträge. Stellen Sie bei der Prüfung fest, dass Aufwendungen oder Erträge eigentlich einem anderen Jahr zuzuordnen sind, müssen Sie sie abgrenzen. Abgrenzungen erfolgen über diese Konten:

- Forderungen und Verbindlichkeiten,
- aktive und passive Rechnungsabgrenzungsposten.

Welche Konten Sie in welchem Fall verwenden, wird in den folgenden Kapiteln gezeigt.

11.3.1 Forderungen und Verbindlichkeiten

Offene Rechnungen, die wirtschaftlich in das Geschäftsjahr gehören, buchen Sie über Forderungen zu den Erträgen und über Verbindlichkeiten zu den Aufwendungen. In diesem Fall spricht man auch von antizipativen Posten.

Forderungen

Alle Aufträge, die im Abschlussjahr abgeschlossen wurden, zählen zu den Erträgen des Abschlussjahres, auch wenn Sie die Rechnungen erst später geschrieben haben. Das gehört zu den regelmäßigen Geschäftsvorfällen (siehe Kapitel 9.1 „Kundenrechnungen buchen“). Andere Erträge oder Aufwandsminderungen, die inhaltlich in das Vorjahr gehören, aber erst im Folgejahr eingehen, müssen auch gebucht werden. Beispiele:

- Ihr Mieter zahlt die Dezembermiete erst im Januar.
- Sie erhalten Darlehenszinsen des 2. Halbjahres erst im Februar des Folgejahres.
- Erstattungen von Stromkosten durch die Abrechnung der Stadtwerke.

Beispiel

Die Nebenkostenabrechnung des Hausverwalters liegt vor. Es wird eine Erstattung von Nebenkosten erwartet, und zwar im März des Folgejahres in Höhe von 250 Euro. Wie ist zu buchen?

Kontonummern

SKR 03	SKR 04	Kontenbezeichnung
1410	1210	Forderungen
4230	6320	Heizung

Buchungsvorlage

Soll	Haben	Betrag	Steuersatz
1410/1210 (Forderungen)	4230/6320 (Heizung)	250 €	----

Verbindlichkeiten

Alle Ausgaben, die angefallen sind, um die Erträge des Abschlussjahres zu erzielen, sind in der Gewinn- und Verlustrechnung unter „Aufwendungen" zu erfassen, unabhängig vom Zahlungszeitpunkt. Natürlich gilt das nur, soweit sie angemessen sind. Das zählt zu den Arbeiten der laufenden Buchführung (siehe Kapitel 9.2 „Eingangsrechnungen buchen"). Auch andere Aufwendungen oder Ertragsminderungen, die wirtschaftlich in das Abschlussjahr gehören, aber erst im nächsten Jahr bezahlt werden, sind am Bilanzstichtag zu buchen. Beispiele:

- Zinsabrechnung des 4. Quartals kommt erst im Januar.
- Die Miete für Dezember zahlen Sie erst im Januar.

Beispiel

Nach Durchsicht der Konten ist aufgefallen, dass nur elf Monatsmieten gezahlt wurden. Die Miete für Dezember in Höhe von 2.000 Euro ohne Umsatzsteuer wurde versehentlich erst am 02.01. des Folgejahres bezahlt. Wie ist zu buchen?

Kontonummern

SKR 03	SKR 04	Kontenbezeichnung
1610	3310	Verbindlichkeiten
4210	6310	Mieten

Buchungsvorlage

Soll	Haben	Betrag	Steuersatz
4210/6310 (Mieten)	1610/3310 (Verbindlichkeiten)	2.000 €	----

11.3.2 Was sind Rechnungsabgrenzungsposten?

Alle Erträge, die wirtschaftlich in Folgejahre gehören und Ihnen bereits zugeflossen sind, dürfen nicht in der Gewinn- und Verlustrechnung des Abschlussjahres erfasst werden. Das gilt auch für Aufwendungen. Diese Erträge und Aufwendungen sind abzugrenzen, d. h., sie sind im richtigen Jahr in der Gewinn- und Verlustrechnung zu erfassen.
Für regelmäßig wiederkehrende Erträge und Aufwendungen wie Mieten, Zinsen, Versicherungen, Kfz-Steuern, Gebühren und Personalkosten nutzen Sie die Bilanzpositionen bzw. Bestandskonten „Rechnungsabgrenzungsposten". Man spricht hier auch von transitorischen Posten. Es gibt aktive und passive Rechnungsabgrenzungsposten.

- Die **aktiven Rechnungsabgrenzungsposten** nutzen Sie, um bereits gezahlte Aufwendungen ins Folgejahr zu transferieren (z. B. zu früh gezahlte Mieten).
- Auf die **passiven Rechnungsabgrenzungsposten** buchen Sie, um zu früh erhaltene Erträge ins Folgejahr zu transferieren.

Im Folgejahr müssen Sie darauf achten, die Rechnungsabgrenzungsposten wieder aufzulösen. Schließlich sind es Aufwendungen oder Erträge, die wirtschaftlich in das neue Geschäftsjahr gehören.

Anteilige Abgrenzung

Wird eine Versicherungsprämie für zwölf Monate im Juli abgebucht, müssen Sie den Betrag aufteilen. Die Prämie für Juli bis Dezember buchen Sie in den Aufwand, während Sie die Prämie für Januar bis Juni des Folgejahres abgrenzen.

Anzahlungen

Geht es um Anzahlungen von Kunden, erfassen Sie diese in der Bilanz unter „Erhaltene Anzahlungen" auf der Passivseite der Bilanz. Geleistete Anzahlungen an Lieferanten erfassen Sie auf der Aktivseite unter „Geleistete Anzahlungen" (siehe hierzu Kapitel 9.3.7 „Erhaltene und geleistete Anzahlungen"). Hier geht es um die Abgrenzung von regelmäßig wiederkehrenden Erträgen und Aufwendungen.

11.3.3 Aktive Rechnungsabgrenzungsposten (ARA)

Aufwendungen, die im Abschlussjahr bezahlt wurden, aber wirtschaftlich ins Folgejahr gehören, müssen Sie zweimal buchen: Im Abschlussjahr – also zum Zeitpunkt der Zahlung – auf das Konto „Aktive Rechnungsabgrenzungsposten“ und im Folgejahr – also zum richtigen Zeitpunkt – auf ein Aufwandskonto. Für die folgenden Beispiele werden diese Konten verwendet:

Kontonummern

SKR 03	SKR 04	Kontenbezeichnung
1200	1800	Bank
0980	1900	Aktive Rechnungsabgrenzung (ARA)
4210	6310	Miete

Es werden die Buchungen und ihre Auswirkungen auf die Bilanz gezeigt sowie mögliche Auswirkungen auf die Gewinn- und Verlustrechnung, deshalb sehen Sie hier zunächst die Bilanz vor der Buchung:

Aktiva	Bilanz vorher		Passiva
Bank	10.000	Eigenkapital	10.000
Summe	10.000	Summe	10.000

Buchung zum Zeitpunkt der Zahlung

Beispiel

Die Miete für Januar in Höhe von 2.000 Euro wurde bereits im Dezember vom Bankkonto abgebucht.

Durch die folgende Buchung wird der Ertrag abgegrenzt.

Buchungsvorlage

Soll	Haben	Betrag	Steuersatz
0980/1900 (ARA)	1200/1800 (Bank)	2.000 €	----

Hier sehen Sie die Buchungen auf den beiden Konten und direkt darunter die neue Bilanz.

Soll	Bank		Haben	Soll	ARA		Haben
AB	10.000	Abg. (Miete)	**2.000**	AB	0		
		SB	8.000	Zug. (Miete)	**2.000**	SB	2.000

Aktiva	Bilanz		Passiva
Bank	8.000	Eigenkapital	10.000
ARA	2.000		
Summe	10.000	Summe	10.000

Durch diese Buchung bleibt der Gewinn bzw. die Gewinn- und Verlustrechnung unberührt, denn die Aufwendungen stehen noch in der Bilanz unter Aktive Rechnungsabgrenzungsposten (ARA).

Umbuchung des Aufwands im Folgejahr

Beispiel

Im Januar des Folgejahres muss die gezahlte Miete in den Aufwand umgebucht werden, der Rechnungsabgrenzungsposten ist also aufzulösen.

Buchungsvorlage

Soll	Haben	Betrag	Steuersatz
4210/6310 (Mieten)	0980/1900 (ARA)	2.000 €	----

Hier sehen Sie die Umbuchungen auf den Konten sowie die Bilanz mit Gewinn- und Verlustrechnung danach.

Soll	ARA		Haben	Soll	Mietaufwand		Haben
AB	2.000	Abg. (Miete)	**2.000**	Aufw. (Miete)	**2.000**	GuV	**2.000**
		SB	0				

Aktiva	Bilanz		Passiva
Bank	8.000	Eigenkapital	8.000
Rechnungsabgrenzung	0		
Summe	8.000	Summe	8.000

Soll	GuV		Haben
Miete	2.000	Verlust	2.000
Summe	2.000	Summe	2.000

Jetzt erst – und damit zum richtigen Zeitpunkt – mindert die Miete den Gewinn.

11.3.4 Passive Rechnungsabgrenzungsposten (PRA)

Erträge, die im Abschlussjahr bezahlt wurden, aber wirtschaftlich ins Folgejahr gehören, müssen Sie ebenfalls zweimal buchen: Zum Zeitpunkt des Geldeingangs auf das Konto „Passive Rechnungsabgrenzungsposten" und im Folgejahr – also zum richtigen Zeitpunkt – auf ein Ertragskonto. Für die folgenden Beispiele werden diese Konten verwendet:

Kontonummern

SKR 03	SKR 04	Kontenbezeichnung
1200	1800	Bank
0990	3900	Passive Rechnungsabgrenzung (PRA)
2750	4860	Mieterträge

Es werden die Buchungen und ihre Auswirkungen auf die Bilanz gezeigt und mögliche Auswirkungen auf die Gewinn- und Verlustrechnung. Hier sehen Sie die Bilanz vor den Buchungen:

Aktiva	Bilanz vorher		Passiva
Bank	10.000	Eigenkapital	10.000
Summe	10.000	Summe	10.000

Buchung zum Zeitpunkt des Geldeingangs

Beispiel

Im Dezember des Abschlussjahres geht bereits die Miete für Januar in Höhe von 1.000 Euro auf dem Bankkonto ein.

Durch die folgende Buchung wird der Mietertrag abgegrenzt.

Buchungsvorlage

Soll	Haben	Betrag	Steuersatz
1200/1800 (Bank)	0980/1900 (PRA)	1.000 €	----

Hier sehen Sie die Buchungen auf den beiden Konten sowie die Bilanz danach.

Soll	Bank		Haben	Soll	PRA		Haben
AB	10.000					AB	0
Zug. (Miete)	**1.000**	SB	11.000	SB	1.000	Zug. (Miete)	**1.000**

Aktiva	Bilanz		Passiva
Bank	11.000	Eigenkapital	10.000
		PRA	1.000
Summe	11.000	Summe	11.000

Durch diese Buchungen erhöht sich der Gewinn nicht, denn der Ertrag steht noch in der Bilanz.

Umbuchung des Ertrags im Folgejahr

Beispiel

Die erhaltene Miete für Januar muss im Folgejahr in den Ertrag umgebucht werden, der Rechnungsabgrenzungsposten ist aufzulösen.

Buchungsvorlage

Soll	Haben	Betrag	Steuersatz
0980/1900 (PRA)	2750/4860 (Mieterträge)	1.000 €	----

Hier sehen Sie die Umbuchungen auf den Konten sowie die neue Bilanz mit Gewinn- und Verlustrechnung.

Soll	PRA		Haben	Soll	Mietertrag		Haben
Abg. (Miete)	**1.000**	AB	1.000	GuV	**1.000**	Ertr. (Miete)	**1.000**
SB	0						

Aktiva	Bilanz		Passiva
Bank	11.000	Eigenkapital	11.000
		PRA	0
Summe	11.000	Summe	11.000

Soll	GuV		Haben
Gewinn	1.000	Mietertrag	1.000
Summe	1.000	Summe	1.000

Sie sehen, dass sich nun der Ertrag auswirkt, der Gewinn ist gestiegen.

11.4 Aufgaben zu Kapitel 11

Bei der Entnahme von Waren für private Zwecke, der Privatnutzung von Kfz und Telefon, werden Arbeitnehmer und Unternehmer von Personenfirmen unterschiedlich behandelt. Das fängt schon mit der Bezeichnung an. Bei Arbeitnehmer/innen spricht man von Sachbezügen, bei Unternehmer/innen von Personenfirmen von unentgeltlichen Wertabgaben. Sachbezüge werden bereits im laufenden Jahr im Rahmen der Gehaltsabrechnungen berücksichtigt. Unentgeltliche Wertabgaben können Sie auch noch am Jahresende berechnen und buchen. Weiterhin müssen Sie am Jahresende prüfen, ob alle Erträge und Aufwendungen, die wirtschaftlich ins Abschlussjahr gehören, auch tatsächlich gebucht sind. Alles, was wirtschaftlich in Folgejahre gehört, müssen Sie abgrenzen. Hier können Sie Ihr Wissen überprüfen.

➔ Aufgabe 1

Was ist bei Sachbezügen an Arbeitnehmer/innen zu beachten? Kreuzen Sie bitte die richtigen Aussagen an.

Aussage	Richtig?
1. Ein Sachbezug Kfz ist wie das Gehalt lohnsteuer- und sozialversicherungspflichtig. Er wird von der Lohnbuchhaltung berechnet und in der Gehaltsabrechnung erfasst.	
2. Ein Sachbezug Kfz setzt sich aus zwei Beträgen zusammen, dem privaten Nutzungsanteil für reine Privatfahrten und für Fahrten zwischen Wohnung und Arbeitsstätte. Der Arbeitnehmer versteuert den Bruttobetrag, das Unternehmen muss die enthaltene Umsatzsteuer abführen.	
3. Ein Sachbezug stellt für das Unternehmen eine Einnahme dar, dadurch wird der Personalaufwand gesenkt.	
4. Ein Sachbezug stellt für den Arbeitnehmer eine Einnahme dar. Für das Unternehmen ist der Sachbezug lediglich eine andere Form von Personalaufwand. Das Unternehmen zahlt ein Gehalt und den Firmenwagen.	
5. Die Lohnbuchhaltung ist ausschließlich für die Sachbezüge zuständig, sie führt auch die enthaltene Umsatzsteuer ab. Die Buchführung hat damit nichts zu tun.	

➔ Aufgabe 2

Was ist bei unentgeltlichen Wertabgaben von Unternehmern/innen von Personenfirmen zu beachten? Kreuzen Sie bitte die richtigen Aussagen an.

Aussage	Richtig?
1. Die Privatnutzung Kfz wird in der Lohnbuchhaltung berechnet und vom Gewinn abgezogen.	
2. Die Privatnutzung Kfz setzt sich aus mehreren Beträgen zusammen. Ist das Unternehmen zum Vorsteuerabzug berechtigt, ist nur der private Nutzungsanteil für die reinen Privatfahrten zu 80 Prozent umsatzsteuerpflichtig.	
3. Die Aufwendungen für Fahrten zwischen Wohnung und Arbeitsstätte werden in der Gewinnermittlung und nicht gesondert in der Steuererklärung erfasst.	
4. Für die Ermittlung der Privatnutzung Telefon müssen Sie zwingend einen Einzelnachweis führen.	
5. Unentgeltliche Wertabgaben erhöhen den Gewinn des Unternehmens. Wird ein Fahrzeug privat genutzt, bleiben die Kfz-Kosten in voller Höhe im Aufwand stehen und der private Nutzungsanteil wird gesondert als Ertrag oder Aufwandsminderung erfasst.	

➔ Aufgabe 3

Welche Konten sind in den folgenden Fällen zu verwenden? „Forderungen“ (F) bzw. „Verbindlichkeiten“ (V) oder „Aktive Rechnungsabgrenzungsposten“ (ARA) bzw. „Passive Rechnungsabgrenzungsposten“ (PRA)? Kreuzen Sie bitte an.

	F/V	ARA/PRA
1. Bereits im Dezember überweist ein Mieter die Januarmiete.		
2. Ein anderer Mieter ruft an und teilt mit, dass er die Mieten für November und Dezember leider erst im Februar bezahlen wird.		
3. Die Versicherung für die Monate Januar bis März wurde bereits im Dezember gezahlt.		
4. Sie erwarten eine Erstattung der Nebenkosten für das Abschlussjahr, das Geld soll im März des Folgejahres kommen.		
5. Darlehenszinsen für das Abschlussjahr werden erst im Januar des Folgejahres gutgeschrieben.		

➔ Aufgabe 4

Handelt es sich um einen aktiven oder um einen passiven Rechnungsabgrenzungsposten? Kreuzen Sie bitte an.

	aktiv	passiv
1. Für ein vergebenes Darlehen erhalten Sie die Zinsen für Januar bis März bereits im Dezember.		
2. Die Januarmiete für einen Geschäftsraum wird bereits im Dezember überwiesen.		
3. Sie haben einen Kredit aufgenommen und zahlen die Zinsen für Januar und Februar bereits im November.		

➔ Aufgabe 5

Die Mieten für Dezember und Januar in Höhe von jeweils 2.000 Euro ohne Umsatzsteuer wurden bereits im Dezember abgebucht. Wie ist zu buchen? Die erforderlichen Konten finden Sie im Kontenplan.

Kontonummern

SKR 03	SKR 04	Kontenbezeichnung
1200	1800	Bank
0980	1900	Aktive Rechnungsabgrenzung (ARA)
4210	6310	Mieten

Buchungsvorlage

Soll	Haben	Betrag	Steuersatz
Miete Dezember			
Miete Januar			

➔ Aufgabe 6

Der Mieter einer Lagerhalle hat die Miete für Januar bis März im Voraus gezahlt. Das Geld in Höhe von 1.500 Euro ging im Dezember auf dem Bankkonto ein und wurde abgegrenzt. Hier sehen Sie die Bilanz des Vorjahres:

Aktiva	Bilanz	Vorjahr	Passiva
Bank	11.500	Eigenkapital	10.000
		PRA	1.500
Summe	11.500	Summe	11.500

Im Folgejahr wurde wie folgt gebucht:

Buchungsvorlage

Soll	Haben	Betrag	Steuersatz
0980/1900 (PRA)	2750/4860 (Mieterträge)	1.500 €	----

Tragen Sie bitte die Buchungen in die Konten ein.

Soll	PRA Haben	Soll	Mietertrag Haben
Abg.	AB	GuV	Ertr.
SB			

Arbeitshilfen online

Arbeitsblätter mit den Aufgaben dieses Buches und die Lösungen zu sämtlichen Aufgaben finden Sie in den Arbeitshilfen online.

12 Einblick in die Jahresabschlussarbeiten: Bewertung von Vermögen und Kapital

Im vorherigen Kapitel haben Sie bereits wichtige Abschlussarbeiten kennengelernt. Sie kennen jetzt die unterschiedliche Behandlung von Sachbezügen und unentgeltlichen Wertabgaben, und wissen, dass Sie in der Gewinn- und Verlustrechnung nur Aufwendungen und Erträge erfassen, die wirtschaftlich in das Abschlussjahr gehören. Alle anderen müssen Sie abgrenzen. In diesem Kapitel wird die Bewertung von Anlagevermögen, Umlaufvermögen und Fremdkapital gezeigt sowie die Unterschiede von Handels- und Steuerrecht. Im ersten Schritt geht es um die Anschaffungs- und Herstellungskosten. Sie sehen, welche Kosten, die im Zusammenhang mit der Anschaffung und Herstellung anfallen, zum Vermögen zählen und welche zum Aufwand. Da diese Kosten bereits im laufenden Geschäftsjahr erfasst werden, ist beim Jahresabschluss zu prüfen, ob alle Kosten richtig behandelt wurden. Wenn alle Vermögensgegenstände mit den richtigen Werten aktiviert wurden, sind alle Voraussetzung für die folgenden Abschlussarbeiten erfüllt.

- Das abnutzbare Anlagevermögen planmäßig abschreiben.
- Das Anlagevermögen bewerten und bei dauerhafter Wertminderung ggf. außerplanmäßig abschreiben.
- Warenbestände durch Inventur ermitteln und mögliche Differenzen zu den Buchwerten umbuchen.
- Das Vorratsvermögen bewerten und bei vorübergehender Wertminderung ggf. außerplanmäßig abschreiben.
- Die Forderungen bewerten, zweifelhafte Forderungen ausweisen und ggf. abschreiben.
- Das Fremdkapital bewerten, die Höhe der Verbindlichkeiten überprüfen und ggf. Rückstellungen bilden.

12.1 Anschaffungs- und Herstellungskosten prüfen

Aktiviert werden die Anschaffungs- oder Herstellungskosten von Wirtschaftsgütern sowie alle Kosten, die mit der Planung und Beschaffung zusammenhängen, sowie die Aufwendungen, die bis zur Betriebsbereitschaft notwendig sind. Bei der Anschaffung von Anlage- oder Umlaufvermögen, erhalten Sie in der Regel nicht nur eine Rechnung. Oft fallen weitere Kosten an, und Sie stehen vor der Entscheidung, ob Sie diese Ausgaben in der Bilanz erfassen (aktivieren) oder direkt zu den Aufwendungen in die Gewinn- und Verlustrechnung buchen. Was zählt zu den Anschaffungs- und Herstellungskosten?

12.1.1 Anschaffungskosten

Bei den Anschaffungskosten verlangen das Handelsrecht (§ 255 (1) HGB) und das Steuerrecht (§ 6 EStG) den gleichen Wertansatz.

Anschaffungskosten nach Handels- und Steuerrecht	
	Anschaffungskosten (Kaufpreis netto)
+	Anschaffungsnebenkosten (Kosten, die unmittelbar mit der Anschaffung zusammenhängen)
–	Nachlässe (Gutschriften, Rabatt, Skonto, Bonus)
=	Aktivierung Anschaffungskosten

12.1.2 Herstellungskosten

Das Handelsrecht und das Steuerrecht erlauben den gleichen Höchstansatz. Beim Mindestansatz verlangt das Handelsrecht weniger als das Steuerrecht (R 6.3 EStR und BMF Schreiben vom 25.03.2013).

	Herstellungskosten Steuerrecht		Herstellungskosten Handelsrecht
	Fertigungsmaterial		Fertigungsmaterial
+	Fertigungslöhne	+	Fertigungslöhne
+	Sondereinzelkosten der Fertigung	+	Sondereinzelkosten der Fertigung
+	Materialgemeinkosten	+	Materialgemeinkosten
+	Fertigungsgemeinkosten	+	Fertigungsgemeinkosten
=	Mindestansatz in der Steuerbilanz	=	Mindestansatz in der Handelsbilanz
+	Verwaltungsgemeinkosten	+	Verwaltungsgemeinkosten
+	Aufwand für soziale Einrichtungen	+	Aufwand für soziale Einrichtungen
+	Betriebliche Altersversorgung	+	Betriebliche Altersversorgung
+	Zinsen für Fremdkapital	+	Zinsen für Fremdkapital
=	Höchstwert in der Steuerbilanz	=	Höchstwert in der Handelsbilanz

Hier erhalten Sie eine Übersicht über die verschiedene Herstellungskosten, die in der vorherigen Tabelle genannt wurden. Was ist was?

Fertigungsmaterial	Kaufpreis, Material und Transport abzüglich Nachlässe
Fertigungslöhne	Löhne, Zuschläge und Lohnnebenkosten
Sondereinzelkosten der Fertigung	Entwicklungskosten sowie Versuchs- und Konstruktionskosten
Materialgemeinkosten	Kosten der Einkaufsabteilung, der Warenannahme, der Lagerhaltung, der Material- und Rechnungsprüfung
Fertigungsgemeinkosten	Energiekosten, Betriebsstoffe, Hilfsstoffe, Arbeitsvorbereitung, Sachversicherung für Fertigungsanlagen, Lohnbüro, Werkstattverwaltung, Fertigungskontrolle, Abschreibung der Anlagegüter, die mit der Produktion zusammenhängen
Verwaltungsgemeinkosten	Miete oder Abschreibung Verwaltungsgebäude, Versicherungen, Rechnungswesen, Geschäftsführung, Betriebsrat
Aufwand für soziale Einrichtungen	Kosten für Kantine und Freizeitgestaltung der Arbeitnehmer, freiwillige soziale Leistungen für Arbeitnehmer, betriebliche Altersvorsorge
Zinsen für Fremdkapital	Finanzierungsaufwendungen bis zum Zeitpunkt der Fertigstellung

12.1.3 Kosten nach der Anschaffung oder Herstellung

Vor allem für Anlagegüter fallen auch nach der Anschaffung oder Herstellung Kosten an. Sie müssen entscheiden, ob es sich dabei um nachträglich zu aktivierende Kosten oder um einen Aufwand handelt. Dabei sind die folgenden Grundsätze zu beachten:

Aufwand

Wird ein Gegenstand nicht wesentlich verbessert, sondern instand gehalten, gewartet oder gepflegt, handelt es sich um einen Erhaltungsaufwand. Zu den Aufwendungen zählen auch alle Kosten, die für die Nutzung des Wirtschaftsguts erforderlich sind.

Nachträgliche Aktivierung

Wird ein Gegenstand allerdings erweitert oder wesentlich verbessert, handelt es sich um nachträgliche Anschaffungs- oder Herstellungskosten. Aufwendige Modernisierungsmaßnahmen können zu nachträglichen Anschaffungs- oder Herstellungskosten führen, wenn dadurch der Standard wesentlich erhöht wird.

12.2 Anlagevermögen bewerten

Beim Anlagevermögen handelt es sich um Vermögen bzw. um Vermögensgegenstände, die dem Unternehmen langfristig, d. h. mindestens ein Jahr, zur Verfügung stehen. Umlaufvermögen dagegen ist kurzfristiges Vermögen. Es wird in der Regel veräußert, verarbeitet oder verbraucht. Das Handelsrecht schreibt für das Anlagevermögen die folgende Bilanzgliederung vor:

- Immaterielle Vermögensgegenstände,
- Sachanlagen unbeweglich und beweglich,
- Finanzanlagen.

12.2.1 Anlagevermögen aktivieren

Sie müssen jedes **selbstständige Wirtschaftsgut** wie Patente, Software, Maschinen, Fahrzeuge, Gebäude, Gebäudeteile, bestimmte betriebliche Einbauten und sonstige Bauten auf Grundstücke aktivieren. **Unselbstständige Wirtschaftsgüter** aktivieren Sie zusammen mit dem selbstständigen Wirtschaftsgut, zu dem sie gehören.

Beispiele

- Fenster, Personenaufzug oder Klimaanlage zusammen mit dem Gebäude,
- die Reifen zusammen mit dem Auto.

In den folgenden Abschnitten lernen Sie die verschiedenen Arten von Anlagevermögen kennen. Weiterhin erhalten Sie Übersichten, die Ihnen zeigen, welche Kosten zu den Anschaffungs- und Herstellungskosten zählen und welche direkt zum Aufwand.

Immaterielle Vermögensgegenstände

Zu den immateriellen Vermögensgegenständen gehören Software, Firmenwerte, Konzessionen, Patente, Erfindungen, Internetauftritte, Verlagsrechte, Erbbaurechte, Lieferrechte. Das Steuerrecht erlaubt die Aktivierung von Anschaffungskosten, nicht aber die Aktivierung von Herstellungskosten. Das Handelsrecht lässt eine Ausnahme zu. Selbst hergestellte Software und verwertbare Entwicklungskosten dürfen aktiviert werden. Das heißt, dass Sie diese Kosten in der Handelsbilanz aktivieren können, während Sie sie in der Steuerbilanz als Aufwendungen erfassen müssen.

Anschaffungskosten nach Handels- und Steuerrecht	Aufwendungen
• Kaufpreis von Software, Entwicklungskosten und Rechten • Softwareberatung und Planung vor der Anschaffung • Externe Kosten für selbst hergestellte Software • Kosten für Softwareeinrichtung und -anpassung • Erwerb von Softwarezusatzmodulen und weiteren Lizenzen • Externe Wartungskosten, wenn die Software veraltet ist • Beratungskosten und Eintragungsgebühren von Rechten • Kosten für Patentverlängerung	• Abschreibung der Anschaffungskosten • Finanzierungskosten und Zinsen • Software-Update, Wartungsgebühren und Softwareschulung • Aufwendungen für Piloteinsätze und Erhaltungsaufwendungen • laufende Rechtsberatung

Zusätzliches Wahlrecht

Herstellungskosten nur nach Handelsrecht	Aufwendungen
• Interne Aufwendungen für selbst hergestellte Software, wenn das Unternehmen das Herstellerrisiko trägt • Interne Aufwendungen für die Entwicklung eines zugelassenes Medikaments oder eines genehmigten Verfahrens	• Abschreibung der Herstellungskosten

Sachanlagen

Bei Sachanlagen sind nach Handels- und Steuerrecht die Anschaffungs- oder Herstellungskosten zu aktivieren. Die Sachanlagen sind unterteilt in unbewegliche und bewegliche Sachanlagen.

Unbewegliche Sachanlagen

Zu den unbeweglichen Anlagegütern zählen Gebäude, Gebäudeteile, aber auch ein Parkplatz, Außenanlagen, Garagen und Ladeneinbauten.

Anschaffungskosten nach Handels- und Steuerrecht	Aufwendungen
• Kaufpreis des Grundstücks oder Gebäudes • Grunderwerbssteuer, Kosten für den Kaufvertrag • Vermessungs- und Gutachterkosten • Baukosten der Außenanlage (z. B. Garten oder Parkplatz) • Bauplanung und Baugenehmigung • Wahlrecht: Bauzeitzinsen bis zum Zeitpunkt der Fertigstellung	• Abschreibung der Anschaffungs- und Herstellungskosten • Finanzierungskosten, Zinsen • Erhaltungsaufwendungen, Wartung • Versicherungen, Gebühren, Grundsteuer • Pflege der Außenanlagen

Bewegliche Sachanlagen

Bewegliche Sachanlagen kommen in den meisten Unternehmen vor. Hierbei handelt es sich um Maschinen, Fahrzeuge, Büro- und Geschäftsausstattungen, Computer, Drucker etc.

Anschaffungskosten nach Handels- und Steuerrecht	Aufwendungen
• Kaufpreis Maschine, Fahrzeug, Möbel etc. • Verpackung, Transport, Fracht, Überführung • Fundamentierung, Aufbau, Installation • Baukosten der Einbauten, Planungskosten und Gebühren • Wahlrecht: Bauzeitzinsen bis zum Zeitpunkt der Fertigstellung	• Abschreibung der Anschaffungs- und Herstellungskosten • Finanzierungskosten, Zinsen • laufende Betriebskosten, Kraftstoff Versicherung, Reinigung • Erhaltungsaufwendungen

Finanzanlagen

In diesem Fall wird das Geld des Unternehmens fest angelegt. Hierbei handelt es sich um vergebene Darlehen, Beteiligungen an anderen Unternehmen, Wertpapiere, Festgeld etc.

Anschaffungskosten nach Handels- und Steuerrecht	Aufwendungen
• Kaufpreis der Beteiligung, der Wertpapiere etc. • Makler- und Vermittlungsgebühr bei Wertpapieren • Rechtsberatung und Gutachten vor Beteiligung Notarkosten und Gebühren bei Beteiligungen	• Bankgebühren, Depotgebühren • Rechtsberatung

12.2.2 Anschaffung von Anlagevermögen buchen

Beispiel

Im laufenden Jahr wurden neue Möbel für das Ladengeschäft angeschafft. Zwei Rechnungen wurden auf das Konto „Ladeneinrichtung" gebucht:

- Kaufpreis der Möbel in Höhe von 20.000 Euro zzgl. 19 Prozent Umsatzsteuer (3.800 Euro),
- Aufbau der Möbel in Höhe von 400 Euro zzgl. 19 Prozent Umsatzsteuer (76 Euro).

Beide Rechnungen wurden über das Bankkonto überwiesen.

So wurde gebucht:

Kontonummern

SKR 03	SKR 04	Kontenbezeichnung
0430	0640	Ladeneinrichtung
1200	1800	Bank

Buchungsvorlage

Soll	Haben	Betrag	Steuersatz
0430/0640 (Ladeneinrichtung)	1200/1800 (Bank)	23.800 €	19 % VSt.
0430/0640 (Ladeneinrichtung)	1200/1800 (Bank)	476 €	19 % VSt.

Ist das Unternehmen zum Vorsteuerabzug berechtigt, ist die Vorsteuer im Jahr der Anschaffung in voller Höhe abziehbar. In diesem Fall wird also nur der Nettowert aktiviert. Ist das Unternehmen nicht zum Vorsteuerabzug berechtigt wird der Bruttowert aktiviert.

12.2.3 Anlagevermögen abschreiben

Abnutzbares Anlagevermögen müssen Sie regelmäßig abschreiben. Nicht abnutzbare Anlagegüter bleiben mit den Anschaffungskosten und den Anschaffungsnebenkosten bis zum Zeitpunkt ihrer Veräußerung in der Bilanz stehen. Ist das Unternehmen zum Vorsteuerabzug berechtigt, erfolgt die Abschreibung vom Nettowert, ansonsten vom Bruttowert.

Nicht abnutzbares Anlagevermögen	Abnutzbares Anlagevermögen
• Grundstücke, Wertpapiere • Beteiligungen, bekannte Kunstwerke • Internetadresse des Unternehmens	• Software, Patente, Internetadresse eines Produktes, Gebäude, Maschinen • Fahrzeuge, Betriebs- und Geschäftsausstattung

Das Handelsrecht schreibt für das Anlagevermögen das **gemilderte Niederstwertprinzip** vor. Abnutzbares und nicht abnutzbares Anlagevermögen müssen Sie außerplanmäßig abschreiben, wenn eine dauerhafte Wertminderung vorliegt. Die Abschreibung wird auch Absetzung für Abnutzung (AfA) genannt.

12.2.4 Abschreibungsarten

Die planmäßige Abschreibung für abnutzbares Anlagevermögen ist im Einkommensteuergesetz festgelegt (§ 7 EStG). Die amtliche AfA-Tabelle schreibt in der Regel die durchschnittliche Nutzungsdauer vor. Von diesen Richtwerten darf nur bei einer nachweislich anderen Abnutzung (z. B. bei einem Mehrschichtbetrieb) abgewichen werden. Die Abschreibungsart hängt von der Art des Anlageguts ab:

Arbeitshilfen online
Die amtliche AfA-Tabelle finden Sie auf den Arbeitshilfen online.

Anlagegut	Abschreibungsart
immaterielles Anlagevermögen	lineare Abschreibung § 7 (1) EStG
Sachanlagen: unbeweglich	lineare Abschreibung § 7 (1) und § 7 (4) EStG
Sachanlagen: beweglich	Lineare Abschreibung oder Abschreibung nach Leistungseinheiten Zwei Alternativen für die Abschreibung von GWG § 7 (1– 3) EStG Nur noch in der Handelbilanz, degressive Abschreibung

Lineare Abschreibung

Bei der linearen Abschreibung erfolgt die Abschreibung in gleichen Jahresbeträgen. Die gesamten Anschaffungskosten werden auf die vorgeschriebene Nutzungsdauer verteilt.

Anschaffungskosten : Nutzungsdauer in Jahren = jährliche Abschreibung

Beispiel

Ein Unternehmen hat Büromöbel im Wert von 10.000 Euro angeschafft. Die Nutzungsdauer laut AfA-Tabelle beträgt 10 Jahre. 10.000 Euro : 10 Jahre = 1.000 Euro jährliche Abschreibung.

Abschreibung nach Leistungseinheiten

Die Anschaffungs- oder Herstellungskosten werden entsprechend der Leistung abgeschrieben (pro Kilometer oder pro Maschinenlaufstunde). Zunächst müssen Sie die Kosten pro Laufstunde ermitteln.

Voraussichtliche Gesamtleistung der Maschine: 40.000 Stunden
Anschaffungskosten der Maschine: 300.000 Euro
Abschreibungsbetrag pro Stunde beträgt 7,50 Euro (300.000 : 50.000)

Beispiel

Im ersten Jahr ist die Maschine 5.000 Stunden gelaufen. Sie rechnen 5.000 Stunden x 7,50 Euro. Die Abschreibung im 1. Jahr beträgt 37.500 Euro.

Degressive Abschreibung nur noch in der Handelsbilanz

Die degressive Abschreibung ist nur noch in der Handelsbilanz, aber nicht mehr in der Steuerbilanz erlaubt. Doch auch in der Handelsbilanz wird sie immer seltener verwendet. Sie darf dort nur angewendet werden, wenn diese Abschreibungsmethode der tatsächlichen Abnutzung entspricht. Bei ihr erfolgt die Abschreibung in fallenden Jahresbeträgen. Im ersten Jahr prozentual von den Anschaffungskosten und in den Folgejahren jeweils prozentual vom Restwert.

Beispiel

Die Anschaffungskosten einer Maschine liegen bei 120.000 Euro, die Nutzungsdauer beträgt 10 Jahre, der degressive Abschreibungssatz 25 Prozent.

	Anschaffungskosten	120.000 €	
-	Abschreibung 1. Jahr	- 30.000 €	(25 % von 120.000)
=	Restbuchwert	90.000 €	
-	Abschreibung 2. Jahr	- 22.500 €	(25 % von 90.000)
=	Restbuchwert	67.500 €	
-	Abschreibung 3. Jahr	- 16.875 €	(25 % von 67.500)
usw.		50.625 €	

In dem Jahr, in dem der lineare AfA-Satz höher ist als der degressive, können Sie für die Restjahre zur linearen Abschreibung wechseln.

GWG-Abschreibung

Geringwertige Wirtschaftsgüter, kurz: GWG, sind selbstständig nutzbare Anlagegüter, deren Anschaffungskosten nicht über 410 bzw. 1.000 Euro liegen. Beispiele: Autotelefone, Automaten, Bilder, Kaffee- und Teeautomaten, Kunstgegenstände, Müllbehälter, Musterbücher, Transportkisten, Trivialsoftware, Werkzeuge etc.
Für die Behandlung von GWGs, gibt es zwei alternative Abschreibungsmethoden. Sie müssen sich in jedem Jahr neu für eine Methode entscheiden. Diese Entscheidung können Sie auch erst am Ende des Jahres treffen.

GWG – Alternative 1: bis 150 Euro und bis 1.000 Euro

Bewegliche, selbstständig nutzbare und geringwertige Anlagegüter (GWG) mit einem Anschaffungswert bis zu 150 Euro ohne Umsatzsteuer sind im Jahr der Anschaffung in voller Höhe abzuschreiben bzw. sofort als Aufwand zu erfassen.
Bewegliche, selbstständig nutzbare Anlagegüter mit einem Anschaffungswert über 150 Euro und bis zu 1.000 Euro ohne Umsatzsteuer werden in einem Sammelposten zusammengefasst und gemeinsam über fünf Jahre linear abgeschrieben. Auch im Jahr der Anschaffung wird 1/5 der Anschaffungskosten abgeschrieben, ganz gleich, in welchem Monat das Wirtschaftsgut angeschafft wurde. Nachträgliche Anschaffungskosten werden im Sammelposten des aktuellen Jahres erfasst. Auch sie werden über fünf Jahre abgeschrieben. Bei Veräußerung, Diebstahl oder Defekt ist keine vorzeitige Ausbuchung möglich, es wird trotzdem weiter abgeschrieben.

GWG – Alternative 2: bis 410 Euro

Bewegliche, selbstständig nutzbare und geringwertige Anlagegüter (GWG) mit einem Anschaffungswert bis zu 410 Euro ohne Umsatzsteuer können im Jahr der Anschaffung in voller Höhe oder verteilt auf die Nutzungsdauer abgeschrieben werden. Wenn Sie sich für diese Alternative entscheiden, sind alle beweglichen Wirtschaftsgüter, deren Anschaffungskosten über 410 Euro liegen, zu aktivieren und normal abzuschreiben. Die GWG-Alternative-1 entfällt.

12.2.5 Anteilige Abschreibung

Im Anschaffungsjahr beginnt die Abschreibung (außer bei GWGs) in dem Monat, in dem das Anlagegut im Unternehmen genutzt werden kann. Im Jahr der Anschaffung erfolgt die Abschreibung monatlich.

Beispiel

Die jährliche Abschreibung eines Laptops beträgt 600 Euro, Anschaffungskosten 1.800 Euro und Nutzungsdauer drei Jahre. Wurde das Laptop nicht im Januar, sondern erst im November angeschafft, dürfen Sie die Abschreibung nur für zwei Monate ansetzen.

In diesem Fall ermitteln Sie zunächst die monatliche Abschreibung. Sie beträgt 50 Euro (600 Euro : 12 Monate). Danach können Sie die anteilige Abschreibung für das Anschaffungsjahr ermitteln. Sie beträgt 100 Euro (50 Euro x 2 Monate).

Im Jahr der Veräußerung erfolgt die letzte Abschreibung in dem Monat, in dem das Anlagegut das Unternehmen verlässt. Anschließend ist der Restwert auszubuchen.

12.2.6 Abschreibung von Anlagevermögen buchen

Beispiel

Das Unternehmen hat eine Maschine im Wert von 25.200 Euro netto angeschafft. Die Nutzungsdauer laut AfA-Tabelle liegt bei sechs Jahren. Die jährliche Abschreibung beträgt 4.200 Euro (25.200 Euro : 6 Jahre). Die Anschaffung erfolgte im Juli, deshalb müssen Sie die anteilige Abschreibung für sechs Monate ermitteln. Wie hoch ist die Abschreibung und wie ist zu buchen?

Die monatliche Abschreibung beträgt 350 Euro (4.200 Euro : 12 Monate). Folglich können Sie in diesem Jahr 2.100 Euro abschreiben. Jetzt kann gebucht werden:

Kontonummern

SKR 03	SKR 04	Kontenbezeichnung
0210	0440	Maschinen
4830	6220	Abschreibung Sachanlagen

Buchungsvorlage

Soll	Haben	Betrag	Steuersatz
4830/6220 (Abschreibung)	0210/0440 (Maschinen)	2.100 €	----

Was hat diese Buchung bewirkt? Schauen Sie sich dazu die Bilanz vor der Buchung an. Hier ist die Maschine noch mit den Anschaffungskosten aktiviert und der Gewinn liegt bei 26.000 Euro.

Aktiva	**Bilanz vorher**		**Passiva**
Maschinen	25.200	Eigenkapital	26.000
Bank	800		
Summe	26.000	Summe	26.000

Soll	**GuV vorher**		**Haben**
Gewinn	26.000	Erträge	26.000
Summe	26.000	Summe	26.000

Hier sehen Sie die Umbuchung auf den Konten und die neue Bilanz mit Gewinn- und Verlustrechnung.

Soll	**Maschinen**		**Haben**	**Soll**	**Abschreibungen**		**Haben**
AB	25.200	Abg. (AfA)	**2.100**	Aufw. (AfA)	**2.100**	GuV	2.100
		SB	23.100				

Aktiva	**Bilanz nachher**		**Passiva**
Maschinen	23.100	Eigenkapital	23.900
Bank	800		
Summe	23.900	Summe	23.900

Soll	**GuV nachher**		**Haben**
Abschreibung	2.100	Erträge	26.000
Gewinn	23.900		
Summe	26.000	Summe	26.000

Nicht die Anschaffungskosten der Maschine mindern den Gewinn, sondern nur die jährliche Abschreibung. Im Anschaffungsjahr sogar nur die anteilige Abschreibung von 2.100 Euro.

12.3 Umlaufvermögen

Beim Umlaufvermögen handelt es sich um Vermögensgegenstände, die in der Regel nur kurze Zeit im Unternehmen verbleiben. Sie werden verbraucht, verarbeitet oder veräußert. Zum Umlaufvermögen gehören aber auch Geld und Geldeswert. Das Unternehmen kann darüber sofort verfügen (wie das bei Bargeld und dem Bankkonto der Fall ist) oder erst etwas später, wenn offene Kundenrechnungen und sonstige Erstattungen gezahlt oder kurzfristige Geldanlagen wieder frei werden. Das Umlaufvermögen setzt sich aus verschiedenen Bereichen zusammen:

- Vorräte von Material, Waren, fertigen und unfertigen Erzeugnissen (Lagerbestand),
- Forderungen aus Lieferungen und Leistungen und sonstige Vermögensgegenstände (offene Kundenrechnungen, sonstige Erstattungen),
- Wertpapiere und kurzfristige Beteiligungen,
- flüssige Mittel (Kassenstand und Banksaldo).

12.3.1 Vorratsvermögen buchen

Wie in Kapitel 10.1 „Wareneinkauf – Vermögen oder Aufwand?" beschrieben wurde, gibt es zwei Verfahren, wie der Wareneinkauf im laufenden Jahr zu buchen ist. Unternehmen, die das Gesamtkostenverfahren anwenden, buchen den Einkauf von Material direkt in den Aufwand und machen mindestens einmal im Jahr (spätestens am 31.12.) einen Bestandsvergleich. In der Bilanz ist der Wert, der sich durch die letzte Inventur ergeben hat, auf dem Warenbestandskonto zu erfassen. Nach der nächsten Inventur ist zu prüfen, ob es zu Veränderungen gekommen ist.

- Ist der neue Inventurwert höher als der bisherige Buchwert, liegt eine Bestandsmehrung vor. Sie erhöht den Gewinn. Deshalb buchen Sie: „Warenbestand an Bestandsveränderungen (Ertrag)".
- Ist der neue Inventurwert niedriger als der Buchwert, liegt eine Bestandsminderung vor. Sie mindert den Gewinn. Deshalb buchen Sie: „Bestandsveränderungen (Aufwand) an Warenbestand".

Über das Konto „Bestandsveränderungen" buchen Sie die Differenzen um, damit danach die neuen Inventurwerte auf den Warenbestandskonten stehen.

Beispiel

In der Eröffnungsbilanz stehen die letzten Inventurwerte der Vorräte. Der Warenbestand beträgt 17.000 Euro und der Bestand an fertigen Erzeugnissen 9.000 Euro. Die neue Inventur hat die folgenden Werte ergeben: Der Warenbestand ist auf 21.000 Euro gestiegen und der Bestand fertiger Erzeugnisse auf 8.000 Euro gesunken.

So sind diese Bestandsveränderungen zu buchen:

Kontonummern

SKR 03	SKR 04	Kontenbezeichnung
7110	1110	Fertige Erzeugnisse (Bestand)
7140	1140	Waren (Bestand)
8980	4800	Bestandsveränderungen fertige Erzeugnisse und Waren

Buchungsvorlage

Soll	Haben	Betrag	Steuersatz
7140/1140 (Waren)	8980/4800 (BVÄ)	4.000 €	----
8980/4800 (BVÄ)	7110/1110 (Erzeugnisse)	1.000 €	----

Hier sehen Sie die Bilanz mit den bisherigen Inventurwerten, die Umbuchungen auf den Konten sowie die Bestände in der Bilanz mit den neuen Inventurwerten.

Aktiva	Bilanz vorher		Passiva
Warenbestand	17.000	Eigenkapital	26.000
Erzeugnisse	9.000		
Summe	26.000	Summe	26.000

Soll	Warenbestand		Haben
AB	17.000	Abgang	0
Zug. (BVÄ)	**4.000**	SB	21.000

Soll	Bestandsveränderungen		Haben
BVÄ (Erzeugn.)	**1.000**	BVÄ (Waren)	**4.000**
GuV	3.000		

Soll	Fertige Erzeugnisse		Haben
AB	9.000	Abg. (BVÄ)	**1.000**
		SB	8.000

Soll	Eigenkapital		Haben
GuV	3.000	AB	26.000
SB	29.000		

Aktiva	Bilanz nachher		Passiva
Warenbestand	21.000	Eigenkapital	29.000
Erzeugnisse	8.000		
Summe	29.000	Summe	29.000

Soll	GuV nachher		Haben
BVÄ (Erzeugnisse)	1.000	BVÄ (Waren)	4.000
Gewinn	3.000		
Summe	4.000	Summe	4.000

Der Bestand an Waren wurde um 4.000 Euro erhöht, ebenso wie der Gewinn. Der Bestand von fertigen Erzeugnissen wurde um 1.000 Euro gemindert, in dieser Höhe sinkt auch der Gewinn. Durch diese Buchungen hat sich der Gewinn insgesamt um 3.000 Euro erhöht. Stellen Sie durch die Inventur regelmäßig größere Veränderungen fest, sollten Sie die Inventur öfter machen, denn diese Buchungen können das Ergebnis stark verändern.

12.3.2 Vorratsvermögen bewerten

Zu den Anschaffungs- und Herstellungskosten von Material und Waren gehören auch alle Anschaffungsnebenkosten wie Lieferungen oder Rabatte. In der Bilanz dürfen Sie niemals mehr als die tatsächlichen Anschaffungs- oder Herstellungskosten von Vorräten ausweisen. Das Handelsrecht schreibt für das Umlaufvermögen das **strenge Niederstwertprinzip** vor. Bei einer vorübergehenden Wertminderung müssen Sie die Vorräte außerplanmäßig abschreiben.

Waren und Material

Bei der Inventur werden alle Waren gezählt. Waren die tatsächlichen Anschaffungskosten höher als der heutige Tageswert, müssen Sie in der Bilanz den niedrigeren Wert ausweisen. Die Obergrenze in der Bilanz sind die Anschaffungskosten am Bilanzstichtag. Ist der Tageswert am Bilanzstichtag niedriger, buchen Sie „Abschreibung Umlaufvermögen an Warenbestand".

Fertige und unfertige Erzeugnisse

Ist der geplante Verkaufspreis am Bilanzstichtag niedriger als die angefallenen Herstellungskosten, sind die Herstellungskosten abzuwerten. Die Obergrenze in der Bilanz sind die Herstellungskosten am Bilanzstichtag. Ist der geplante Verkaufspreis niedriger als die Herstellungskosten, buchen Sie „Abschreibung Umlaufvermögen an fertige/unfertige Erzeugnisse".

12.3.3 Forderungen bewerten

Forderungen werden maximal mit dem Rechnungsbetrag ausgewiesen. Im Rahmen des Jahresabschlusses sind Sie dazu verpflichtet, die Forderungen dahin gehend zu überprüfen, ob die Zahlungsaußenstände auch der Realität entsprechen. Sind Forderungen zweifelhaft, müssen sie in der Bilanz gesondert dargestellt werden. Sind Forderungen sogar uneinbringlich, müssen Sie sie abschreiben.

Zweifelhafte Forderungen

Jede Forderung sollte zunächst einzeln bewertet werden. Forderungen, die wahrscheinlich ausfallen werden, müssen Sie auf die zweifelhaften Forderungen umbuchen. Das ist der Fall, wenn ein Insolvenzverfahren eröffnet wird, der Kunde nicht auf Mahnungen reagiert oder ein Gerichtsverfahren wegen Mängeln noch läuft.

Beispiel

Insgesamt liegen die Forderungen bei 17.850 Euro. Davon ist nur eine Forderung zweifelhaft. Über die Forderung in Höhe von 5.950 Euro läuft ein Gerichtsverfahren, dessen Ausgang ungewiss ist. In diesem Fall müssen Sie die Forderung in der Bilanz offen ausweisen.

So ist zu buchen:

Kontonummern

SKR 03	SKR 04	Kontenbezeichnung
1410	1210	Forderungen
1460	1240	Zweifelhafte Forderungen

Buchungsvorlage

Soll	Haben	Betrag	Steuersatz
1460/1240 (Zweifelh. Forderungen)	1410/1210 (Forderungen)	5.950 €	----

Einzelwertberichtigungen für zweifelhafte Forderungen

Zweifelhafte Forderungen müssen Sie bewerten. Das Ausfallrisiko ist zu schätzen und eine indirekte Abschreibung vorzunehmen, die Einzelwertberichtigung (EWB) zu Forderungen genannt wird.

Beispiel

Sie erkundigen sich beim Rechtsanwalt über die zweifelhafte Forderung von 5.950 Euro. Er rechnet damit, dass 20 Prozent der Forderung ausfallen werden. In diesem Fall ist eine Einzelwertberichtigung vorzunehmen. Die Berechnung erfolgt vom Nettobetrag. Sie schreiben also 1.000 Euro indirekt ab.

So ist zu buchen:

Kontonummern

SKR 03	SKR 04	Kontenbezeichnung
0998	1246	Einzelwertberichtigung EWB (Bestand)
2451	6923	Einstellung Einzelwertberichtigung EWB (Aufwand)

Buchungsvorlage

Soll	Haben	Betrag	Steuersatz
2451/6923 (Einstellung EWB)	0998/1246 (EWB Bestand)	1.000 €	----

Hier sehen Sie die Bilanz und die Gewinn- und Verlustrechnung vor der Buchung. Der Gewinn beträgt 15.000 Euro.

Aktiva	Bilanz vorher		Passiva
Forderungen	11.900	Eigenkapital	15.000
Zweifelhafte Forderungen	5.950	Umsatzsteuer	2.850
Summe	17.850	Summe	17.850

Soll	GuV vorher		Haben
Gewinn	15.000	Erträge	15.000
Summe	15.000	Summe	15.000

Soll	Einstellung EWB		Haben	Soll	EWB Bestand		Haben
Indirekte AfA	**1.000**	GuV	1.000			AB	0
				SB	1.000	Indirekte AfA	**1.000**

Nach der Buchung bleibt die zweifelhafte Forderung in voller Höhe auf der Aktiva der Bilanz stehen. Die Einzelwertberichtigung steht eigentlich gegenüber auf der Passiva. In der Praxis wird sie allerdings direkt unter den Forderungen mit einem Minuszeichen ausgewiesen.

Aktiva	Bilanz nachher		Passiva
Forderungen	11.900	Eigenkapital	14.000
Zweifelhafte Forderungen	5.950	Umsatzsteuer	2.850
EWB	- 1.000		
Summe	16.850	Summe	16.850

Soll	GuV nachher		Haben
Einstellung EWB	1.000	Erträge	15.000
Gewinn	14.000		
Summe	15.000	Summe	15.000

Die direkte Abschreibung mindert den Gewinn, aber nicht die Umsatzsteuerzahllast.

Pauschalwertberichtigungen für einwandfreie Forderungen

Für einwandfreie Forderungen können Sie eine Pauschalwertberichtigung bilden. Sie mindert nicht den Bilanzansatz der Forderungen, sondern wird gesondert ausgewiesen. Hier handelt es sich um eine indirekte Abschreibung, die auch „Pauschalwertberichtigungen (PWB) zu Forderungen" genannt wird.

Beispiel

Die einwandfreien Forderungen betragen 11.900 Euro inkl. 19 Prozent Umsatzsteuer (Nettobetrag: 10.000 Euro, Umsatzsteuer: 1.190 Euro). Es wird eine Pauschalwertberichtigung in Höhe von zwei Prozent gebucht. Die Berechnung erfolgt immer vom Nettobetrag, also von 10.000 Euro. Die Pauschalwertberichtigung beträgt also 200 Euro.

So ist zu buchen:

Kontonummern

SKR 03	SKR 04	Kontenbezeichnung
0996	1248	Pauschalwertberichtigung PWB (Bestand)
2450	6920	Einstellung Pauschalwertberichtigung PWB (Aufwand)

Buchungsvorlage

Soll	Haben	Betrag	Steuersatz
2450/6920 (Einstellung PWB)	0996/1248 (PWB Bestand)	200 €	----

Uneinbringliche Forderungen

Eine Forderung wird uneinbringlich, wenn beim Kunden das Insolvenzverfahren eröffnet oder mangels Masse eingestellt wird, wenn ein Gerichtsverfahren negativ ausgegangen ist oder wenn eine Zwangsvollstreckung erfolglos verlaufen ist. In diesem Fall wird die Forderung direkt abgeschrieben. Außerdem darf jetzt erst die Umsatzsteuer korrigiert werden.

Beispiel

Sie erhalten die Nachricht vom Insolvenzverwalter, dass eine Forderung über 2.380 Euro ganz ausfallen wird. Diese Forderung war noch gar nicht als zweifelhafte Forderung ausgewiesen. In diesem Fall ist die Forderung direkt abzuschreiben. Die Umsatzsteuer kann korrigiert werden. Das heißt, dass Sie die Umsatzsteuer erst jetzt vom Finanzamt zurückerhalten.

So ist zu buchen:

Kontonummern

SKR 03	SKR 04	Kontenbezeichnung
1410	1210	Forderungen
2406	6936	Forderungsverluste 19 % Umsatzsteuer

Buchungsvorlage

Soll	Haben	Betrag	Steuersatz
2406/6936 (Forderungsverluste)	1410/1210 (Forderungen)	2.380 €	19 % USt.

Durch diese Buchung mindert sich der Gewinn des Unternehmens um 2.000 Euro. Gleichzeitig sinkt die Umsatzsteuerzahllast um 380 Euro.

12.4 Bewertung Fremdkapital

Beim Fremdkapital gilt das Höchstwertprinzip. Im Zweifel müssen Sie immer den höheren Schuldenstand ausweisen. Das kann passieren, wenn ein Unternehmen im Ausland einkauft und sich der Devisenkurs ändert. Liegt dieser Fall vor, müssen Sie beim Jahresabschluss den Schuldenstand korrigieren, indem Sie die Differenz genauso buchen wie die ursprüngliche Rechnung („Waren an Verbindlichkeiten"). Stellen Sie allerdings den umgekehrten Fall fest, dass die Verbindlichkeit wahrscheinlich niedriger ausfallen wird, dürfen Sie keine Korrektur vornehmen. Zum Fremdkapital zählen Verbindlichkeiten und Rückstellungen. Sie stehen auf der Passivseite der Bilanz.

12.4.1 Verbindlichkeiten

Bei Verbindlichkeiten handelt es sich um Verpflichtungen gegenüber Dritten. Sie stehen am Bilanzstichtag sowohl in ihrer Höhe als auch hinsichtlich ihrer Fälligkeit fest, das heißt: Ihnen liegt eine Rechnung oder ein Bescheid vor.

Arten von Verbindlichkeiten

- Anleiheverbindlichkeiten (die Anleihesumme ist zu einem bestimmten Zeitpunkt zurückzuzahlen),
- Verbindlichkeiten gegenüber Kreditinstituten,
- erhaltene Anzahlungen von Kunden,
- Verbindlichkeiten aus Lieferungen und Leistungen (noch nicht bezahlte Rechnungen, innerhalb des Zahlungsziels),
- Verbindlichkeiten gegenüber verbundenen Unternehmen und gegenüber Unternehmen, mit denen ein Beteiligungsverhältnis besteht und
- sonstige Verbindlichkeiten.

Sonstige Verbindlichkeiten ist ein weiter Begriff. Hier ein paar Beispiele:

- Gehälter, Löhne, Lohnsteuer und Sozialversicherungsbeiträge, die noch nicht bezahlt wurden,
- fällige Provisionen, Steuerschulden der Gesellschaft (sofern keine Rückstellung gebildet wurde),
- nicht abgehobene Dividenden.

Bei den Verbindlichkeiten ist nicht entscheidend, ob sie fällig sind, es kommt lediglich darauf an, dass das Unternehmen irgendwann eine Gegenleistung erbringen, also bezahlen muss. Verbindlichkeiten aus Lieferungen und Leistungen sind die wichtigste Position unter den kurzfristigen Verbindlichkeiten. Verbindlichkeiten gegenüber Banken mit einer Laufzeit von bis zu vier Jahren zählen ebenfalls zu den kurz- und mittelfristigen Verbindlichkeiten. Zu den langfristigen Verbindlichkeiten zählen Verbindlichkeiten mit einer Laufzeit von über vier Jahren (z. B. Grundschulden, Hypotheken, Schuldscheindarlehen).

12.4.2 Rückstellungen

Bei Rückstellungen handelt es sich um Aufwendungen, die wirtschaftlich in das Abschlussjahr gehören, aber in ihrer Höhe oder Fälligkeit oder beidem noch nicht feststehen, im Unterschied zu den Verbindlichkeiten, bei denen in jedem Fall die Höhe der zu leistenden Zahlung und in der Regel auch der Zeitpunkt feststeht. Beispiele für Rückstellungen:

- Prozesskosten, Tantiemen,
- Garantieverpflichtungen,
- Inanspruchnahme aus Bürgschaften,
- Steuerberater- und Prüfungskosten,
- unterlassene Reparaturen, die innerhalb von drei Monaten nach dem Bilanzstichtag nachgeholt werden,
- Abfallentsorgung, Aufbewahrung Geschäftsunterlagen,
- Verbraucherschutz, Fernabsatzrecht,
- nachträgliche Kosten für realisierte Erlöse.

Welche Rückstellungen zu bilden sind, ist von der Branche und den Gegebenheiten des Unternehmens abhängig. Wer z. B. einem Arbeitnehmer eine Pensionszusage erteilt hat, muss eine Rückstellung für Pensionen bilden. Wer keine Pensionszusagen erteilt, muss keine Rückstellungen bilden.

Beispiel

Sie haben ein Reihenhaus gebaut und verkauft. Zum Zeitpunkt der Übergabe an den Kunden im Dezember ist die Außenanlage noch nicht fertiggestellt. Das kann, wenn das Wetter mitspielt, frühestens im März geschehen.

So gehen Sie vor:

- Zum Zeitpunkt der Übergabe ist der Ertrag in der Gewinn- und Verlustrechnung in voller Höhe zu erfassen.
- Zum gleichen Zeitpunkt sind die gesamten Herstellungskosten bei den Aufwendungen in der Gewinn- und Verlustrechnung zu erfassen. In diesem Fall liegt Ihnen noch keine Rechnung über die Außenanlagen vor, deshalb müssen

Sie zusätzlich die Kosten der Außenanlagen schätzen und als Aufwand erfassen. Die Buchung lautet: „Aufwendungen an Rückstellungen".

So werden dem Ertrag alle erforderlichen Aufwendungen im gleichen Jahr gegenübergestellt. Das bedeutet: Der Gewinn wird im richtigen Jahr erfasst.
Fallen die Kosten dann im nächsten Jahr tatsächlich an, erfassen Sie sie nicht noch einmal im Aufwand, sondern lösen die Rückstellung wieder auf. Sie buchen „Bank an Rückstellungen".
Für die Ermittlung des Rückstellungsbetrages ist eine vernünftige kaufmännische Beurteilung erforderlich. Aus Gründen der kaufmännischen Vorsicht ist man geneigt, Rückstellungen eher zu hoch als zu niedrig anzusetzen. Nach den Grundsätzen ordnungsmäßiger Buchführung dürfen sie aber keinesfalls willkürlich gebildet werden. Die Folgenden Rückstellungen müssen laut Steuer- und Handelsrecht gebildet werden, wenn Sie in einem Unternehmen vorkommen:

- Rückstellungen für Pensionen und ähnliche Verpflichtungen,
- Steuerrückstellungen,
- sonstige Rückstellungen für ungewisse Verbindlichkeiten.

Es besteht laut Handelsrecht ein Rückstellungsgebot für

- ungewisse Verbindlichkeiten,
- drohende Verluste aus schwebenden Geschäften,
- Aufwand für unterlassene Instandhaltung, die innerhalb von drei Monaten nachgeholt wird,
- Aufwand für Abraumbeseitigung,
- Gewährleistung ohne rechtliche Verpflichtung.

Dagegen gibt es laut Handelsrecht ein Rückstellungswahlrecht für

- Aufwand für unterlassene Instandhaltung, die innerhalb von zwölf Monaten nachgeholt wird,
- Aufwandsrückstellungen.

Die Drohverlustrückstellung verbietet das Steuerrecht genauso wie alle Rückstellungen, für die laut Handelsrecht ein Wahlrecht besteht.

Beispiel

Bei der Bilanzerstellung liegt dem Unternehmen noch kein Steuerbescheid für das Abschlussjahr vor. Das Unternehmen errechnet eine Steuerschuld in Höhe von 20.000 Euro und bucht „Steueraufwand an Rückstellungen".

Das Unternehmen muss also jedes Jahr Rückstellungen für zukünftige Ausgaben einplanen, die wirtschaftlich noch in das Abschlussjahr gehören, aber in ihrer Höhe und/oder Fälligkeit noch nicht feststehen. Denn bestimmte Aufwendungen werden im Geschäftsjahr verursacht, führen aber erst später zu einer tatsächlichen Ausgabe. Es ist eine Rückstellung zu bilden, wenn die Verbindlichkeit ganz sicher besteht. Können Sie also die folgende Frage mit ja beantworten, ist eine Rückstellung zu bilden: Angenommen, das Unternehmen beendet seine Tätigkeit, sind diese Kosten dann trotzdem noch zu bezahlen?

12.4.3 Rückstellungen buchen

Rückstellungen werden in dem Jahr gebildet, in dem Aufwendungen noch im Abschlussjahr zu erfassen sind. Sie sind wieder aufzulösen, sobald die Rechnung vorliegt bzw. die Verbindlichkeit beglichen wird. Rückstellungen werden immer ohne Umsatzsteuer gebucht.

Bildung von Rückstellungen im Anschlussjahr

Beispiel

Der Steuerberater schätzt seine Kosten für die Erstellung des Jahresabschlusses auf 5.000 Euro. Für diese Arbeiten wird der Steuerberater erst eine Rechnung stellen, nachdem der Abschluss bereits fertig ist.

In diesem Fall muss eine Rückstellung gebildet werden.

Kontonummern

SKR 03	SKR 04	Kontenbezeichnung
0977	3095	Rückstellungen für Abschluss- und Prüfungskosten
4957	6827	Abschluss- und Prüfungskosten (Aufwand)

Buchungsvorlage

Soll	Haben	Betrag	Steuersatz
4957/6827 (Abschlusskosten)	0977/3095 (Rückstellung)	5.000 €	----

Was bewirkt diese Buchung? Hier sehen Sie die Bilanz mit der Gewinn- und Verlustrechnung vor der Buchung:

Aktiva	Bilanz vorher		Passiva
Bank	59.500	Eigenkapital	50.000
		Umsatzsteuer	9.500
Summe	59.500	Summe	59.500

Soll	GuV vorher		Haben
Gewinn	50.000	Erträge	50.000
Summe	50.000	Summe	50.000

Nun sehen Sie die Buchungen auf den Konten sowie die neue Bilanz mit Gewinn- und Verlustrechnung:

Soll	Abschlusskosten		Haben	Soll	Rückstellungen		Haben
Steuerber.	**5.000**	GuV	5.000			AB	0
				SB	5.000	Steuerber.	**5.000**

Aktiva	Bilanz nachher		Passiva
Bank	59.500	Eigenkapital	45.000
		Umsatzsteuer	9.500
		Rückstellung	5.000
Summe	59.500	Summe	59.500

Soll	GuV nachher		Haben
Abschlusskosten	5.000	Erträge	50.000
Gewinn	45.000		
Summe	50.000	Summe	50.000

Die Kosten für die Erstellung des Jahresabschlusses gehören wirtschaftlich in das Abschlussjahr. Über das Bilden von Rückstellungen werden sie im richtigen Jahr erfasst.

Auflösung von Rückstellungen im Folgejahr

Sobald der Grund für die Bildung einer Rückstellung entfällt, oder aber der erwartete Fall eintritt, müssen Sie die entsprechende Rückstellungen auflösen.

Beispiel

Sie erhalten die Rechnung vom Steuerberater in Höhe von 5.950 Euro inkl. 19 Prozent Umsatzsteuer und überweisen sie gleich über das Bankkonto.

Über die folgende Buchung lösen Sie die Rückstellung wieder auf:

Kontonummern

SKR 03	SKR 04	Kontenbezeichnung
0977	3095	Rückstellungen für Abschluss- und Prüfungskosten
1200	1800	Bank
1576	1406	Abziehbare Vorsteuer 19 %

Buchungsvorlage

Soll	Haben	Betrag	Steuersatz
0977/3095 (Rückstellung Abschl.)	1200/1800 (Bank)	5.000 €	----
1576/1406 (Vorsteuer)	1200/1800 (Bank)	950 €	----

Was bewirkt die Buchung? In der Eröffnungsbilanz des neuen Jahres steht die Rückstellung von 5.000 Euro auf der Passivseite der Bilanz. Hier sehen Sie die Buchung auf den Konten:

Soll	Bank		Haben	Soll	Rückstellungen		Haben
AB	59.500	Steuerber.	**5.950**	Steuerber.	**5.000**	AB	5.000
		SB	53.550	SB	0		

Soll	Vorsteuer		Haben	Soll	Umsatzsteuer		Haben
AB	0	SB	950	SB	9.500	AB	9.500
Steuerber.	**950**						

Die Buchung hat keine Auswirkung auf den Gewinn, es wird lediglich die Rückstellung ausgeglichen. Der Vorsteuerabzug ist jetzt möglich, weil die Leistung erbracht ist und die Rechnung vorliegt.

Aktiva	Bilanz nachher		Passiva
Bank	53.550	Eigenkapital	45.000
Vorsteuer	950	Umsatzsteuer	9.500
		Rückstellung	0
Summe	54.500	Summe	54.500

Rückstellungen ungenau geschätzt

Im vorherigen Beispiel hat es genau gepasst, die Rückstellung war exakt geschätzt. Die Rechnung war genauso hoch wie die zuvor gebildete Rückstellung.

Wurde die Rückstellung zu hoch geschätzt, ist also die tatsächliche Zahlung niedriger als die Rückstellung, dann müssen Sie den verbleibenden Rückstellungsbetrag auflösen. Dazu buchen Sie: „Rückstellungen an Erträge aus der Auflösung von Rückstellungen". Der Gewinn steigt.

Im umgekehrten Fall buchen Sie den übersteigenden Betrag direkt in den Aufwand. Der Gewinn sinkt.

Möchten Sie mehr über Buchführung in der Praxis und zu den Jahresabschlussarbeiten erfahren, empfehle ich Ihnen mein Buch „Schwierige Geschäftsvorfälle richtig buchen".

12.5 Aufgaben zu Kapitel 12

Wurden im laufenden Jahr Anlagegüter angeschafft, ist zu prüfen, ob auch die Anschaffungsnebenkosten aktiviert wurden. Dann erst wird abgeschrieben. Auch die Bestände der Vorräte müssen Sie überprüfen und bei Differenzen den Buchwert an den Inventurwert anpassen. Danach beginnt die Bewertung des Vermögens und des Fremdkapitals. Hier können Sie Ihr Wissen testen.

➔ Aufgabe 1

Kreuzen Sie bitte an, ob es sich bei den folgenden Ausgaben um Anschaffungs- oder Herstellungskosten (AK oder HK) handelt, oder um Aufwand. Anschaffungs- und Herstellungskosten werden aktiviert. Sie erhöhen das Vermögen. Aufwendungen mindern den Gewinn.

Ausgaben im Zusammenhang mit Anlagevermögen	AK oder HK	Aufwand
Frachtkosten für die Lieferung einer Maschine		
Eine Fabrikhalle wurde neu gestrichen		
Zinsen, die anfallen, weil ein Gebäude angeschafft und bei der Bank finanziert wurde.		
Software-Wartung		
Telefongebühren		
Laufende Kfz-Kosten und Reparaturen der Firmenfahrzeuge		
Kaufpreis einer Maschine		
Rechnung des Notars für den Kaufvertrag eines Grundstücks		
Leasingrate eines Firmenwagens		
Eine neu angeschaffte Software wird in das bestehende Softwaresystem des Unternehmens integriert.		

➔ Aufgabe 2

Ein Unternehmen hat im April einen neuen Transporter für 30.000 Euro zzgl. 5.700 Euro Umsatzsteuer angeschafft. Die voraussichtliche Nutzungsdauer beträgt sechs Jahre. Berechnen Sie bitte den jährlichen Abschreibungsbetrag nach der linearen Abschreibungsmethode.

Abschreibung im ...	Betrag
Jahr der Anschaffung	
Folgejahr	

Wie lautet der Buchungssatz im ersten Jahr? Tragen Sie bitte die Konten in die Tabelle ein.

Kontonummern

SKR 03	SKR 04	Kontenbezeichnung
0350	0540	LKW
4830	6220	Abschreibung Sachanlagen

Buchungsvorlage

Soll	Haben	Betrag	Steuersatz

➔ Aufgabe 3

In der Eröffnungsbilanz beträgt der Warenbestand 14.000 Euro. Durch die Inventur haben Sie festgesellt, dass dieser Wert nicht mehr stimmt. Der tatsächliche Warenbestand beträgt 16.000 Euro. Sie müssen den Buchwert anpassen. Wie ist diese Bestandsveränderung zu buchen?

Kontonummern

SKR 03	SKR 04	Kontenbezeichnung
7140	1140	Waren (Bestand)
8980	4800	Bestandsveränderungen fertige Erzeugnisse und Waren

Buchungsvorlage

Soll	Haben	Betrag	Steuersatz

Welche Auswirkung hat diese Bestandsveränderung bzw. diese Buchung auf den Gewinn?

Aussage	Richtig?
Der Gewinn steigt	
Der Gewinn sinkt	

→ Aufgabe 4

Was ist bei der Bewertung von Forderungen zu beachten? Kreuzen Sie bitte die richtigen Aussagen an.

Aussage	Richtig?
1. Sie bekommen die Umsatzsteuer aus einer offenen Forderung zurück, sobald die Forderung zweifelhaft ist.	
2. Ist eine Forderung uneinbringlich, weil ein Prozess verloren wurde, können Sie die Forderung direkt abschreiben und die Umsatzsteuer zurückfordern.	
3. Durch eine Einzelwertberichtigung werden die Forderungen indirekt abgeschrieben. Der Gewinn wird gemindert, die Umsatzsteuerzahllast nicht.	
4. Die Berechnung einer Pauschalwertberichtigung erfolgt auf der Basis des Bruttorechnungsbetrags.	
5. Zweifelhafte Forderungen müssen Sie in der Bilanz getrennt von den einwandfreien Forderungen ausweisen.	

➔ Aufgabe 5

Bei der Bewertung von Vermögen und Fremdkapital sind die Grundsätze des Handelsrechts zu beachten. Kreuzen Sie bitte die richtigen Aussagen an.

Aussage	Richtig?
1. Für das Anlagevermögen gilt das strenge Niederstwertprinzip. Bei einer vorübergehenden Wertminderung ist eine außerplanmäßige Abschreibung vorzunehmen.	
2. Für das Umlaufvermögen gilt das strenge Niederstwertprinzip. Liegt der Tageswert von Waren am Bilanzstichtag unter den Anschaffungskosten, ist eine außerplanmäßige Abschreibung vorzunehmen.	
3. Für das Anlagevermögen gilt das Höchstwertprinzip. Im Anlagevermögen befindet sich ein Grundstück, das für 100.000 Euro angeschafft wurde. Durch eine Makleranfrage wissen Sie, dass dieses Grundstück für 200.000 Euro verkauft werden kann. Sie müssen den tatsächlichen Marktpreis in der Bilanz ausweisen.	
4. Der Depotauszug zeigt, dass eine Aktie, die für 100 Euro angeschafft wurde, im Wert gestiegen ist. In diesem Fall dürfen Sie nichts unternehmen. In der Bilanz darf das Vermögen höchsten mit den Anschaffungskosten ausgewiesen werden.	
5. Für das Anlagevermögen gilt das gemilderte Niederstwertprinzip. Erst bei einer dauerhaften Wertminderung müssen Sie das Anlagegut außerplanmäßig abschreiben.	

➔ Aufgabe 6

Hier geht es um den Unterschied zwischen Verbindlichkeiten und Rückstellungen. Kreuzen Sie bitte die richtigen Aussagen an.

Aussage	Richtig?
1. Die Höhe und die Fälligkeit von Aufwendungen stehen bei Rückstellungen nicht genau fest.	
2. Bei Verbindlichkeiten liegt eine Rechnung vor, damit stehen die Höhe und in der Regel auch die Fälligkeit fest.	
3. Bei Rückstellungen ist ein Vorsteuerabzug möglich.	
4. Eine Rückstellung ist für Verbindlichkeiten zu bilden, die auch bestehen bleiben, wenn das Unternehmen seine Tätigkeit beendet.	
5. Verbindlichkeiten müssen vorsichtig geschätzt bzw. berechnet werden.	

Arbeitshilfen online

Arbeitsblätter mit den Aufgaben dieses Buches und die Lösungen zu sämtlichen Aufgaben finden Sie in den Arbeitshilfen online.

Stichwortverzeichnis

1

A

B

D

I

K

L

M

N

O

P

R

S

T

U

V

W

Z